中等职业教育规划教材

趣味电子产品设计与制作

姚国旺 主编
詹锦锋 副主编

人民邮电出版社
北京

图书在版编目（CIP）数据

趣味电子产品设计与制作 / 姚国旺主编. -- 北京 : 人民邮电出版社, 2015.9
中等职业教育规划教材
ISBN 978-7-115-36433-3

Ⅰ. ①趣… Ⅱ. ①姚… Ⅲ. ①电子工业－产品设计－中等专业学校－教材②电子工业－产品－生产工艺－中等专业学校－教材 Ⅳ. ①TN602②TN605

中国版本图书馆CIP数据核字(2014)第210043号

内 容 提 要

本书是以“分类定制、校企融通”为教材开发理念，以“趣味电子产品设计与制作”课程标准为依据编写的。全书分为“基础篇（模拟电路部分与数字电路部分）”、“提高篇”、“拓展篇”3个能力递进的大模块，各模块之间实训项目难度按照知识与技能的逻辑关系逐渐加大，实训项目的展开包括“学习目标”、“做什么”、“学什么”、“怎么做”、“知识链接与延伸”、“技能拓展”6个要素。

通过项目的实训，以达到学习理论知识指导实践的目的，充分体现理论与实践的结合，并强调“先做后学，边做边学”，使学生能够快速入门，把学习电子电路的成果，转换为前进的动力，帮助学生树立起学习趣味电子产品设计与制作的信心。

本书可作为中等职业技术学校“趣味电子产品设计与制作”课程的教材，也可作为制图和CAD初学者的参考用书。

◆ 主　　编　姚国旺
副 主 编　詹锦锋
责任编辑　吴宏伟
责任印制　张佳莹　杨林杰

◆ 人民邮电出版社出版发行　　北京市丰台区成寿寺路 11 号
邮编　100164　　电子邮件　315@ptpress.com.cn
网址　http://www.ptpress.com.cn
北京鑫正大印刷有限公司印刷

◆ 开本：787×1092　1/16
印张：14　　2015 年 9 月第 1 版
字数：325 千字　　2015 年 9 月北京第 1 次印刷

定价：32.00 元

读者服务热线：(010)81055256　印装质量热线：(010)81055316
反盗版热线：(010)81055315

前言

Preface

2012 年 6 月，国家教育部、人力资源和社会保障部、财政部批复我校为国家中等职业教育改革发展示范学校建设计划第二批项目学校。立项以来，学校以“促进内涵提升，关注师生发展”作为指导思想，以点带面稳步推进，构建了“分类定制、校企融通”的人才培养模式和模块化项目式课程体系，打造了一支结构合理、教艺精湛的高素质师资队伍，建立起“立体多元”的校企合作运行机制。

在教材建设方面，学校提倡以培养学生综合职业能力为目标，要求教材编写过程中与行业企业深度合作，将典型工作任务转化为学习任务，实现教材内容与岗位能力、职业技能的对接；要求教材编排以工作任务为主线，以“模块+项目+任务（或活动）”为主要形式，实现教材的项目化、活动化、情景化；要求教材表现形式尽可能多元化，综合图片、文字、图表等元素，配套动画、音视频、课件、教学设计等资源，增强教材的可读性、趣味性和实用性。

通过努力，近年我校教师编写了一大批校本教材。这些教材，体现了老师们对职业教育的热爱和追求，凝结了对专业教学的探索和心得，呈现了一种上进和奉献的风貌。经过我校国家中等职业教育改革发展示范学校建设成果编审委员会的审核，现将其中的一部分教材推荐给出版社公开出版。

本书是中等职业学校电子技术应用专业配套教材。

本书集基础性、技术性和趣味性于一体，以常见元器件的识别与检测、常用电子仪器仪表的操作使用、电子产品的设计、制作、装配与调试为基础，为提高学生的专业学习兴趣、掌握电子产品制作知识设计了具有趣味性的实训任务。学生通过任务的实训，可提高电路识图绘图、仪器仪表使用、元器件识别与检测、整机产品装调等电子产品制作的实际应用能力。

本书在内容组织、结构编排等方面都做出了重大的改革，以强调基本功为出发点，共分为“基础篇（模拟电路部分与数字电路部分）”、“提高篇”、“拓展篇”3 个能力递进的大模块，各模块中的任务按照知识与技能的逻辑关系进行编排，任务包括“学习目标”、“做什么”、“学什么”、“怎么做”、“知识链接与延伸”、“技能拓展”6 个要素，通过任务的实训，以达到学习理论知识指导实践的目的，充分体现理论与实践的结合，并强调“边做边学”，帮助学生能够快速入门，把学习电子电路的成果，转换为前进的动力，使学生树立起学习趣味电子产品设计与制作的信心。

本书在项目的选择上，充分考虑到学校教学设备的情况，具有实验材料易得、制作容易、内容由浅入深、趣味性及实用性强等特点。在实施过程中，既可以使用万能实验板制作，也可以通过制作 PCB 板或已有的实验板、实验箱来完成。在教学内容上，紧扣课程标准的知识点和技能点，以“必需、够用、实用”为原则，讲练结合、层次分明。具体的课程内容及其课时安排如下表：

项目序号		工作任务	建议课时
一、基础篇	模拟电路部分	任务 1. 制作 LED 指示灯	4
		任务 2. 制作电子圣诞树	6
		任务 3. 制作电子节拍器	6
		任务 4. 制作电子模拟发音器	6
		任务 5. 制作监控报警器	6
		任务 6. 制作微型音响	6
		任务 7. 制作电子门铃	6
	数字电路部分	任务 1. 制作逻辑测试笔	4
		任务 2. 制作六路抢答器	10
		任务 3. 制作声控延时楼梯灯	8
		任务 4. 制作闪光报讯灯	8
		任务 5. 制作八路防盗声光报警器	10
		任务 6. 制作流水广告灯	10
		任务 7. 制作数码计数显示器	10
二、提高篇		任务 1. 制作电子密码锁	8
		任务 2. 制作可调光台灯	8
		任务 3. 制作触摸、声控双延时灯	8
		任务 4. 制作红外遥控开关	8
		任务 5. 制作声光控电子秒表	8
三、拓展篇		任务 1. 制作汽车倒车测速测距器	10
		任务 2. 制作迎宾记录器	10
		任务 3. 制作模拟印刷机	10
		任务 4. 制作多功能安检门	10
		合计课时	180

本书由姚国旺担任主编，负责全书的策划和统稿。詹锦锋任副主编。具体分工如下：詹锦锋负责编写基础篇（模拟电路模块），姚国旺负责编写基础篇（数字电路模块）、提高篇和拓展篇。

本书的编写得到广东唯康教育科技股份有限公司黄国成和黄和钦工程师、湖南科瑞特科技有限公司赵永飞工程师的大力支持和无私帮助，他们为本书实训项目的电路及相关参数提供了仿真和调试，为本书提供了许多信息和资源，并对教材的内容提出了宝贵的建议。本书得到广州市番禺区职业技术学校电子专业全体教师的大力支持，他们为本书的编写提供了启发与思路，在此深表谢意！

由于编者水平和编写时间有限，书中难免存在错误和不妥之处，恳请读者批评指正。

编　者

2014 年 3 月

目录

Contents

第1部分

基础篇（模拟电路部分）

Chapter 1

任务1.1 制作LED指示灯

学习目标

1. 认识二极管，并能叙述二极管的作用和特性；
2. 能对电平LED指示灯电路进行分析；
3. 能用电子CAD软件绘制电平LED指示灯原理图和布线图；
4. 能进行电平LED指示灯的焊接和调试；
5. 会进行电平LED指示灯的参数测量。

做什么?

一、任务描述

电平 LED 指示灯电路会根据输入的电平大小而改变灯亮的盏数。电平越高，灯亮的盏数就越多；电平越低，灯亮的盏数就越少。把灯按顺序设计成一列排放，那么指示灯亮的数量就能直接反映电平的高低。

二、任务分析

1. 电平 LED 指示灯电路分析；
2. 二极管的认识与分析；
3. 电平 LED 指示灯电路布线图绘置；
4. 电平 LED 指示灯电路的焊接与调试；
5. 电平 LED 指示灯电路的参数测量。

学什么?

三、任务实施

（一）LED 指示灯电路分析

测试原理如图 1-1-1 所示。

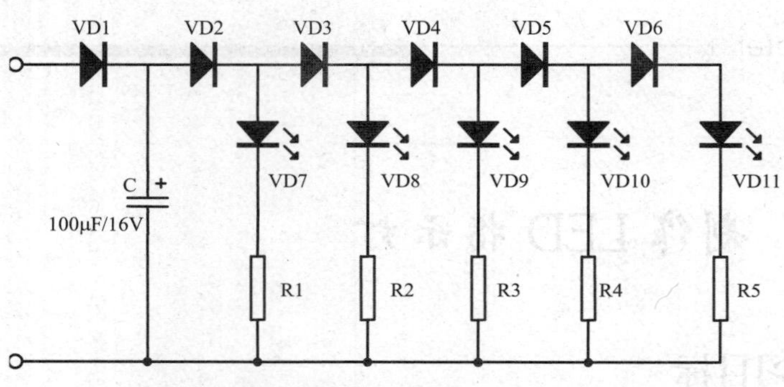

图 1-1-1　简易发光二极管电平 LED 指示灯电路

图 1-1-1 为简易发光二极管电平 LED 指示灯电路，其特点是不用另加电源，可直接利用收音机、录音机、扩音机或音频设备输出的音频信号，经二极管 VD1、电容 C 整流滤波后的电压，使并接的发光二极管导通发光。当音频输出信号幅度大时，电容 C 上的电压高，发光二极管发光个数就多；反之，则少。所以，可根据发光二极管个数的多少，指示音频设备输出电平的高低。

（二）二极管的认识与分析

1. 二极管的分类

二极管如图 1-1-2 所示。种类有很多：

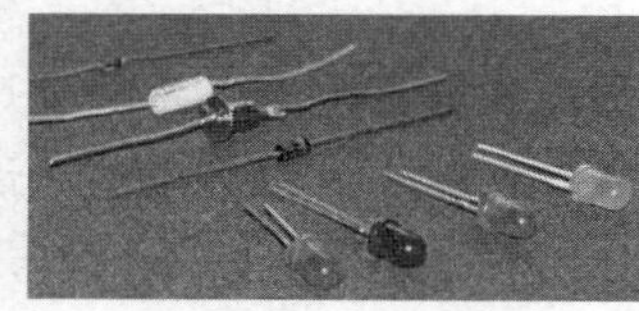

图 1-1-2　二极管

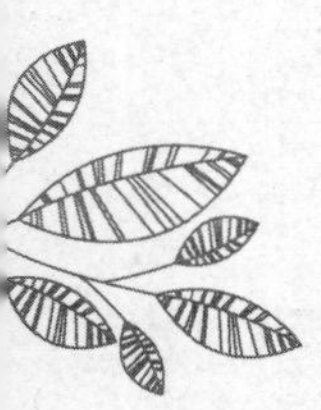

- 按照其所用的半导体材料，可分为锗二极管（Ge 管）和硅二极管（Si 管）。
- 根据其不同用途，可分为检波二极管、整流二极管、稳压二极管、开关二极管等。
- 按照管芯结构，又可分为点接触型二极管、面接触型二极管及平面型二极管。
    - 点接触型二极管是用一根很细的金属丝压在光洁的半导体晶片表面，通以脉冲电流，使触丝一端与晶片牢固地烧结在一起，形成一个“PN 结”。由于是点接触，只允许通过较小的电流（不超过几十毫安），适用于高频小电流电路，如收音机的检波等。
    - 面接触型二极管的“PN 结”面积较大，允许通过较大的电流（几安到几十安），主要用于把交流电变换成直流电的“整流”电路中。
    - 平面型二极管是一种特制的硅二极管，它不仅能通过较大的电流，而且性能稳定可靠，多用于开关、脉冲及高频电路中。

2．二极管的测量

这里简单介绍用数字万用表测量二极管的方法，如图 1-1-3 所示。

首先，将万用表的挡位选择开关旋至测量二极管的⊕挡位置，把红表笔插头插入“VΩmA”插孔，黑表笔插头插入“COM”插孔。然后，将红表笔（注意：极性为正“+”）接待测晶体二极管的正极，黑表笔接晶体二极管的负极，此时液晶屏显示出所测晶体二极管的正向压降近似值。反过来测量，显示“1”，说明二极管是好的。如果正、反测量都显示“1”，说明晶体二极管内部已经开路。

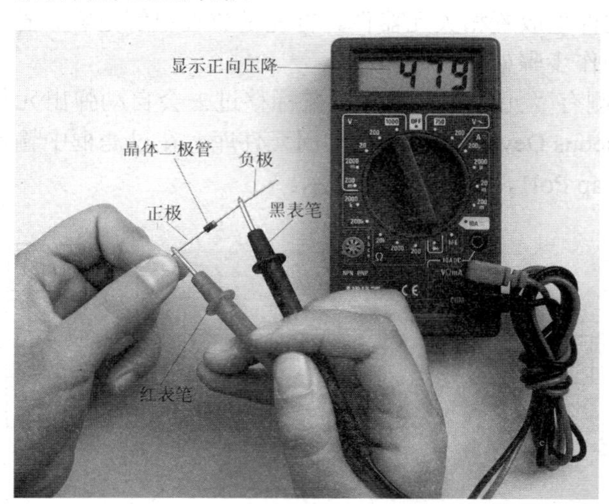

图 1-1-3　用数字万用表测量二极管

怎么做?

（三）电平 LED 指示电路原理图绘制

1．逻辑测试笔电路原理图绘制

（1）从开始菜单启动 DXP 软件，启动后，选择“文件”→“创建”→“PCB 项目”，新建一个空白的 PCB 项目，如图 1-1-4 所示。

（2）选择“文件”→“创建”→“原理图”，新建一个空白的电路原理图文件，如图 1-1-5 所示。

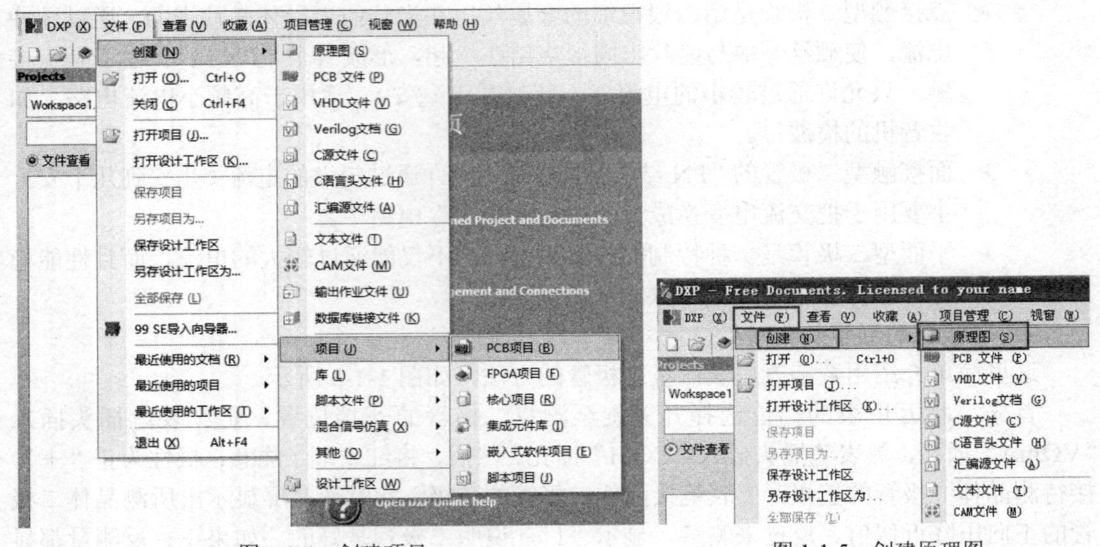

图 1-1-4　创建项目　　　　图 1-1-5　创建原理图

（3）在原理图文件里放置相关元器件。首先是放置电解电容、整流二极管、发光二极管和电阻等元件，操作步骤如下：

① 在原理图右侧有“元件库”字样，鼠标移过去会自动弹出元件库窗口，在该窗口中，选择“Miscellaneous Devices.IntLib”常用元件库，在过滤框中输入“C”，再在元件栏中找到并选择电容 Cap Pol1，如图 1-1-6 所示。

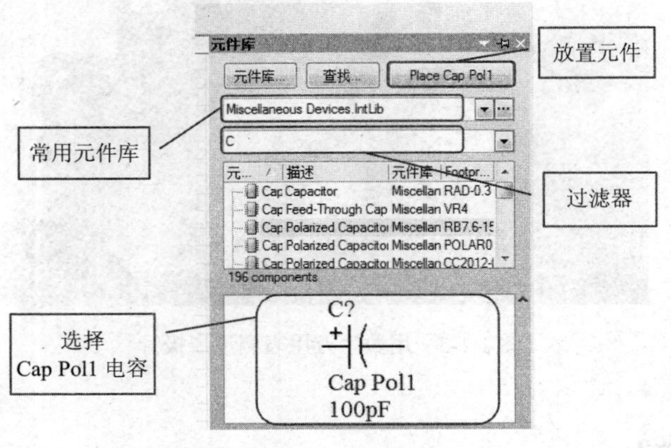

图 1-1-6　在元件库添加元件

② 设置元件的属性。单击上图所示的 Place Cap Pol1 放置电容元件，移动到电路图适当位置，按 Tab 键进入“元件属性”对话框，如图 1-1-7 所示。

注意：如果元件已经放置完毕时，先选择元件，再右击选择属性，同样可以进行元件的属性设置。

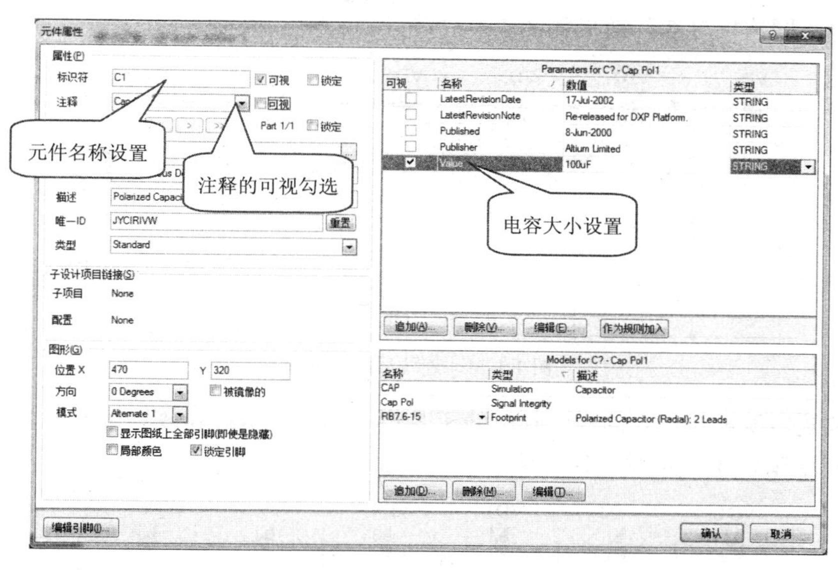

图 1-1-7 元件属性的设置

其中电容以 C1 命名，如果要连续放置多个电容时，Protel DXP 会自动将后面的电容命名为 C2、C3，依此类推。放置好元件后，单击鼠标右键退出。

③ 用同样的方法在常用元件库里找到整流二极管 Diode IN4007，电阻 Res2，发光二极管 LED_0，并按原理图要求设置好相应的属性。

（4）将电平指示电路所需要的元件均放置在原理图中后，进行适当的位置调整，使电路的连线既简洁又美观，如图 1-1-8 所示。

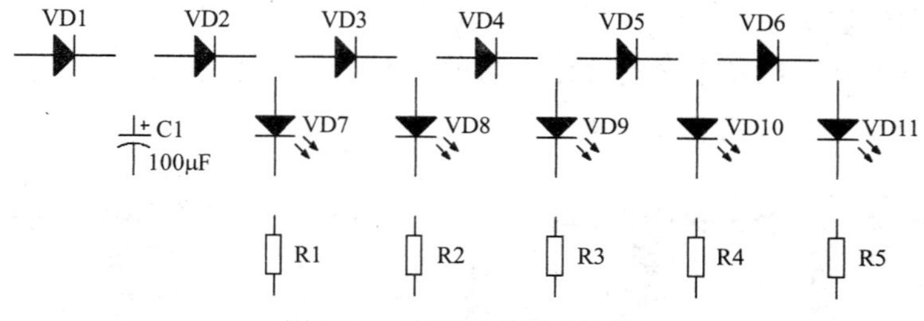

图 1-1-8 放置元件后的效果

（5）单击配线工具栏上的“放置导线”命令，如果没有“配线”工具箱，则在工具栏空白处，按鼠标右键，在弹出的对话框中选择“配线”，如图 1-1-9 所示。

单击配线工具栏处的“放置导线”按钮，如图 1-1-10 所示。

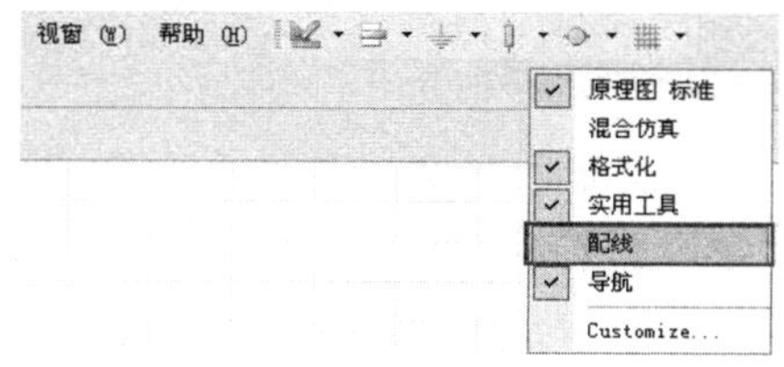

图 1-1-9 配线工具栏

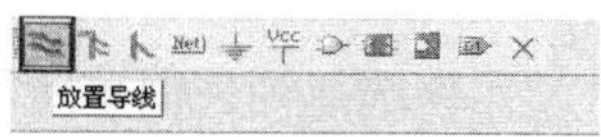

图 1-1-10 放置导线

根据电路图连接导线，效果如图 1-1-11 所示。

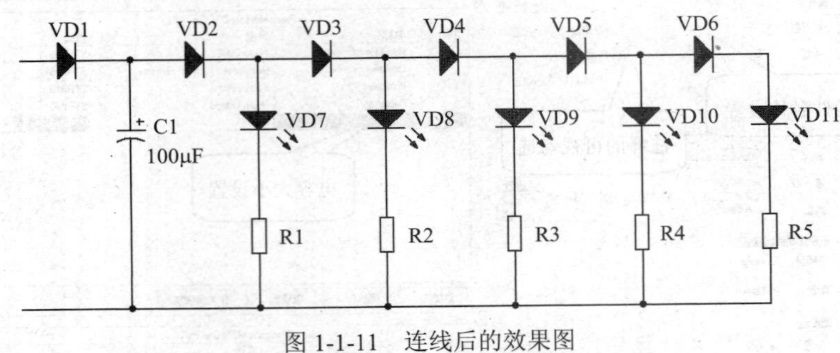

图 1-1-11　连线后的效果图

（6）放置电源和接地。同样选择配线工具栏上的放置电源和放置接地命令，放置电源和接地，并连接导线，如图 1-1-12 所示。

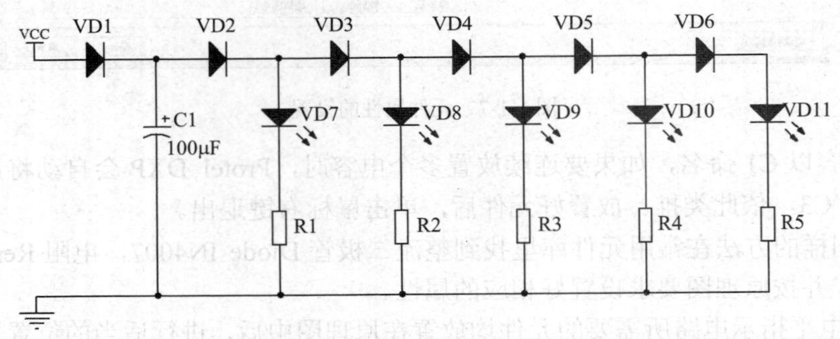

图 1-1-12　放置电源和接地后的效果图

2．布线图的绘制

布线图的绘制在后续章节会有介绍，这里先不介绍绘制过程，绘制的布线图效果如图 1-1-13 所示。

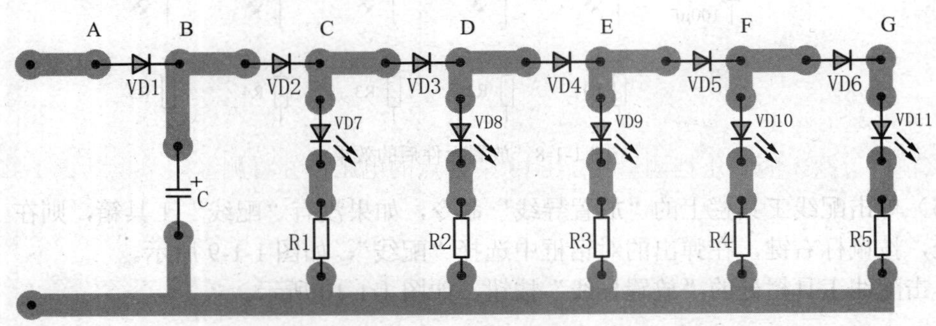

图 1-1-13　简易 LED 电平指示灯电路装配图

（四）电路的焊接和调试

（1）元件选择列表清单所需元件如表 1-1-1 所示。

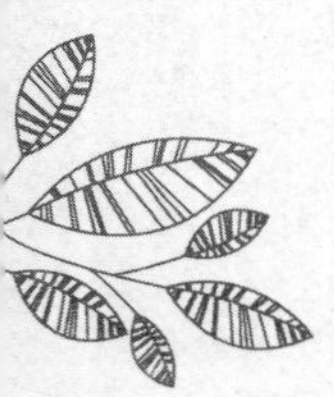

表 1-1-1　　元器件名称明细表

元件名称	代号	元件参数	元件名称	代号	元件参数
电阻	R1	360Ω	电容	C	100μF/16V
	R2	270Ω	二极管	VD1～VD6	2AP×6
	R3	180Ω	发光二极管	VD7～VD11	红色×5
	R4	100Ω			
	R5	47Ω			

（2）电路元件实物图（见图 1-1-14）。

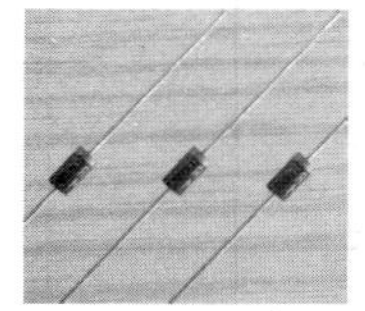

（a）整流二极管

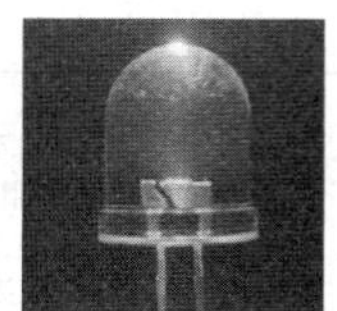

（b）发光二极管

（c）电阻

（d）电解电容

图 1-1-14　电路元件实物图

（3）按电路装配图（图 1-1-13）正确安装各元器件。

检查各元器件安装无误后，将收音机扬声器两输出端的音频信号（或其他音频设备输出的信号）接到简易发光二极管电平显示电路的输入端，调节收音机的音量电位器（或音频设备的输出幅度），可改变发光二极管发光个数的多少。

（4）常见故障及原因。

① 输入端有音频信号输入时，发光二极管全不发光。故障原因有：

a．音频信号输入功率过低，无法使二极管导通，可增大音频信号的输出功率；

b．VD1、VD2 接反或发光二极管接反等，仔细检查，对调反接二极管的极性即可。

② 发光二极管部分发光。故障原因有：

a．前几个发光二极管发光，后几个发光二极管不发光，可能是音频输入功率不足或某二极管、发光二极管接反造成；

b．中间部分几个发光二极管不亮，可能是发光二极管接反或损坏所致。

（五）电平指示灯电路的参数测量

分别用万用表的电压挡测量图 1-1-13 中各点的电压，并将测量结果填到表 1-1-2 中。

表 1-1-2　　测量以下各点电压

测量点	AB	AC	AD	AE	BC
电压值					

四、任务检测与评估

序号	检测项目	考核内容	配分	评分标准	评估结果		
					个人	小组	教师
1	元器件的识别与检测	色环电阻识读；发光二极管引脚判别；二极管极性的识别	15	一个元器件识别检测错误扣 2 分，两个错误扣 5 分，三个错误扣 10 分			

续表

序号	检测项目	考核内容	配分	评分标准	评估结果		
					个人	小组	教师
2	元器件的插装工艺	将电阻、发光二极管和整流二极管正确插装到电路板中	5	一个元器件工艺不合格扣1分			
3	焊接工艺	焊盘之间无虚焊、漏焊；光芯线连接横平竖直；每三个焊盘进行固定焊接	20	一个焊点不合格扣1分，超过三个焊盘无固定一次扣2分			
4	电路原理	叙述二极管的特点；叙述电平指示灯电路的工作原理	20	二极管的特点或电路原理叙述不完整每项扣10分			
5	电路调试	输入端加入3～9V电源，发光二极管的发亮个数随之改变	20	实现电路效果加20分，不能实现效果酌情加分			
6	安全操作	遵守安全操作规程，正确使用仪器设备	10	因违规操作，损坏元器件或工具仪器设备等，扣10分			
7	现场管理	实施任务前后，严格按照要求整理工作现场	10	未按要求进行清洁整理工作现场，扣10分			
分数合计			100				
综合评估结果							

知识链接与延伸

五、知识链接

（1）二极管又称晶体二极管，简称二极管（DIODE），在半导体二极管内部有一个PN结两个引线端子，这种电子器件按照外加电压的方向，具备单向电流的传导性。一般来讲，晶体二极管是一个由P型半导体和N型半导体烧结形成的P-N结界面。

（2）一些常用二极管电路符号如图1-1-15所示。

（3）半导体二极管在电路中常用“VD”加数字表示，如：D5表示编号为5的半导体二极管。

（4）半导体二极管按照所用的半导体材料，可分为锗二极管（Ge管）和硅二极管（Si管）。根据其不同用途，可分为检波二极管、整流二极管、稳压二极管、开关二极管、隔离二极管、肖特基二极管、发光二极管、硅功率开关二极管、旋转二极管等。

（5）半导体二极管的导通电压。

- 硅二极管在两极加上电压，并且电压大于0.6V时才能导通，导通后电压保持在0.6～0.8V。
- 锗二极管在两极加上电压，并且电压大于0.2V时才能导通，导通后电压保持在0.2～0.3V。

（6）半导体二极管主要特性是单向导电性，也就是在正向电压的作用下，导通电阻很小；而在反向电压作用下导通电阻极大或无穷大，即：正向导通，反向截止。

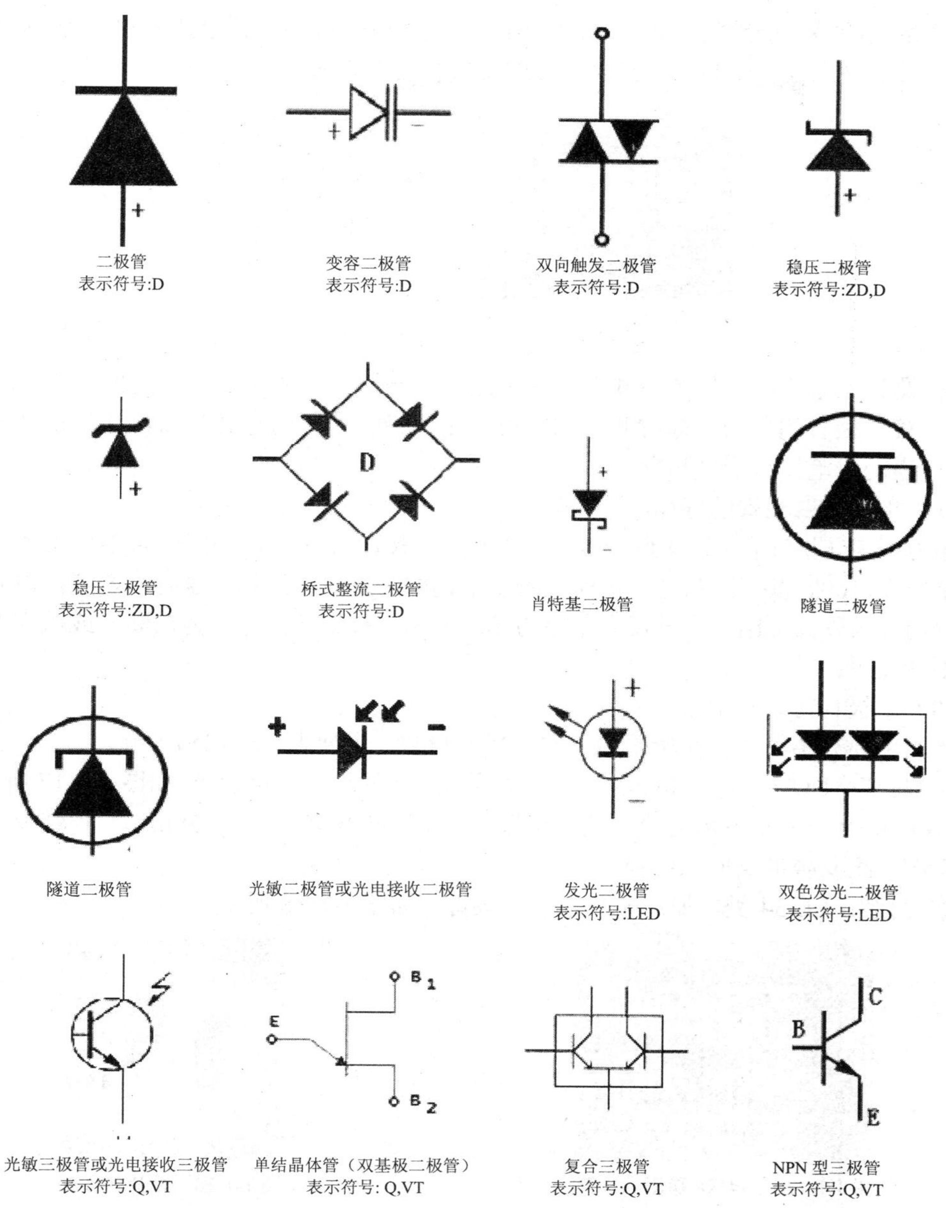

图 1-1-15　常用二极管

（7）半导体二极管的识别方法。

- 目视法判断半导体二极管的极性：一般在实物的电路图中可以通过眼睛直接看出半导体二极管的正负极。在实物中看到一端有颜色标示的是负极，另外一端是正极，如图 1-1-16 所示。
- 用万用表（指针表）判断半导体二极管的极性：通常选用万用表的 Ω 挡（R×100 或 R×1k），然后用万用表的两表笔分别接到二极管的两个极上，当二极管导通，测得的阻值较小（一般几十欧至几千欧），这时黑表笔接的是二极管的正极，红表笔接的是二极管的负极。当测得的阻值很大（一般为几百至几千欧），这时黑表笔接的是二极管的负极，红表笔接的是二极管的正极。

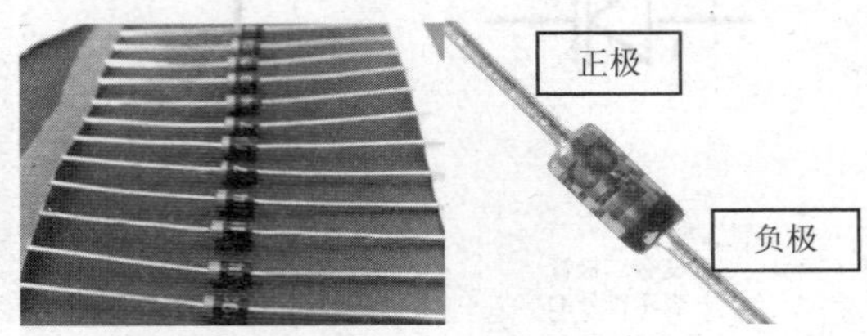

图 1-1-16 二极管及二极管的极性

- 测试注意事项：用数字式万用表去测二极管时，红表笔接二极管的正极，黑表笔接二极管的负极，此时测得的阻值才是二极管的正向导通阻值，这与指针式万用表的表笔接法刚好相反。

（8）半导体二极管的好坏判别。

用万用表（指针表）R×100 或 R×1k 挡测量二极管的正、反向电阻要求在 1k 左右，反向电阻应在 100k 以上。总之，正向电阻越小越好，反向电阻越大越好。若正向电阻无穷大，说明二极管内部断路；若反向电阻为零，表明二极管已击穿，内部断开或击穿的二极管均不能使用。

（9）二极管封装及耐压。

下面主要介绍公司产品所用的一些二极管封装，以便大家认识和了解。

① 封装：DO-35 类，如：1N4148，插件 1/2W 的稳压二极管 ，如图 1-1-17 所示。

1N4148 是一种小型的高速开关二极管，平均正向整流电流为 150mA， 连续反向电压最大 75V，重复峰值反向电压最大 100V。

② 封装：LL-34 类，如：贴片稳压二极管，如图 1-1-18 所示。

图 1-1-17 IN4148 稳压二极管

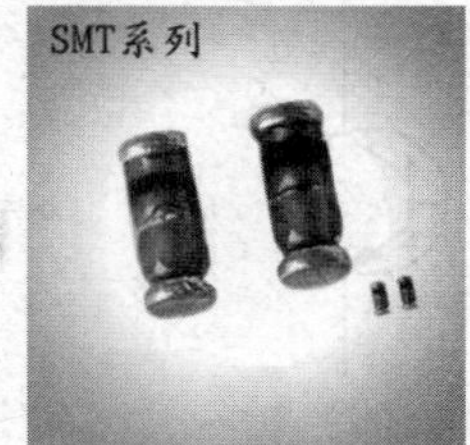

图 1-1-18 贴片二极管

③ 封装：DO-41 类，如：1N4007，1N5819，FR107，HER107，如图 1-1-19 所示。

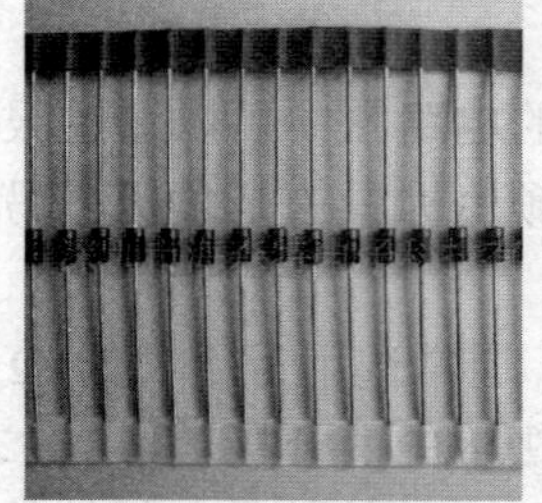

1N4001–1A/50V	1N4002–1A/100V
1N4003–1A/200V	1N4004-1A/400V
1N4005–1A/600V	1N4006–1A/800V
1N4007- 1A/1000V	1N5817–1A/20V
1N5818–1A/30V	1N5819 – 1A/40V

图 1-1-19 DO-41 类二极管

其中 1N5817，1N5818，1N5819 属于肖特基二极管。

FR107 和 HER107 的最大正向整流电流和最高反向耐压都是一样的（大家自己进行推算），只是 1N4007 是普通的整流二极管，FR107 是快恢复整流二极管，HER107 是高效率整流二极管。

④ 封装：DO-15 类，如：SB240，SB260，SB2100，HER201，HER202……HER208，如图 1-1-20 所示。

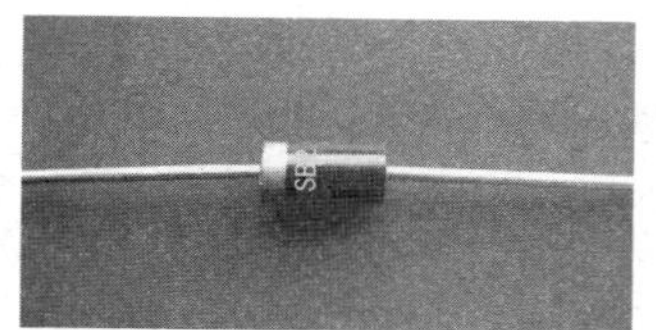

HER201–2A/50V	HER202–2A/100V
HER203–2A/200V	HER204–2A/300V
HER205–2A/400V	HER206+2A/600V
HER207–2A/800V	HER208– 2A/1000V
SB240–2A/40V	SB260–2A/60V
SB2100–2A/100V	

图 1-1-20　DO-15 类二极管及其稳压电压

SB240，SB260，SB2100 属于肖特基二极管，HER201，HER202……HER208 属于高效率整流二极管。

⑤ 封装：DO-201AD（DO-27）类，如：SB340，SB360，SB3100，SB540，SB560，SB5100，如图 1-1-21 所示。

SB340–3A/40V	SB360–3A/60V
SB360–3A/60V	SB3100-3A/100V
SB540–5A/40V	SB560–5A/60V
SB560–5A/60V	SB5100-5A/100V

图 1-1-21　DO-201AD 类二极管及其稳压电压

⑥ 封装：TO-220 类（分为铁封和塑封），如：MBR10100CT，MBR10150CT，MBR20100CT，MBR20150CT，MBR3045CT，如图 1-1-22 所示。

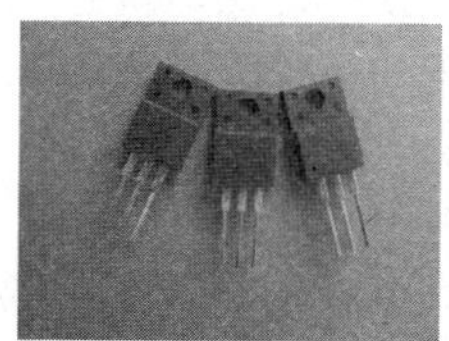

MBR1045CT-10A/45V	MBR1060CT-10A/60V
MBR101000CT-10A/100V	MBR10150CT-10A/150V
MBR2045CT-20A/45V	MBR2060CT-20A/60V
MBR20100CT-20A/100V	BR20150CT-20A/150V
MBR20200CT-20A/200V	MBR3045CT-30A/45V

图 1-1-22　TO-220 类二极管及其稳压电压

a．需要说明的是，如果是同一规格的肖特基二极管，如 MBR20100CT，其塑封和铁封这两种封装不一样，但它的功能是一样的，可以进行代换，但散热效果会有少许差异。

b．由于铁封的散热体是导电的，如果散热片的固定脚在电路中不是单点接地，铁封的散热体与散热片将会短路，所以对于铁封的二极管，在锁螺丝时需加一个绝缘介子和一块绝缘硅胶片。两者代换需要视电路结构而定。

c．此封装的的肖特基二极管一般都是用在大电流的电路中，容易产生热量使肖特基二极管温度升高而导致损坏，所以在组装散热片时一定要在肖特基二极管的背面涂上散热油，使肖特基二极管能够更好地散热。

任务 1.2 制作电子圣诞树

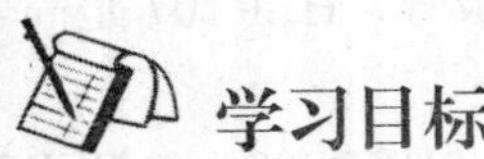

1. 能判断三极管的管型和引脚，能叙述三极管的作用；
2. 能进行电子彩灯圣诞树电路的分析；
3. 能用电子 EDA 软件绘制电子圣诞树电路原理图和布线图；
4. 完成电子圣诞树电路的焊接和调试。

做什么?

一、任务描述

电子圣诞树电路通电后，两个发光二极管会轮流点亮而闪烁，就像装在圣诞树上的彩灯一样。通过对电子圣诞树电路的制作，学习三极管的特性和应用，同时也可以提高电路原理图和布线图的绘制能力。

二、任务分析

1. 电子圣诞树电路的分析；
2. 三极管的认识与分析；
3. 电子圣诞树电路的布线图绘制；
4. 电子圣诞树电路的焊接与调试。

学什么?

三、任务实施

(一) 电子圣诞树电路的分析

电子圣诞树电路原理图如图 1-2-1 所示。

电路刚接通电源时，总有一只晶体管（放大系数较高的）首先导通。假如晶体管 VT1 首先导通，它的集电极就为低电平。这个低电平通过电容 C1 耦合到晶体管 VT2 的基极，使 VT2 趋向截止，VT2 的集电极电位上升。这个上升的电位经电容器 C2 的耦合又使 VT1 的基极电位上升，它更加导通，最后 VT2 完全截止，VT1 完全饱和导通，电路处于一个暂稳态过程。

设 C1 原先充了电，左正右负，等到 VT1 饱和导通时 C1 便通过 VT1 放电，放电路径是 C1 正（左边）→R1→C1→VT1→电池负。这时 C1 右端电位随着反向充电逐渐上升，当上升到 0.6V 以上时，VT2 开始导通。VT2 导通后其集电极电压就开始下降。由于电容器两侧电位

不能突变，故C2左端的电压跟着下降，变为低电压，强迫晶体管VT1截止。这样VT1的集电极电压又上升，再经C1加到VT2的基极，又形成一个正反馈，使VT2又完全导通，VT1又完全截止，电路处于另一个暂稳态过程。此后，电容器C2首先通过已经饱和的晶体管VT2和电阻器R2放电，然后再开始充电，直到晶体管VT1重新开始导通，如此不断循环下去。

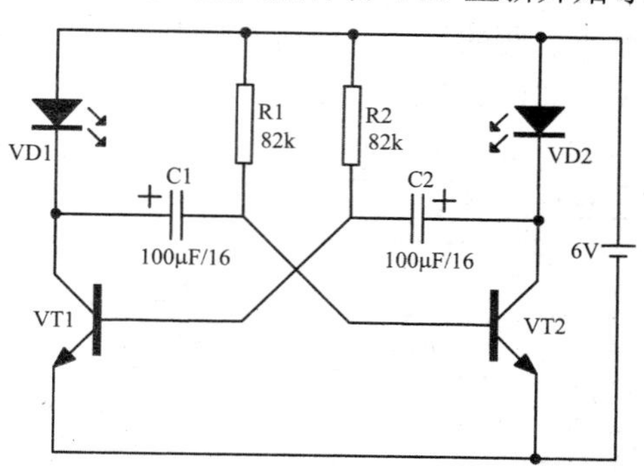

图1-2-1　电子圣诞树电路原理图

（二）三极管的认识与分析

三极管是一种控制元件，主要用来控制电流的大小，以共发射极接法为例（信号从基极输入，从集电极输出，发射极接地），当基极电压U_B有一个微小的变化时，基极电流I_B也会随之有小的变化，受基极电流I_B的控制，集电极电流I_C会有一个很大的变化。基极电流I_B越大，集电极电流I_C也越大；反之，基极电流越小，集电极电流也越小，即基极电流控制集电极电流的变化。但是集电极电流的变化比基极电流的变化大得多，这就是三极管的放大作用。I_C的变化量与I_B变化量之比叫做三极管的放大倍数β（$\beta=\Delta I_C/\Delta I_B$，$\Delta$表示变化量。），三极管的放大倍数$\beta$一般在几十到几百。三极管在放大信号时，首先要进入导通状态，即要先建立合适的静态工作点，也叫建立静态偏置，否则会放大失真。

怎么做?

（三）电子圣诞树电路的原理图与布线图绘制

1. 电子圣诞树电路原理图绘制

第一步，从开始菜单启动DXP软件，启动后，选择“文件”→“创建”→“PCB项目”，新建一个空白的PCB项目；

第二步，选择“文件”→“创建”→“原理图”，新建一个空白的电路原理图文件；

第三步，在原理图文件里放置相关元器件。放置电解电容、发光二极管和电阻等元件在前面已经演示过，这里简单简介如何放置三极管，操作步骤如下。

（1）在原理图右侧有“元件库”字样，鼠标移过去会自动弹出元件库窗口，在该窗口中，选择“Miscellaneous Devices.IntLib”常用元件库，在过滤框中输入“NPN”，再在元件栏中找到并选择NPN，如图1-2-2所示。

（2）设置元件的属性。单击上图所示的Place NPN放置三极管元件，移动到电路图适当位置，按快捷键 Tab 进入元件属性的设置对话框，命名为 VT1。

注意：在放置元件时，如果要元件做竖直镜像，只需要在放置的过程中在英文状态下按快捷键 X，同样的道理要水平镜像只需要按快捷键 Y。

（3）用同样的方法在常用元件库里找到元件，并按原理图要求设置好相应的属性。

（4）将电子圣诞树电路所需要的元件均放置在原理图中以后，进行适当地位置调整，使电路的连线既简洁又美观，如图 1-2-3 所示。

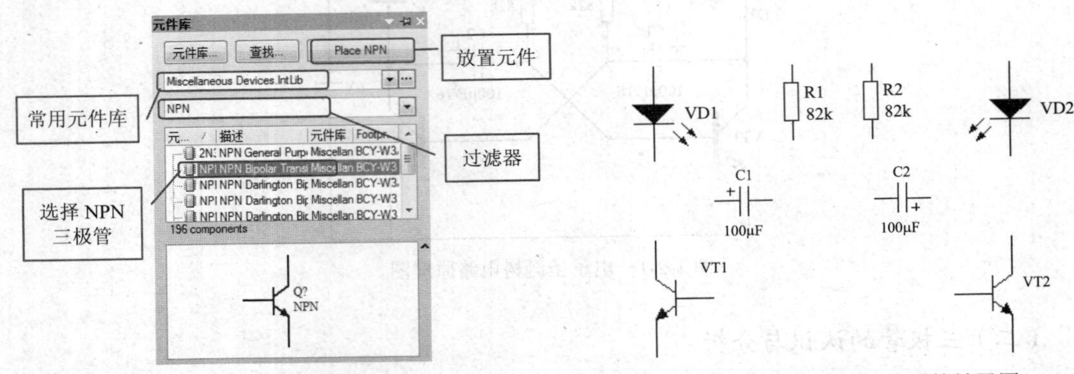

图 1-2-2　在元件库找到三极管　　　图 1-2-3　放置所有元件后的效果图

（5）单击配线工具栏上的“放置导线”命令，如图 1-2-4 所示，根据电路图连接导线，效果如图 1-2-5 所示。

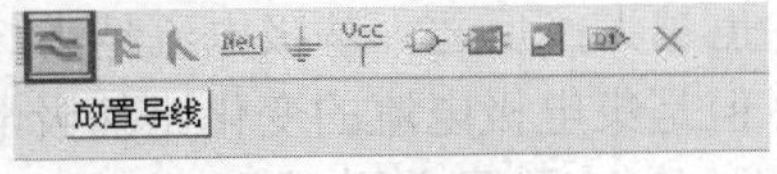

图 1-2-4　放置导线

注意：如果要让导线走斜线，则可在放置导线的过程中按 Shift+Space（空格键），选择合适的走线方式。

（6）放置电源和接地。同样选择配线工具栏上的放置电源和放置接地命令，放置电源和地，并连接导线，如图 1-2-6 所示。

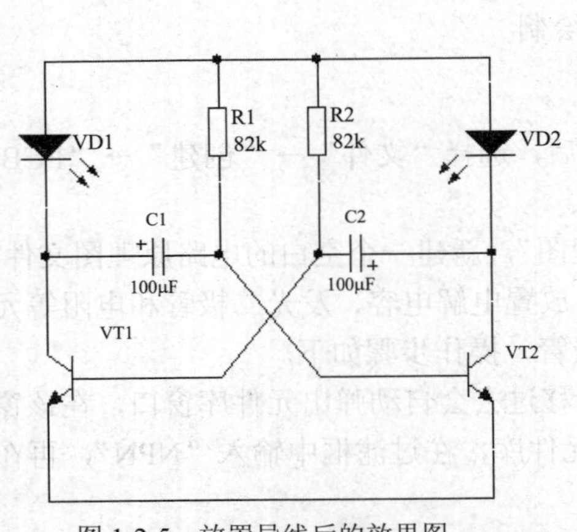

图 1-2-5　放置导线后的效果图

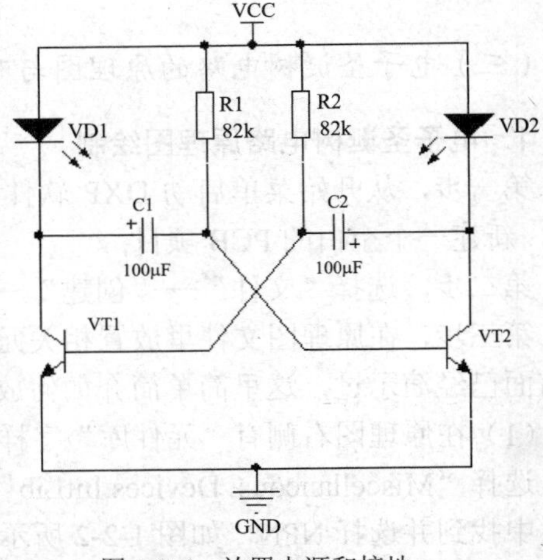

图 1-2-6　放置电源和接地

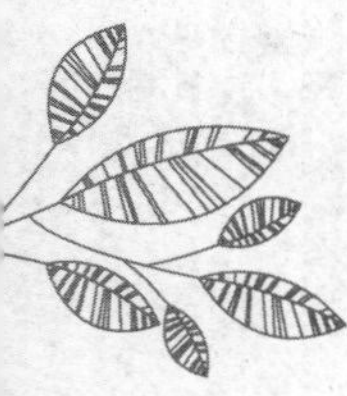

2．电子圣诞树电路布线图绘制

（1）根据模板创建 PCB 文件。

① 单击“Files”→“根据模板新建”→“PCB Board Wizard”，如图 1-2-7 所示，启动根据模板新建 PCB 文件，启动后界面如图 1-2-8 所示。

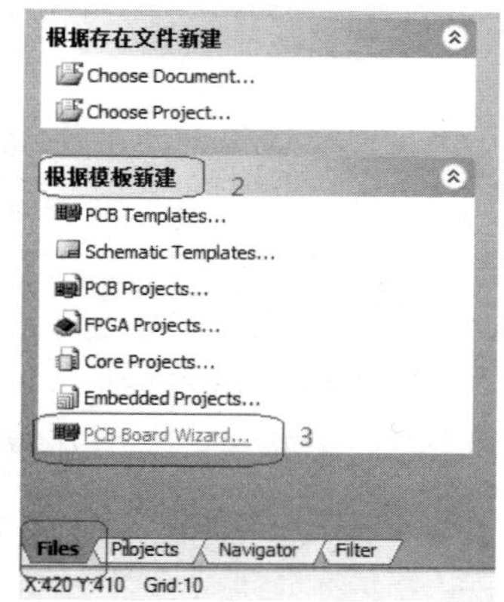

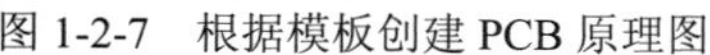

图 1-2-7 根据模板创建 PCB 原理图

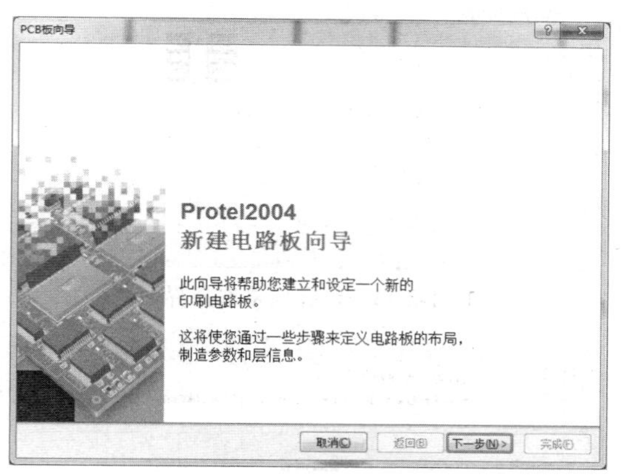

图 1-2-8 PCB 板向导启动界面

② 根据提示单击“下一步”按钮，分别如图 1-2-9～图 1-2-16 进行设置。

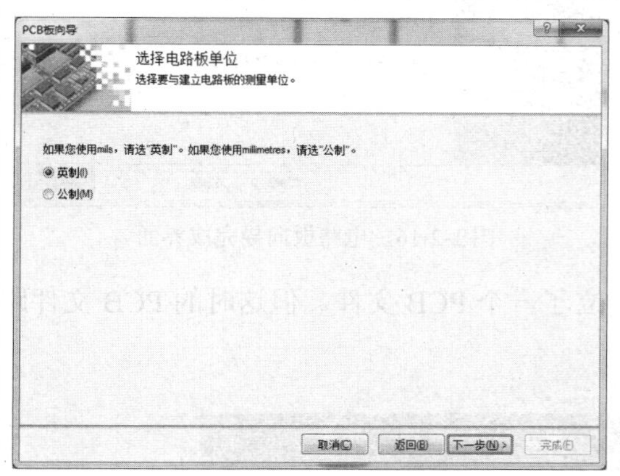

图 1-2-9 单位选择界面

图 1-2-10 配置文件选择界面，选择“[Custom]”

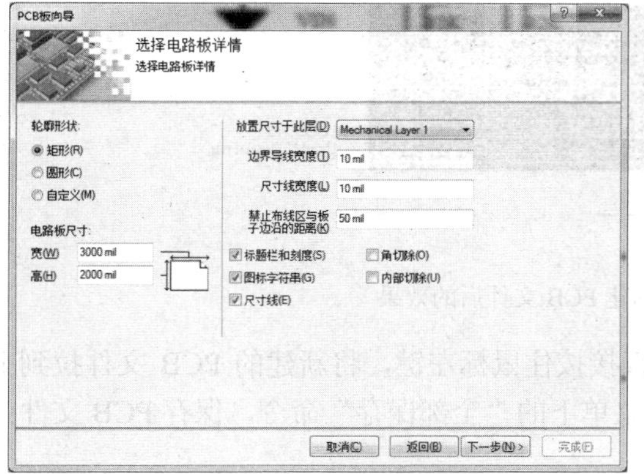

图 1-2-11 电路板详情选择界面

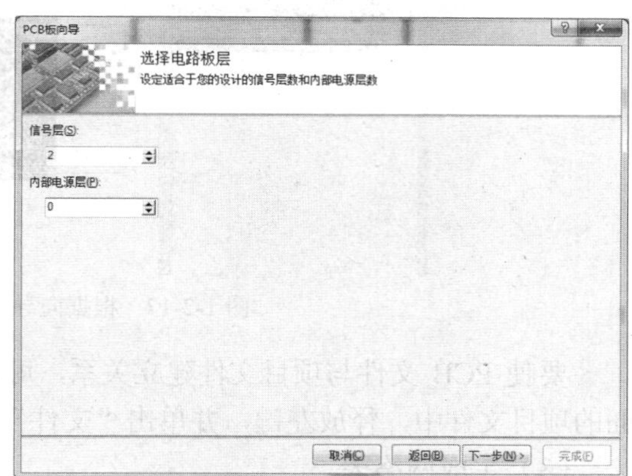

图 1-2-12 电路板层选择界面

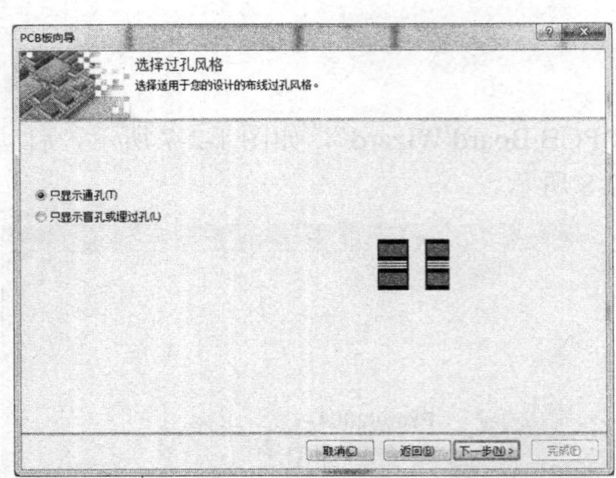

图 1-2-13　过孔风格选择界面

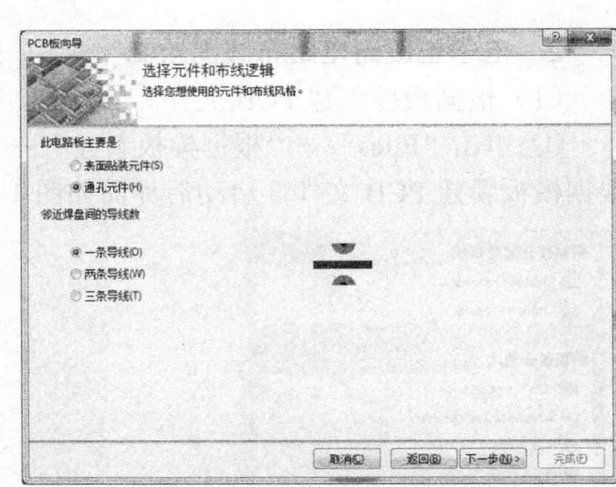

图 1-2-14　元件和布线逻辑选择界面

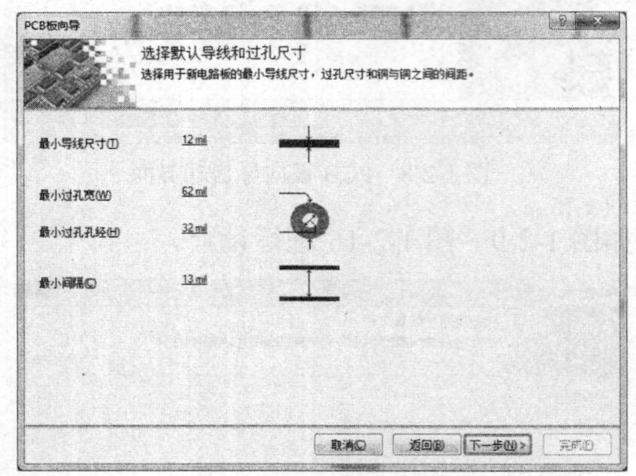

图 1-2-15　默认导线和过孔尺寸选择界面

图 1-2-16　电路板向导完成界面

（2）根据向导完成电路板的创建后主动建立了一个 PCB 文件，但这时的 PCB 文件跟项目文件还没有建立关系，如图 1-2-17 所示。

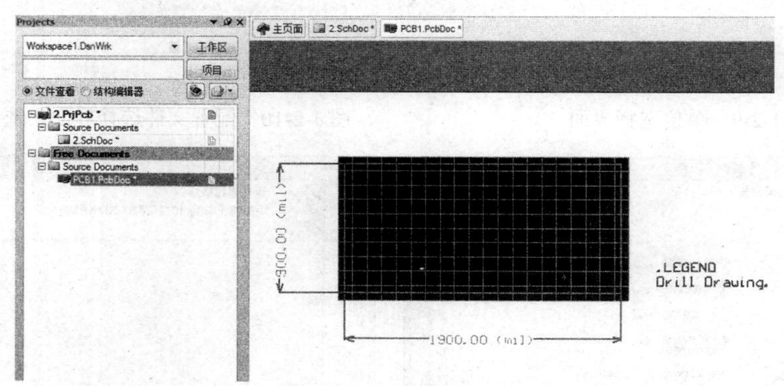

图 1-2-17　根据向导创建 PCB 文件后的效果

要使 PCB 文件与项目文件建立关系，可直接按住鼠标左键，将新建的 PCB 文件拉到上面的项目文件中，释放左键，并单击“文件”菜单下的“全部保存”命令，保存 PCB 文件。

（3）生成网络表。

单击原理图文件名称，切换到原理图文件编辑窗口。单击“设计”菜单栏下的“文档

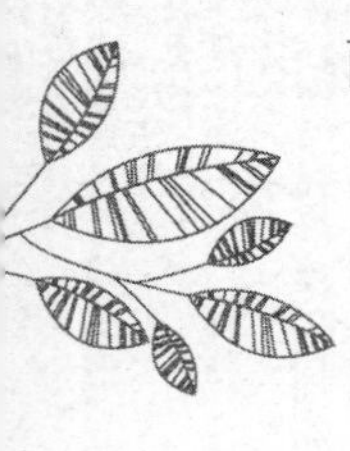

的网络表（E）”的下级命令“Protel”，如图 1-2-18 所示，生成网络表。

（4）下载网络表。

① 单击“设计”菜单栏下的“Update PCB Document PCB1.PcbDoc”命令，如图 1-2-19 所示，弹出“工程变化订单（ECO）”对话框，如图 1-2-20 所示。

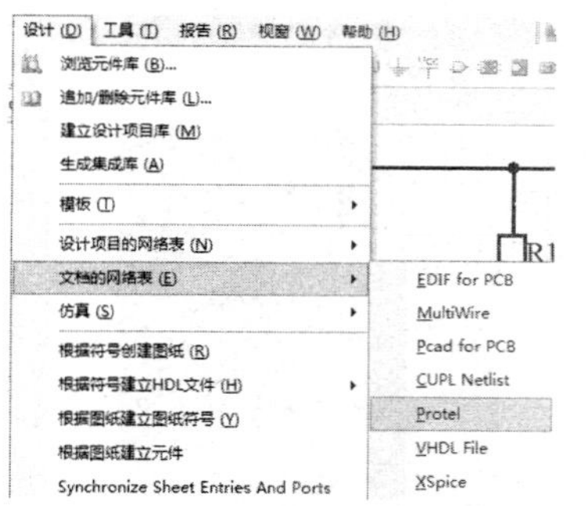

图 1-2-18　生成网络表

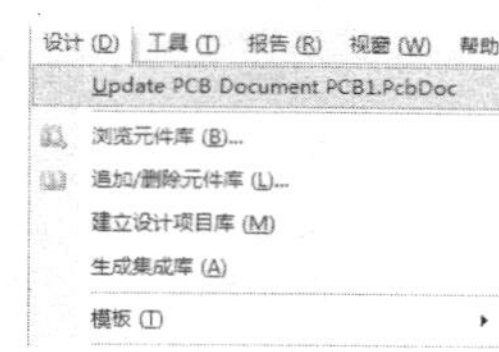

图 1-2-19　下载网络表

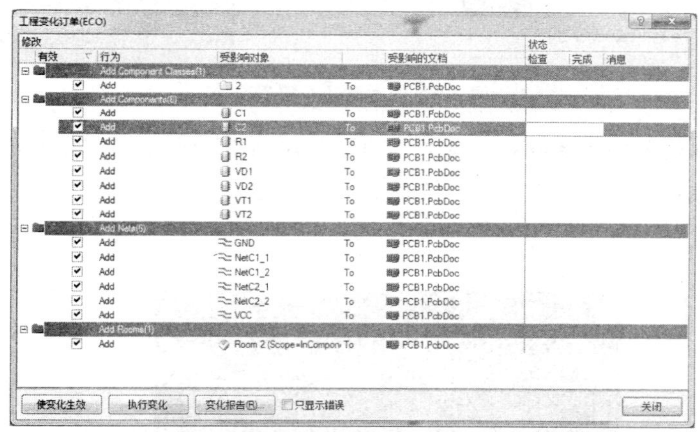

图 1-2-20　“工程变化订单（ECO）”对话框

② 先单击“使变化生效”命令，再单击“执行变化”命令，将原理图文件的元件导入到 PCB 文件，如图 1-2-21 所示。

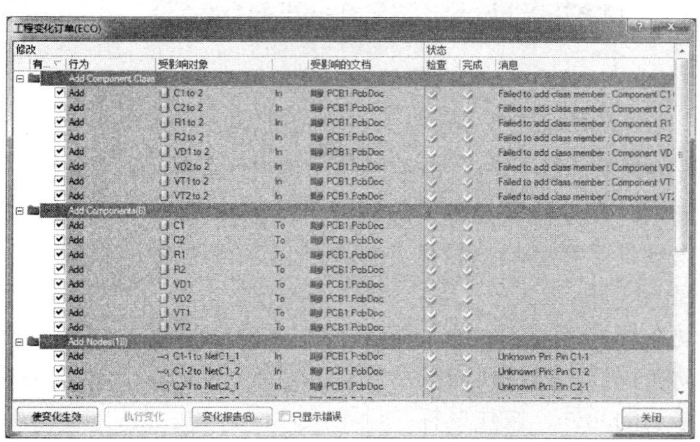

图 1-2-21　“工程变化订单（ECO）”完成导入元件

（5）元件自动布局。

通过“工程变化订单（ECO）”完成导入元件后，元件无序地放置在PCB板的一侧，此时需要对元件进行布局。操作方法如下。

① 单击“工具”菜单栏下的“放置元件”下的“自动布局”命令，如图1-2-22所示。

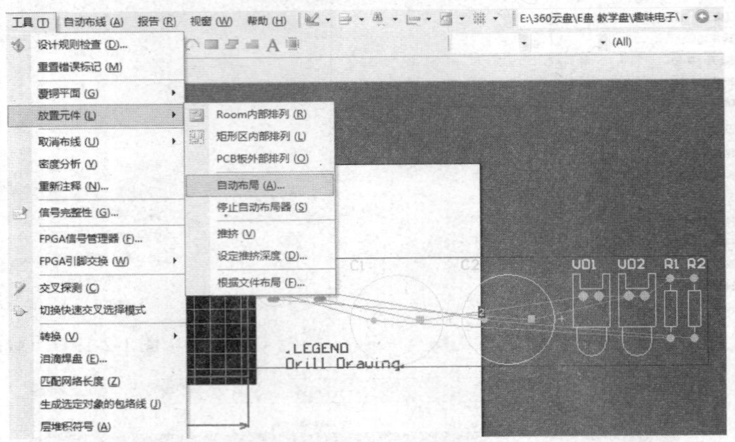

图1-2-22 “自动布局”命令

② 执行“自动布局”命令后，弹出自动布局对话框，选择“分组布局”，单击“确认”，系统自动对元件进行布局，布局后的效果如图1-2-23所示。

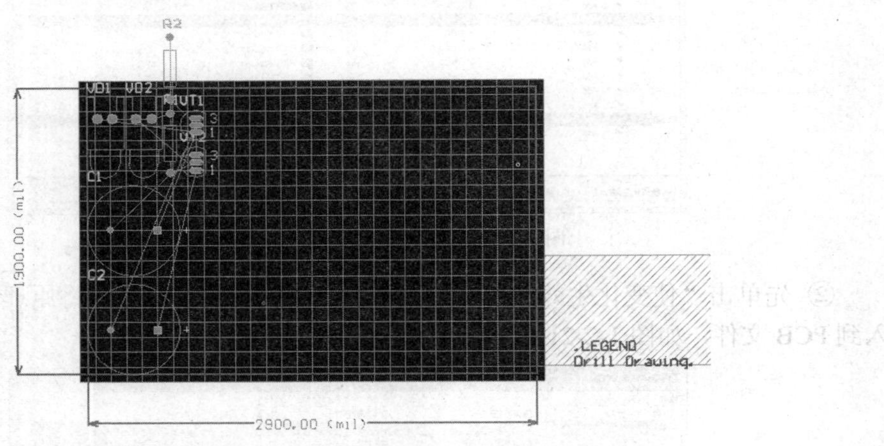

图1-2-23 执行“自动布局”后的效果

③ 将PCB板编辑区右边的绿色边框选中，按“Delete”键删除。

注意：如果删除时发现连同元件一起删除了，应按“Ctrl+Z”组合键恢复到删除前的操作，保存并退出软件。重新启动软件并打开项目，再次选中绿色区域，按“Delete”键删除，即可删除绿色区域。

（6）元件手动布局。

如果通过自动布局后，元件仍未按所需要的位置进行摆放，就需要进行手动布局。用鼠标左键单击要移动的元件，按住鼠标左键不放，移动到适当的位置，释放左键。将元件调整到如图1-2-24所示。

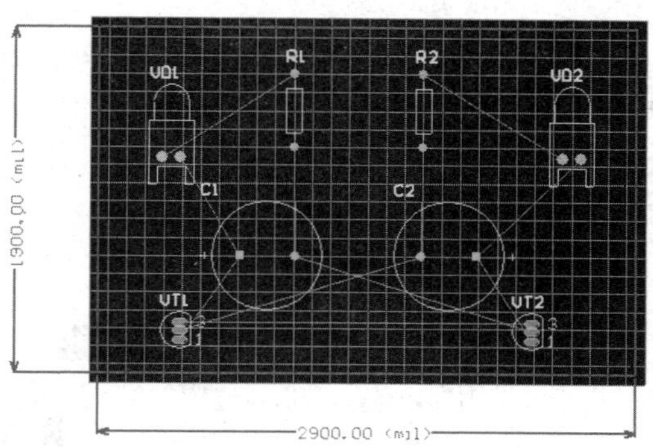

图 1-2-24　手动布局效果

（7）设计规则。

① 单击“设计”菜单栏下的“规则”命令，打开“PCB 规则和约束编辑器”向导，单击“Routing”→“Width”，右键单击“Width”，单击新建规则，如图 1-2-25 所示。

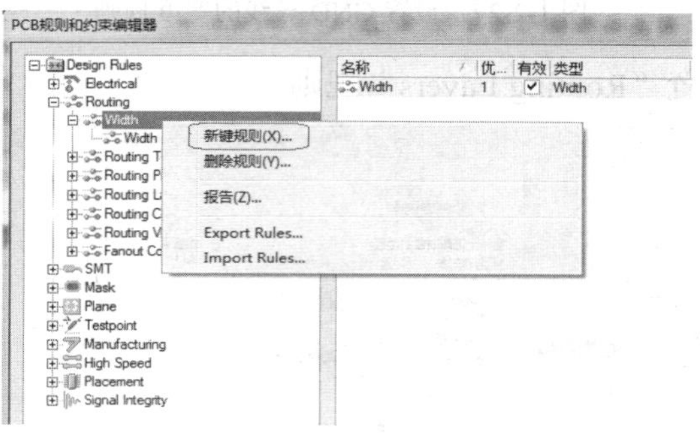

图 1-2-25　新建规则

② 分别按图 1-2-26、图 1-2-27 设置新建的 VCC 和 GND 规则。

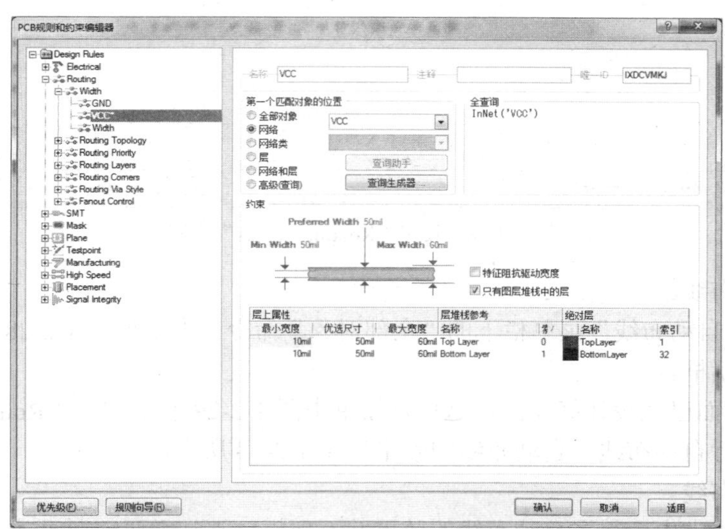

图 1-2-26　设置 VCC 导线的宽度规则

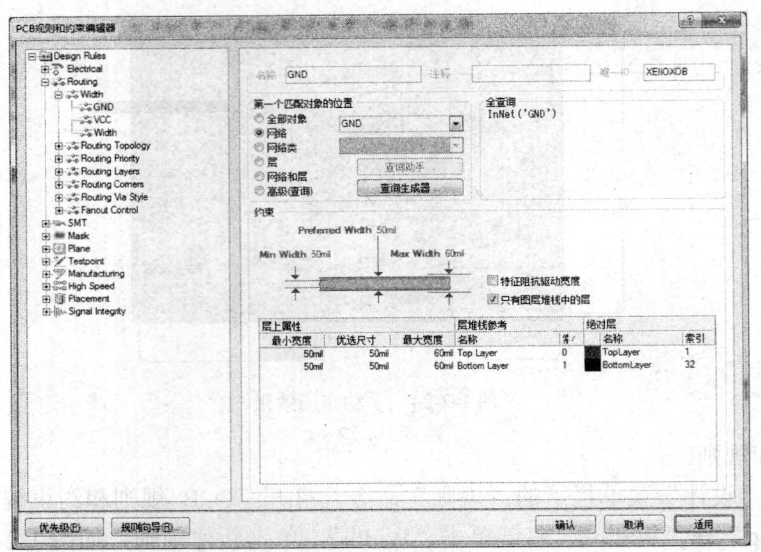

图 1-2-27　设置 GND 导线的宽度规则

③ 按图 1-2-28 设置“Routing Layers”规则。

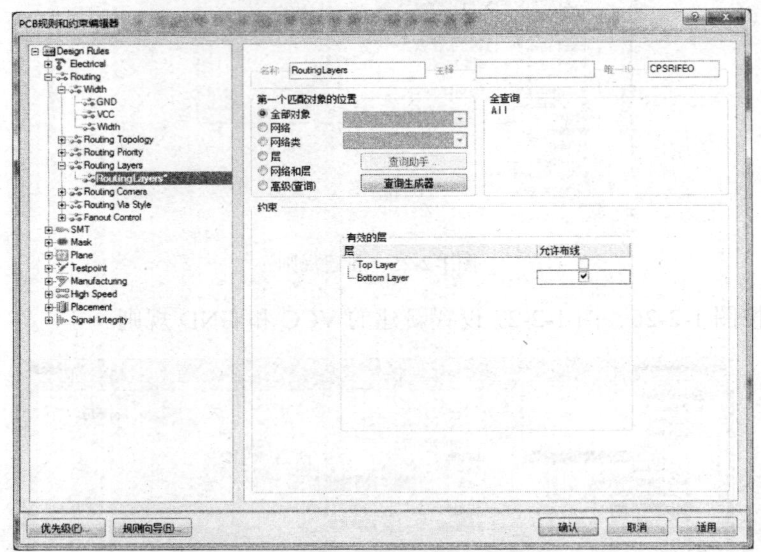

图 1-2-28　设置“Routing Layers”规则

（8）自动布线。

① 单击“自动布线”菜单栏下的“全部对象”命令，弹出如图 1-2-28 所示的“Situs 布线策略”对话框。

② 由于前面已经设计好规则，这里直接单击图 1-2-29 右下方的“Route All”按钮，对全部对象进行自动布线，自动布线的效果如图 1-2-30 所示。

（9）手动布线。

在实际使用当中，很多自动布线的效果并不理想，常常需要使用手动布线进行调整，调整的方法如下。

Situs布线策略

布线设置报告

Report Contents
Routing Widths
Routing Via Styles
Electrical Clearances
Fanout Styles
Layer Directions
Drill Pairs
Net Topologies
Net Layers
SMD Neckdown Rules
Unroutable pads
SMD Neckdown Width Warnings

编辑层方向… 编辑规则… 另存报告为…

布线策略

可用的布线策略

名称	描述
Cleanup	Default cleanup strategy
Default 2 Layer Board	Default strategy for routing two-layer boards
Default 2 Layer With Edge Connectors	Default strategy for two-layer boards with edge connectors
Default Multi Layer Board	Default strategy for routing multilayer boards
General Orthogonal	Default general purpose orthogonal strategy
Via Miser	Strategy for routing multilayer boards with aggressive via minimization

追加(A) 删除(R) 编辑(E) 复制(D) 锁定全部预布线

Route All 取消

图 1-2-29 “Situs 布线策略”对话框

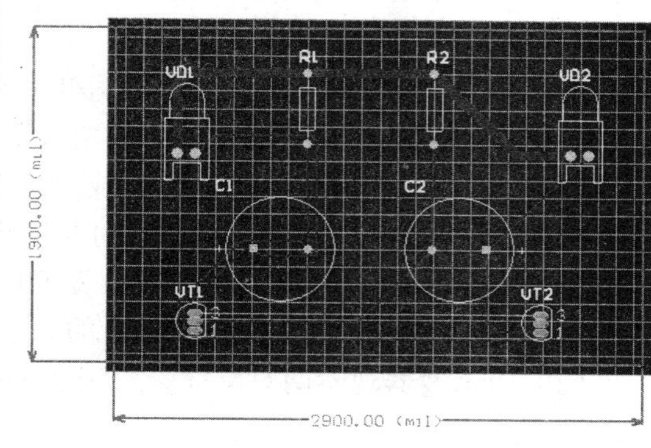

图 1-2-30 自动布线效果图

① 删除自动布线的线，选中某条要删除的导线，单击“Delete”键删除。

② 单击如图 1-2-31 所示的工具栏上的“交互式布线”命令，移动到要连接的导线，出现如图 1-2-32 所示的八边形时，即可以用来绘制 PCB 导线。

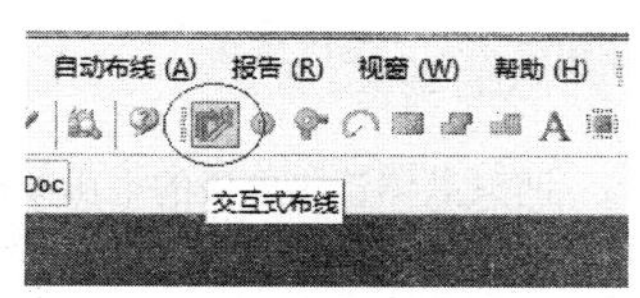

图 1-2-31 交互式布线

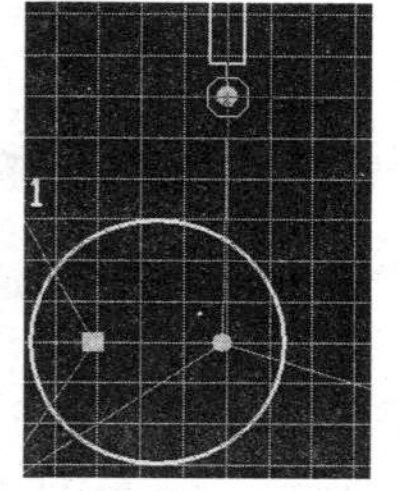

图 1-2-32 绘制导线

③ 最终将电路调整成如图 1-2-33 所示的效果。

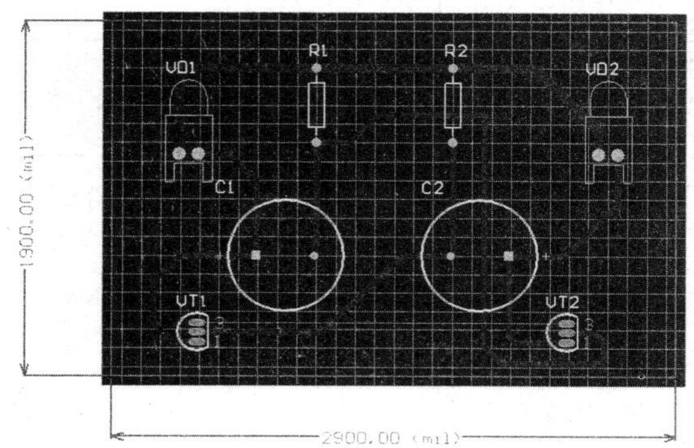

图 1-2-33 手动布线的最终效果

（四）电子圣诞树电路的焊接与调试

（1）按如图 1-2-34 所示电子圣诞树装配图，先安装电阻器 R1、晶体管 VT2 和发光二极管 VD2，然后通电试一下，发光二极管 VD2 应亮。再安装电阻器 R2、晶体管 VT1 和发光二极管 VD1，再通电试一下，发光二极管 VD1 也应亮。最后将两只电解电容焊好，电路就会成功。如果通电后两只发光二极管不闪烁且同时亮，说明电解电容器有问题或者虚焊。

（2）电路做好后可以改变一下电路的参数，比如找一只 82kΩ 的电阻器并联在电阻器 R1 的两端，可以看到原来对称闪烁的两只发光二极管，这时 VD1 亮的时间比 VD2 亮的时间要短些。如果不并联电阻器，而是找一只 100μF 的电容器并联在电容器 C1 的两端，这时，发光二极管 VD1 比 VD2 亮的时间要长些。这些实验说明，晶体管 VT1 导通时间（VT1 导通，发光二极管 VD1 才亮）与电阻器 R1 和电容器 C1 的大小成正比。同样晶体管 VT2 的导通时间与电阻器 R2 和电容器 C2 的大小成正比。

（3）用示波器观察两只晶体管电极的电压波形，如图 1-2-35 所示。

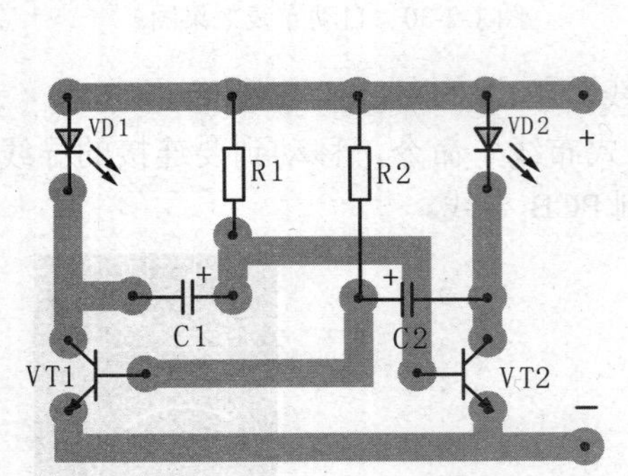

图 1-2-34　电子圣诞树装配图

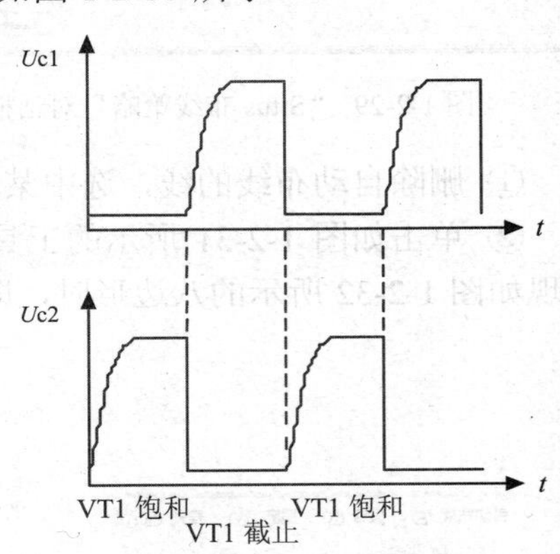

图 1-2-35　两只晶体管集电极的电压波形

四、任务检测与评估

序号	检测项目	考核内容	配分	评分标准	评估结果		
					个人	小组	教师
1	元器件的识别与检测	色环电阻识读；发光二极管、三极管引脚判别；电容极性识别	15	一个元器件识别检测错误扣 2 分，两个错误扣 5 分，三个错误扣 10 分			
2	元器件的插装工艺	将电阻、电容、发光二极管和三极管正确插装到电路板中	5	一个元器件工艺不合格扣 1 分			
3	焊接工艺	焊盘之间无虚焊、漏焊；光芯线连接横平竖直；每三个焊盘进行固定焊接	20	一个焊点不合格扣 1 分，超过三个焊盘无固定一次扣 2 分			
4	电路原理	叙述三极管的引脚检测步骤；叙述电子圣诞树电路的工作原理	20	引脚检测或电路原理叙述不完整每项扣 10 分			

续表

序号	检测项目	考核内容	配分	评分标准	评估结果		
					个人	小组	教师
5	电路调试	通往电源后，两个发光二极管轮流闪烁	20	功能实现加20分，功能不实现酌情减分			
6	安全操作	遵守安全操作规程，正确使用仪器设备	10	因违规操作，损坏元器件或工具仪器设备等，扣10分			
7	现场管理	实施任务前后，严格按照要求整理工作现场	10	未按要求进行清洁整理工作现场，扣10分			
分数合计			100				
综合评估结果							

知识链接与延伸

五、知识链接

1．概述

s9014，s9013，s9015，s9012，s9018系列的晶体小功率三极管，把显示文字平面朝向自己，从左向右依次为e发射极、b基极、c集电极；对于中小功率塑料三极管按图使其平面朝向自己，三个引脚朝下放置，则从左到右依次为e、b、c，s8050，8550，C2078也是和这个一样的。用如图1-2-36所示引脚图（管脚图）表示。

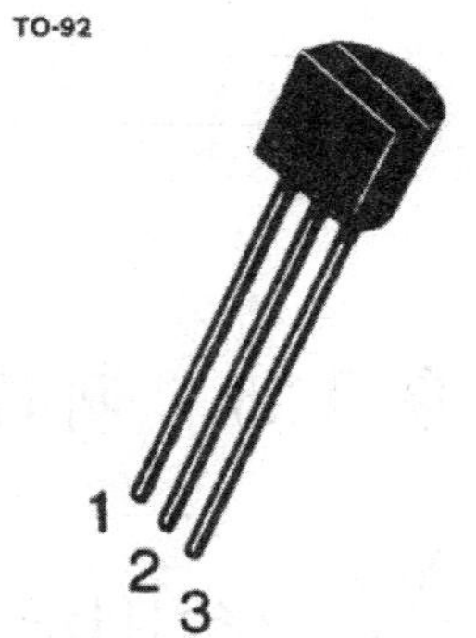

1．发射极；2．基极；3．集电极

图1-2-36　三极管引脚图

2．三极管管脚判断

当前，国内各种晶体三极管有很多种，管脚的排列也不相同。在使用中，对于不确定管脚排列的三极管，必须进行测量确定各管脚正确的位置（下面有用万用表测量三极管的三个极的方法），或查找晶体管使用手册，明确三极管的特性及相应的技术参数和资料。

非9014，9013系列三极管管脚识别方法有以下两种。

（1）判定基极。用万用表R×100或R×1k挡测量管子三个电极中每两个极之间的正、反向电阻值。当用第一根表笔接某一电极，而第二表笔先后接触另外两个电极均测得低阻值时，则第一根表笔所接的那个电极即为基极b。这时，要注意万用表表笔的极性，如果红表笔接的是基极b，黑表笔分别接在其他两极时，测得的阻值都较小，则可判定被测管子为PNP型三极管；如果黑表笔接的是基极b，红表笔分别接触其他两极时，测得的阻值较小，则被测三极管为NPN型管，如9013，9014，9018。

（2）判定三极管集电极c和发射极e。（以PNP型三极管为例）将万用表置于R×100或R×1k挡，红表笔基极b，用黑表笔分别接触另外两个管脚时，所测得的两个电阻值会是一个大一些，一个小一些。在阻值小的一次测量中，黑表笔所接管脚为集电极；在阻值较大的一次测量中，黑表笔所接管脚为发射极。

3. 三极管好坏判断

在实际应用中，小功率三极管通常直接焊接在印刷电路板上，由于元件的安装密度大，拆卸比较麻烦，所以在检测时常常通过用万用表直流电压挡测量被测管子各引脚的电压值来推断其工作是否正常，进而判断三极管的好坏。

如是像 9013，9014 一样 NPN 的用万用表检测它们的引脚，黑表笔接一个极，用红笔分别接其他两极，两个极都有 5k 阻值时，黑表笔所接就是 B 极。这时用黑红两表笔分别接其他两极，黑表笔所接那个极和 B 极，表指示阻值小的那个黑表笔所接就是 C 极。（以上所说为用指针表所测，用数字表检测时为红表笔。数字万用表内部的正负极是和指针表相反的。）

六、知识拓展

将电路进一步拓展成如图 1-2-37 所示的电路，用 5 个发光二极管构成的圣诞树电路。

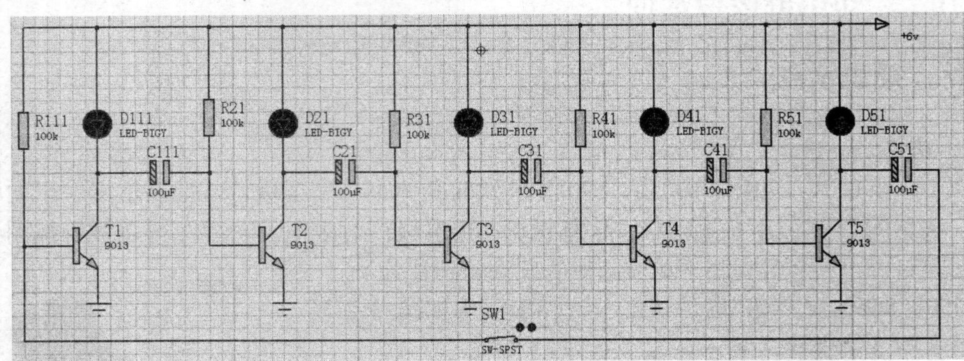

图 1-2-37　用 5 个发光二极管构成的圣诞树电路

任务 1.3　制作电子节拍器

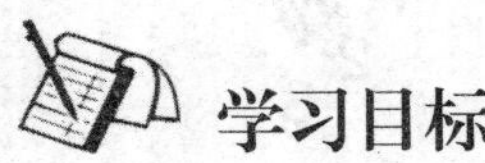

学习目标

1. 懂得三极管放大电路工作原理和静态工作点的设置；
2. 能进行电子节拍器电路的分析；
3. 能用电子 EDA 软件绘制电子节拍器电路原理图和布线图；
4. 完成电子节拍器电路的焊接与调试。

做什么？

一、任务描述

电子节拍器电路在通电后，能发出“叭、叭、叭”的声音，犹如一个人在鼓掌一样，

因此形象地称它为电子节拍器。通过制作这样一个电路，来继续深入学习放大电路和放大电路的耦合，以及调试电路的能力。

二、任务分析

1. 电子节拍器电路的分析；
2. 电子节拍器电路的电路图和布线图绘制；
3. 电子节拍器电路的焊接与调试。

学什么?

三、任务实施

（一）电子节拍器电路的分析

电子节拍器电路如图 1-3-1 所示，该电路的原理与上一电路图的原理类似，请同学自行分析。

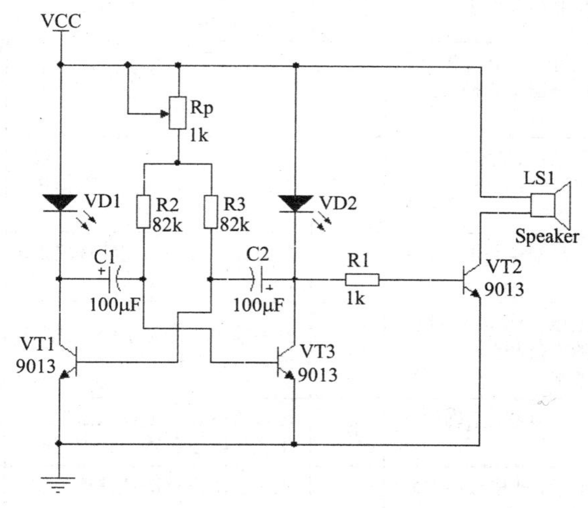

图 1-3-1　电子节拍器电路

怎么做?

（二）电子节拍器电路的电路图和布线图绘制

电子节拍器电路原理图绘制。

第一步，创建电路原理图文件。从开始菜单启动 DXP 软件，启动后，选择“文件”→“创建”→“原理图”，新建一个空白的电路原理图文件；

第二步，在原理图文件里单击右侧边栏的“元件库”，正确选择并放置相关元器件；

第三步，单击“绘图工具栏”→的“导线”命令，根据电路图连接导线；

第四步，给电路添加电源和接地。

由于以上内容在前面章节都已经讲述，这里由同学们自行操作。

（三）电子节拍器电路的焊接与调试

（1）首先在焊接多谐振荡器的基础上再焊接右边部分电路。

（2）当开关闭合时，两个发光二极管轮流闪亮，扬声器发出“叭、叭、叭”的声音。

（3）如果发光二极管正常闪亮，扬声器不能发出声音，用示波器检查C2正极的波形，如果波形是上下跳动的直线，则说明是右边电路的问题，检查右边电路是否虚焊、脱焊；反之，则检查左边的电路。

四、任务检测与评估

序号	检测项目	考核内容	配分	评分标准	评估结果		
					个人	小组	教师
1	元器件的识别与检测	色环电阻识读；发光二极管引脚判别；与非门器件识别	15	一个元器件识别检测错误扣2分，两个错误扣5分，三个错误扣10分			
2	元器件的插装工艺	将电阻、电容、发光二极管、三极管和扬声器正确插装到电路板中	5	一个元器件工艺不合格扣1分			
3	焊接工艺	焊盘之间无虚焊、漏焊；光芯线连接横平竖直；每三个焊盘进行固定焊接	20	一个焊点不合格扣1分，超过三个焊盘无固定一次扣2分			
4	电路原理	叙述电子节拍器电路的工作原理	20	电路原理叙述不完整每项扣10分			
5	电路调试	用万用表电压挡或示波器检测开关前的电位和开关闭合时喇叭的波形	20	开关前电位测量10分，喇叭波形测量10分			
6	安全操作	遵守安全操作规程，正确使用仪器设备	10	因违规操作，损坏元器件或工具仪器设备等，扣10分			
7	现场管理	实施任务前后，严格按照要求整理工作现场	10	未按要求进行清洁整理工作现场，扣10分			
分数合计			100				
综合评估结果							

任务1.4　制作电子模拟发音器

学习目标

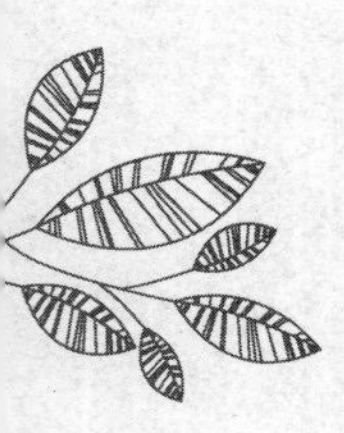

1. 能区分正负反馈电路类型；

2. 懂得进行电子模拟发音器的分析；
3. 能用电子 CAD 软件绘制电子模拟发音器电路原理图和布线图；
4. 完成电子模拟发音器的焊接与调试。

做什么?

一、任务描述

电子模拟发音器电路在通电后，能发出“叭、叭、叭”的声音。通过制作这样一个电路，来学习反馈和正反馈的知识，以及调试电路的能力。

二、任务分析

1. 电子模拟发音器的分析；
2. 反馈电路的分析；
3. 电子模拟发音器电路的布线图绘制；
4. 电子模拟发音器的焊接与调试。

学什么?

三、任务实施

（一）电子模拟发音器的分析

你一定听到过摩托艇的“扑扑”声和老式挂钟“嘀嗒”声，以及雨点打在铁皮屋顶上的响声。如图 1-4-1 所示的电路就是实现这样的效果的电路。电源通过 Rp 和 R 对电容 C 充电，利用电容 C 将三极管 VT2 输出信号的一部分反馈到 VT1 的输入端，是正反馈，使电路产生振荡。调节 Rp，可改变电路的振荡频率，扬声器发出的声音的频率也会随之改变。

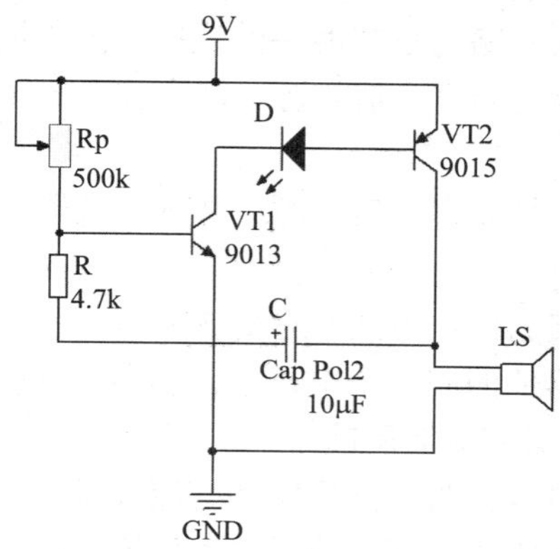

图 1-4-1　电子模拟发音器电路图

（二）反馈电路的分析

反馈又称回馈，是控制论的基本概念，指将系统的输出返回到输入端并以某种方式改变输入，进而影响系统功能的过程。反馈可分为负反馈和正反馈。前者使输出起到与输入相反的作用，使系统输出与系统目标的误差减小，系统趋于稳定；后者使输出起到与输入相似的作用，使系统偏差不断增大，使系统振荡，可以放大控制作用。对负反馈的研究是控制论的核心问题。

1．类型及判定：正反馈和负反馈

将一个系统的输出信号的一部分或全部以一定方式和路径送回到系统的输入端作为输入信号的一部分，这个作用过程叫反馈。按反馈的信号极性分类，反馈可分为正反馈和负反馈。若反馈信号与输入信号极性相同或同相，则两种信号混合的结果将使放大器的净输入信号大于输出信号，这种反馈叫正反馈。正反馈主要用于信号产生电路。反之，反馈信号与输入信号极性相反或变化方向相反（反相），则叠加的结果将使净输入信号减弱，这种反馈叫负反馈，放大电路和自动控制系统通常采用负反馈技术以稳定系统的工作状态。

2．类型及判定：电压反馈与电流反馈

从放大器的输出端看，反馈网络要从放大器的输出信号中取回反馈信号，通常有两种取样方式。按取样方式的不同，反馈分为电压反馈和电流反馈。

电压反馈：反馈信号取自输出电压或者输出电压的一部分。

电流反馈：反馈信号取自输出电流或者输出电流的一部分。

（1）电压反馈：对交变信号而言，若基本放大器、反馈网络、负载三者在取样端是并联连接，则称为并联取样，又称电压反馈。

（2）电流反馈：对交变信号而言，若基本放大器、反馈网络、负载三者在取样端是串联连接，则称为串联取样，又称电流反馈。

（3）电流反馈和电压反馈的判定：在确定有反馈的情况下，则不是电压反馈，就必定是电流反馈，所以只要判定是否是电压反馈或者判定是否是电流反馈即可。通常判定电压反馈较容易。

3．类型及判定：串联反馈和并联反馈

在于基本放大电路的输入回路与反馈网络的连接方式不同。

（1）串联反馈：对交流信号而言，信号源、基本放大器、反馈网络三者在比较端是串联连接，则称为串联反馈。

（2）并联反馈：对交流信号而言，信号源、基本放大器、反馈网络三者在比较端是并联连接，则称为并联反馈。

（3）串联反馈和并联反馈的判定方法：对交变分量而言，若信号源的输出端和反馈网络的比较端接于同一个放大器件的同一个电极上，则为并联反馈；否则为串联反馈。

4．类型及判定：直流反馈和交流反馈

按反馈信号的频率分，可以分为直流反馈和交流反馈。

（1）直流反馈：若反馈环路内，直流分量可以流通，则该反馈环可以产生直流反馈。直流反馈主要作用于静态工作点。

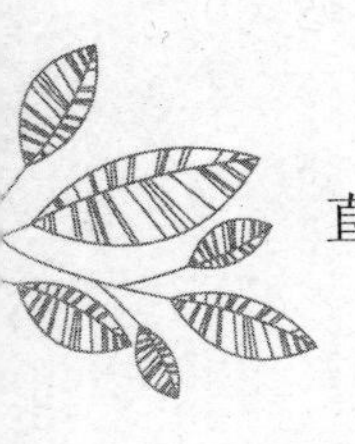

（2）交流反馈：若反馈环路内，交流分量可以流通，则该反馈环可以产生交流反馈。交流反馈主要用来改善放大器的性能；交流正反馈主要用来产生振荡。

若反馈环路内，直流分量和交流分量都可以流通，则该反馈环既可以产生直流反馈又可以产生交流反馈。

怎么做?

（三）电子模拟发音器电路的布线图绘制

放置发光二极管、电阻、电容如上几节所述，放置方法不再赘述，这里主要讲解如何新建一个可调电阻元件。

第一步，先在常用元件库里选择可调电阻 RPot，如图 1-4-2 所示，并将电阻放到原理图设计区；

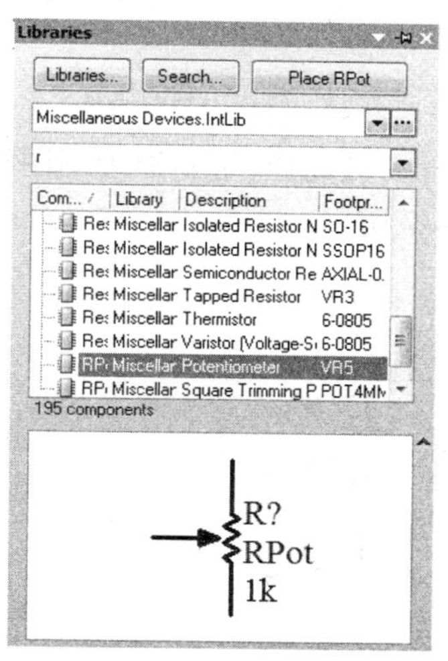

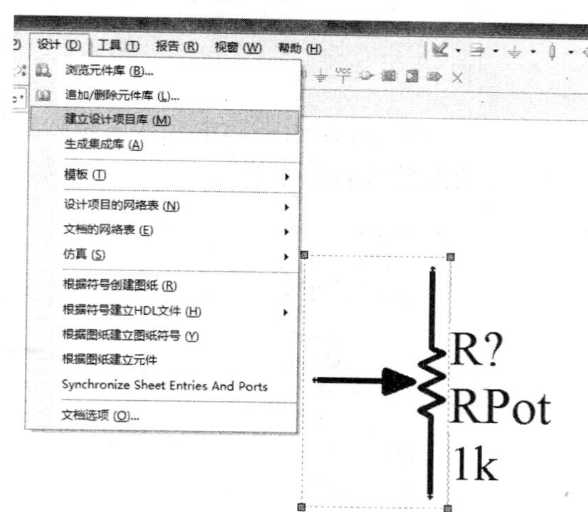

图 1-4-2　选择可调电阻并放置到工作区

第二步，选中元件，单击“设计”菜单下的“建立设计项目库”命令。自动转入以该元件为基础的元件库的设计；

第三步，单击 SCH library 面板的元件模块下的 RPot，如图 1-4-3 所示，在右边的设计区会弹出已载入的可调电阻元件；

第四步，选中要修改的部分，按快捷健 Delete 删除，如图 1-4-4 所示。

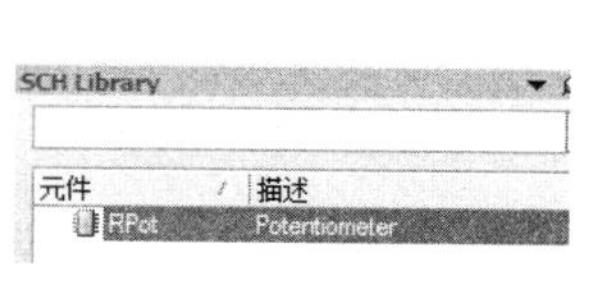

图 1-4-3　选择元件

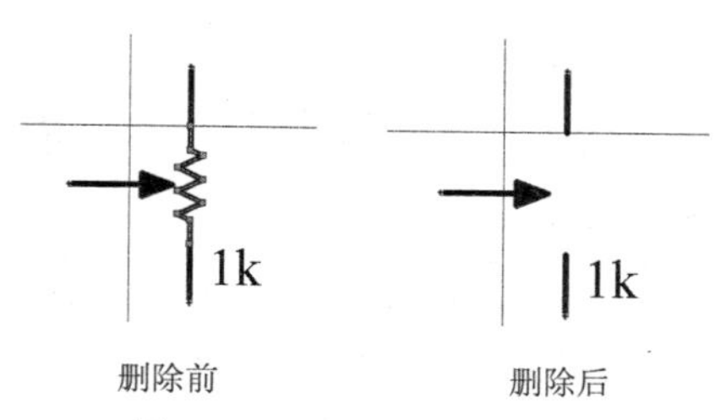

删除前　　删除后

图 1-4-4　删除前、删除后

第五步，在设计区空白位置单击鼠标右键，选择“文档选项”，将“捕获”修改为 5，如图 1-4-5 所示。

第六步，选择绘图工具栏的“放置矩形”命令，在已删除部分位置画一个适当大小的矩形，如图 1-4-6 所示。

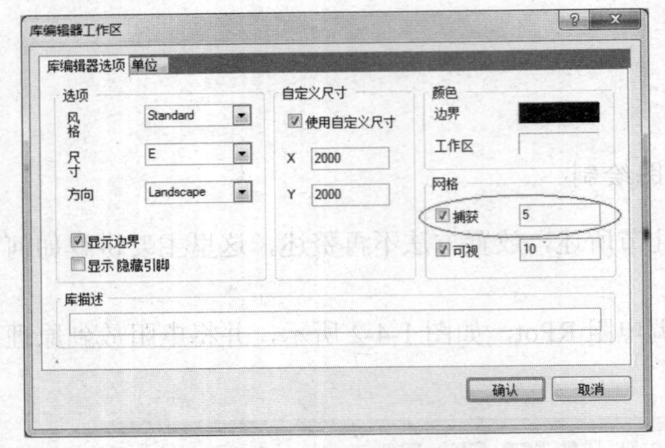

图 1-4-5　修改捕获

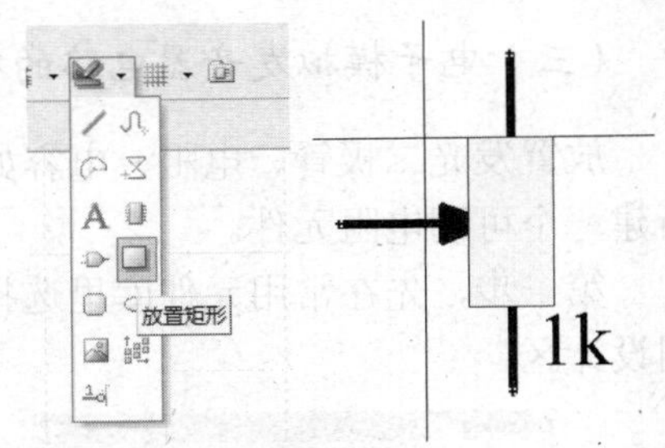

图 1-4-6　绘图工具的放置矩形命令

第七步，在元件库设计面板中选中元件名称，单击鼠标右键选择“更新原理图图纸（Z）”命令，将修改后的元件代替原来修改前的元件，如图 1-4-7 所示。

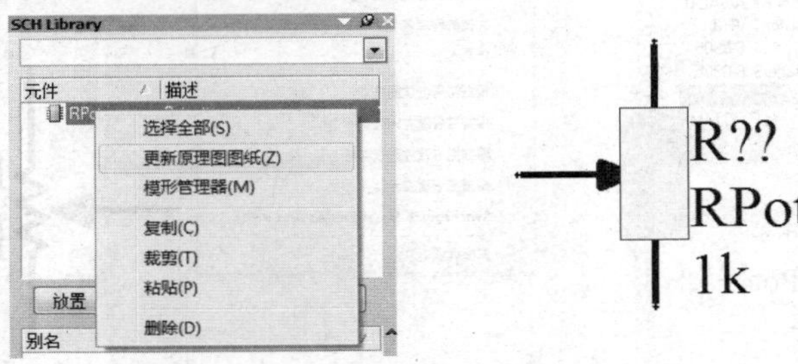

图 1-4-7　更新原理图图纸

（四）电子模拟发音器的焊接与调试

（1）按电路原理图和印刷电路板图（图 1-4-8），在电路板上布局并焊接元器件。

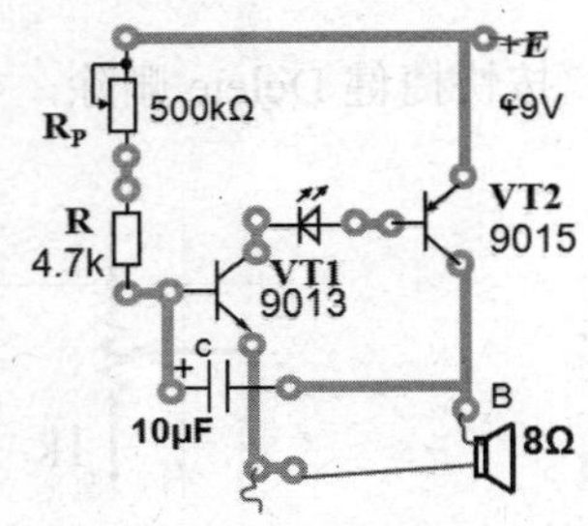

图 1-4-8　印刷电路板图（铜箔面）

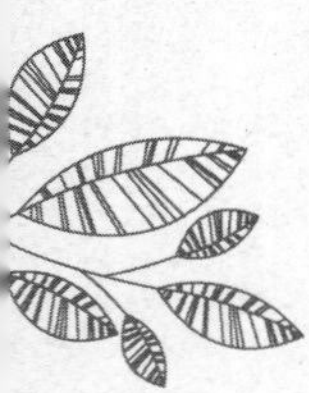

（2）检查无误后接上电源，观察发光二极管交替闪烁的效果，聆听扬声器发出的声音效果。

（3）改变 R_P 阻值，再观察发光二极管发光的频率有何变化？扬声器发出的声音有何改变？

四、任务检测与评估

序号	检测项目	考核内容	配分	评分标准	评估结果		
					个人	小组	教师
1	元器件的识别与检测	色环电阻识读；发光二极管、三极管引脚判别；电容和扬声器极性的识别	15	一个元器件识别检测错误扣 2 分，两个错误扣 5 分，三个错误扣 10 分			
2	元器件的插装工艺	将电阻、电容、发光二极管、三极管和扬声器正确插装到电路板中	5	一个元器件工艺不合格扣 1 分			
3	焊接工艺	焊盘之间无虚焊、漏焊；光芯线连接横平竖直；每三个焊盘进行固定焊接	20	一个焊点不合格扣 1 分，超过三个焊盘无固定一次扣 2 分			
4	电路原理	叙述电子模拟发音器电路的工作原理	20	电路原理叙述不完整每项扣 10 分			
5	电路调试	用示波器检测发光二极管发光的频率和扬声器发出声音的频率	20	发光二极管频率测量 10 分，扬声器频率测量 10 分			
6	安全操作	遵守安全操作规程，正确使用仪器设备	10	因违规操作，损坏元器件或工具仪器设备等，扣 10 分			
7	现场管理	实施任务前后，严格按照要求整理工作现场	10	未按要求进行清洁整理工作现场，扣 10 分			
分数合计			100				
综合评估结果							

知识链接与延伸

五、知识链接

（一）负反馈对放大电路性能的影响归纳

1．提高放大倍数放稳定性

结论：

★闭环增益的相对变化量 dA_f/A_f 只有开环增益相对变化量 dA/A 的 $1/(1+AF)$，或者说闭环增益稳定度比开环增益的稳定度提高了（$1+AF$）倍。

★A_f 的稳定性是以损失放大倍数为代价的，即 A_f 减小到 A 的（$1+AF$）分之一，才使其稳定性提高到 A 的（$1+AF$）倍。

2．对输入电阻的影响

★串联负反馈增大输入电阻。

结论：引入串联负反馈输入电阻增大到 R_i 的（1+*AF*）倍。

★并联负反馈送减小输入电阻

结论：引入并联负反馈输入电阻减小到无反馈时 R_i 的（1+*AF*）分之一。

3．对输出电阻影响

输出电阻是从放大器输出端看进去的视在电阻，如果把放大器看成一个信号源，它就是信号源内阻。从电路基础课中已知，理想恒压源的内阻为零，理想恒流源的内阻为无穷大。

★电压负反馈使输出电阻减小。

结论：引入电压负反馈输出电阻减小到无反馈时 R_o 的（1+*AF*）分之一。

★电流负反馈使输出电阻增大。

结论：引入电流负反馈输入电阻增大到无反馈时 R_o 的（1+*AF*）倍。

结论：在深度负反馈条件下，闭环输入电阻 R_{if} 和闭环输出电阻 R_{of} 近似看成零或无穷大。

深度电压串联负反馈：Rif→∞，Rof→0；深度电流串联负反馈：Rif→∞，Rof→∞；深度电压并联负反馈：Rif→0，Rof→0；深度电流并联负反馈：Rif→0，Rof→∞。

4．扩展通频带

即带有负反馈的下限频率下降为原下限频率的 1/|1+*AF*|倍，上限频率提高到原上限频率的|1+*AF*|倍。

5．减小非线性失真

结论：非线性失真产生于电路内部，引入负反馈后才被抑制。当非线性信号混入量或干扰来源于外界时，引入负反馈将无济于事，必须采用信号处理（如有源滤波）或屏蔽等方法才能解决。

（二）放大电路中引入负反馈的一般原则

★为了稳定静态工作点，应引入直流负反馈；为了改善电路的动态性能，应引入交流负反馈。

★根据信号源的性质决定引入串联负反馈，或者并联负反馈。

◇当信号源为恒压源或内阻较小的电压源时，为增大放大电路的输入电阻，以减小信号源的输出电流和内阻上的压降，应引入串联负反馈。

◇当信号源为恒流源或内阻较大的电流源时，为减小放大电路的输入电阻，使电路获得更大的输入电流，应引入并联反馈。

★根据负载对放大电路输出量的要求，即负载对其信号源的要求，决定引入电压负反馈或电流负反馈。

◇当负载需要稳定电压信号时，应引入电压负反馈；

◇当负载需要稳定电流信号时，应引入电流负反馈。

任务1.5 制作监控报警器

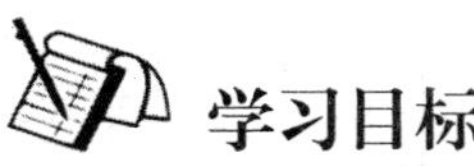

1. 懂得集成运放电路的特点及其基本应用；
2. 能进行监控报警电路的分析；
3. 能用电子EDA软件绘制监控报警器电路原理图和布线图；
4. 完成监控报警电路的焊接与调试。

做什么？

一、任务描述

监控报警电路在通电后，能监测外界的温度，当外界的温度达到某一值时，报警电路会发出警报。通过制作这样一个电路，来学习集成运算放大电路的特点和功能。

二、任务分析

1. 监控报警电路的分析；
2. 运算放大器的分析；
3. 监控报警电路图的绘制；
4. 监控报警电路的焊接与调试。

学什么？

三、任务实施

（一）监控报警电路的分析

在北方，春冬季节人工育雏过程中的保温工作十分重要。本例介绍的育雏温控器，能自动监测控制育雏室内的温度，提高育雏的成活率。

电路工作原理：育雏温控器电路由电源电路和温度检测控制电路组成，如图1-5-1所示。

电源电路由电源变压器T、整流桥堆UR、滤波电容器C1、C2和三端稳压集成电路IC1组成。

温度检测控制电路由晶体管V1、V2、电阻器R1～R3、电位器RP、电容器C3、二极管VD、运算放大器集成电路IC2、继电器K和加热器EH组成。

交流220V电压经T降压、UR整流、C1滤波、IC1稳压后，为温度检测控制电路提供+6V工作电源。

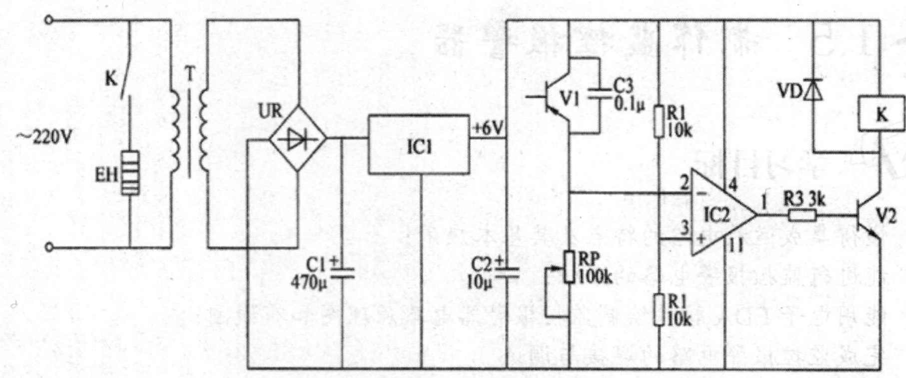

图 1-5-1　监控报警电路原理图

V1 作为温度传感器，用来检测育雏室内的温度。V1 的导通内阻随着温度的变化而改变，当温度上升时，V1 的导通内阻下降，当温度下降时，V1 的导通内阻增大，当育雏室内温度低于 bp 设定的温度值时，V1 的导通内阻较大，使 IC2 的 2 脚电压（反相输入端）低于 3 脚（正相输入端）电压，IC2 的 1 脚输出高电平，V2 饱和导通，K 通电吸合，加热器 EH 通电开始加温。

随着温度的上升，V1 的内阻逐渐下降，IC2 的 2 脚电压也逐渐升高。当育雏室内的温度超过 RP 的设定温度时，IC2 的 1 脚输出低电平，V2 截止，K 释放，EH 断电而停止加温。随后育雏室内温度开始缓慢下降。当温度降至 RP 的设定温度以下时，IC2 的 1 脚又输出高电平，V2 又饱和导通，K 通电吸合，EH 又通电工作。

以上工作过程周而复始，使育雏室内温度恒定为 RP 的设定温度（控制温度误差为 ±1℃）。

元器件选择：

- R1～R3 选用 1 / 4W 金属膜电阻器或碳膜电阻器。
- C1 和 C2 均选用耐压值为 16V 的铝电解电容器；C3 选用独石电容器或涤纶电容器。
- VD 选用 1N4001 或 1N4007 型硅整流二极管。
- UR 选用 1A、50V 的整流桥堆。
- V1 选用 3AX31 型锗 PNP 晶体管；V2 选用 58050 型硅 NPN 晶体管。
- IC1 选用 lM7806 型三端稳压集成电路：IC2 选用 lM324 型运放集成电路。
- T 选用 3～5W、二次电压为 9V 的电源变压器。
- K 选用 JRX-13F 型 6V 直流继电器。

EH 应根据育雏室内的大小来合理选用，育雏室面积较大，可使用 800～3000W 的电暖器；若使用纸箱等制作的小型育雏器，则可使用 25～40W 的白炽灯泡（用小金属盒将灯泡罩起来，并固定在育雏器的中央，金属盒的四周应打若干个透光孔）。

在实验室测试过程当中，由于实验室已经具有稳压电源，而且直接使用 220V 电源具有一定的安全隐患，故可以将前边的整流、滤波和稳压部分去掉，直接用一个 6V 的稳压电源代替，然后再将电路进一步修改，修改的电路如图 1-5-2 所示，以方便实验制作。

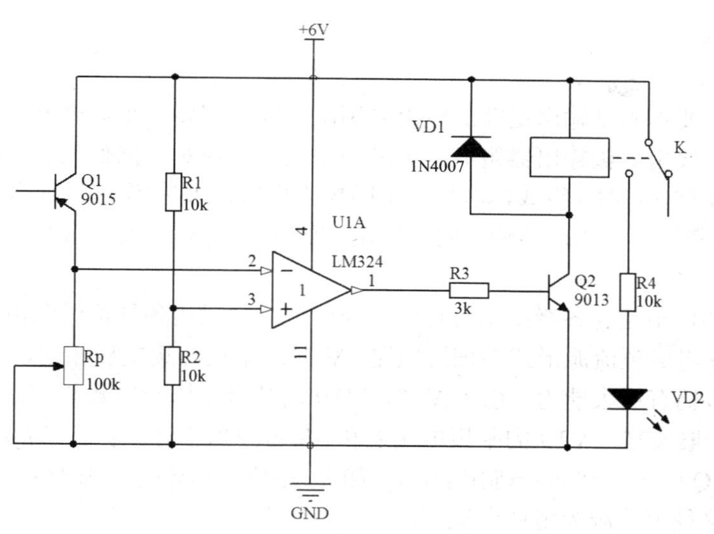

图 1-5-2 修改后的监控报警电路

（二）运算放大器的分析

1. 集成运算放大器内电路

集成运算放大器的内部实际上是一个高增益的直接耦合放大器，它一般由输入级、中间级、输出级和偏置电路等四部分组成。现以如图 1-5-3 所示的简单的集成运算放大器内电路为例进行介绍。

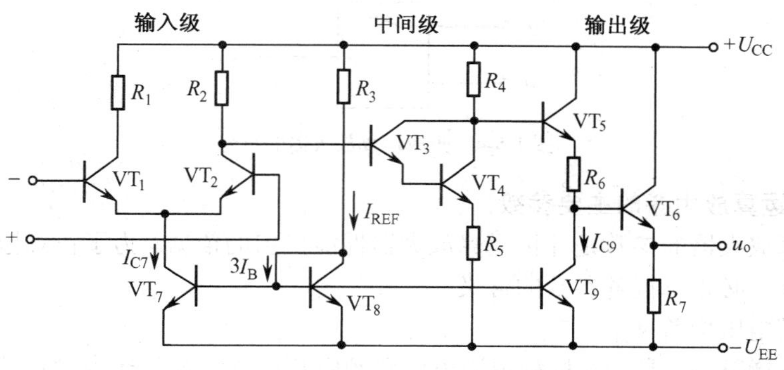

图 1-5-3 简单的集成运算放大器内电路

（1）输入级

输入级由 VT_1 和 VT_2 组成，这是一个双端输入、单端输出的差分放大电路，VT_3 是其发射极恒流源。输入级是提高运算放大器质量的关键部分，要求其输入电阻高。为了能减小零点漂移和抑制共模干扰信号，输入级都采用具有恒流源的差分放大电路，又称差动输入级。

（2）中间级

中间级由复合管 VT_3 和 VT_4 组成。中间级通常是共发射极放大电路，其主要作用是提供足够大的电压放大倍数，故又称电压放大级。为提高电压放大倍数，有时采用恒流源代

替集电极负载电阻 R_3。

（3）输出级

输出级的主要作用是输出足够的电流以满足负载的需要，要求输出电阻小，带负载能力强。输出级一般由射极输出器组成，更多的是采用互补对称推挽放大电路。

输出级由 VT5 和 VT6 组成，这是一个射极输出器，$R6$ 的作用是使直流电平移，即通过 $R6$ 对直流的降压，以实现零输入时零输出。VT9 用做 VT5 发射极的恒流源负载。

（4）偏置电路

偏置电路的作用是为各级提供合适的工作电流，一般由各种恒流源电路组成。

VT7～VT9 组成恒流源形式的偏置电路。VT8 的基极与集电极相连，使 VT8 工作在临界饱和状态，故仍有放大能力。由于 VT7～VT9 的基极电压及参数相同，因而 VT7～VT9 的电流相同。一般 VT7～VT9 的基极电流之和 $3I_B$ 可忽略不计，于是有 $I_{C7}=I_{C9}=I_{REF}$，$I_{REF}=$（$U_{CC}+U_{EE}-UBEQ$）/$R3$，当 I_{REF} 确定后，I_{C7} 和 I_{C9} 就成为恒流源。由于 I_{C7}、I_{C9} 与 I_{REF} 呈镜像关系，故称这种恒流源为镜像电流源。

集成运算放大器采用正、负电源供电。“+”为同相输入端，由此端输入信号，则输出信号与输入信号同相。“-”为反相输入端，由此端输入信号，则输出信号与输入信号反相。

2. 集成运算放大器电路符号

集成运算放大器的电路符号如图 1-5-4 所示，图中“▷”表示信号的传输方向，“∞”表示放大倍数为理想条件。两个输入端中，“-”号表示反相输入端，电压用“u_-”表示；符号“+”表示同相输入端，电压用“u_+”表示。输出端的“+”号表示输出电压为正极性，输出电压用“u_o”表示。

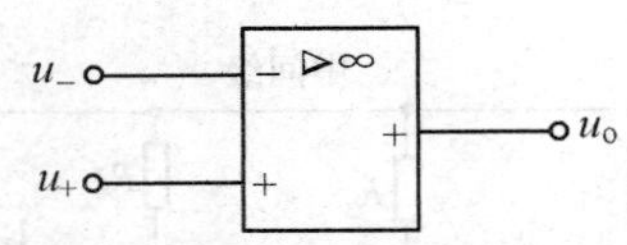

图 1-5-4 集成运算放大器的符号

3. 集成运算放大器的主要参数

集成运算放大器的参数是评价运算放大器性能优劣的依据。为了正确地挑选和使用集成运算放大器，必须掌握各参数的含义。

（1）差模电压增益 A_{ud}。

差模电压增益 A_{ud} 是指在标称电源电压和额定负载下，开环运用时对差模信号的电压放大倍数。A_{ud} 是频率的函数，但通常给出的是直流开环增益。

（2）共模抑制比 K_{CMR}。

共模抑制比是指运算放大器的差模电压增益与共模电压增益之比，并用对数表示。即，

$$K_{CMR}=20\lg\left|\frac{A_{ud}}{A_{uc}}\right|$$

K_{CMR} 越大越好。

（3）差模输入电阻 R_{id}。

差模输入电阻是指运算放大器对差模信号所呈现的电阻，即运算放大器两输入端之间的电阻。

（4）输入偏置电流 I_{IB}。

输入偏置电流 I_{IB} 是指运算放大器在静态时，流经两个输入端的基极电流的平均值。即，

$$I_{IB}=\frac{I_{B1}+I_{B2}}{2}$$

输入偏置电流愈小愈好，通用型集成运算放大器的输入偏置电流 I_{IB} 约为几个微安（μA）数量级。

（5）输入失调电压 U_{IO} 及其温漂 dU_{IO}/dT。

一个理想的集成运算放大器能实现零输入时零输出。而实际的集成运算放大器，当输入电压为零时，存在一定的输出电压，将其折算到输入端就是输入失调电压，它在数值上等于输出电压为零，输入端应施加的直流补偿电压，它反映了差动输入级元件的失调程度。通用型运算放大器的 U_{IO} 之值在 2～10mV，高性能运算放大器的 U_{IO} 小于 1mV。

输入失调电压对温度的变化率 dU_{IO}/dT 称为输入失调电压的温度漂移，简称温漂，用以表征 U_{IO} 受温度变化的影响程度。一般以μV / ℃为单位。通用型集成运算放大器的指标为微伏（μV）数量级。

（6）输入失调电流 I_{IO} 及其温漂 dI_{IO} / dT。

一个理想的集成运算放大器两输入端的静态电流应该完全相等。实际上，当集成运算放大器的输出电压为零时，流入两输入端的电流不相等，这个静态电流之差 $I_{IO}=I_{B1}-I_{B2}$ 就是输入失调电流。造成输入电流失调的主要原因是差分对管的β 失调。I_{IO} 愈小愈好，一般为 1～10nA。

输入失调电流对温度的变化率 dI_{IO}/dT 称为输入失调电流的温度漂移，简称温漂，用以表征 I_{IO} 受温度变化的影响程度。这类温度漂移一般为 1～5nA/℃，好的可达 pA/℃数量级。

（7）输出电阻 R_o。

在开环条件下，运算放大器输出端等效为电压源时的等效动态内阻称为运算放大器的输出电阻，记为 R_o。R_o 的理想值为零，实际值一般为 100～1000Ω。

（8）开环带宽 BW（f_H）。

开环带宽 BW 又称-3dB 带宽，是指运算放大器在放大小信号时，开环差模增益下降 3dB 时所对应的频率 f_H。μA741 的 f_H 约为 7Hz，如图 1-5-5 所示。

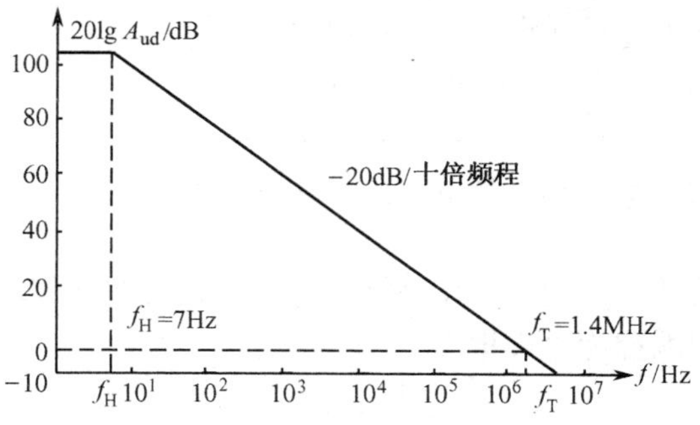

图 1-5-5 μA741 的幅频特性

（9）单位增益带宽 BWG（f_T）。

当信号频率增大到使运算放大器的开环增益下降到 0dB 时所对应的频率范围称为单位增益带宽。μA741 运算放大器的 A_{ud}=2×105，它的 f_T=2×105×7Hz=1.4MHz。

（10）转换速率 S_R。

转换速率又称上升速率或压摆率，通常是指运算放大器闭环状态下，输入为大信号（例如阶跃信号）时，放大电路输出电压对时间的最大变化速率，即

$$S_R = \left.\frac{du_o(t)}{dt}\right|_{max}$$

S_R 的大小反映了运算放大器的输出对于高速变化的大输入信号的响应能力。S_R 越大，表示运算放大器的高频性能越好，如μA741 的 S_R=0.5V/μs。

此外，还有最大差模输入电压 U_{idmax}、最大共模输入电压 U_{icmax}、最大输出电压 U_{omax} 及最大输出电流 I_{omax} 等参数。

4．理想运算放大器的特点

一般情况下，把在电路中的集成运算放大器看做为理想集成运算放大器。

（1）理想运算放大器的主要性能指标。

集成运算放大器的理想化性能指标是：

① 开环电压放大倍数 $A_{ud}=\infty$。

② 输入电阻 $R_{id}=\infty$。

③ 输出电阻 $R_{od}=0$。

④ 共模抑制比 $K_{CMR}=\infty$。

此外，没有失调，没有失调温度漂移等。尽管理想运算放大器并不存在，但由于集成运算放大器的技术指标都比较接近于理想值，在具体分析时将其理想化是允许的，这种分析所带来的误差一般比较小，可以忽略不计。

（2）“虚短”和“虚断”概念。

对于理想的集成运算放大器，由于其 $A_{ud}=\infty$，因而若两个输入端之间加无穷小电压，则输出电压将超出其线性范围。因此，只有引入负反馈，才能保证理想集成运算放大器工作在线性区。

理想集成运算放大器线性工作区的特点是存在着“虚短”和“虚断”两个概念。

① 虚短概念。

当集成运算放大器工作在线性区时，输出电压在有限值之间变化，而集成运算放大器的 $A_{ud}\to\infty$，则 $u_{id}=u_{od}/A_{ud}\approx 0$。由 $u_{id}=u_+-u_-\approx 0$，得

$$u_+\approx u_-$$

即反相端与同相端其电压几乎相等，近似于短路又不是真正短路，将此称为虚短路，简称“虚短”。

另外，当同相端接地时，使 $u_+=0$，则有 $u_-\approx 0$。这说明同相端接地时，反相端电位接近于地电位，所以反相端称为“虚地”。

② 虚断概念。

由于集成运算放大器的输入电阻 $R_{id}\to\infty$，得两个输入端的电流 $i_- = i_+ \approx 0$，这表明流入集成运算放大器同相端和反相端的电流几乎为零，所以称为虚断路，简称“虚断”。

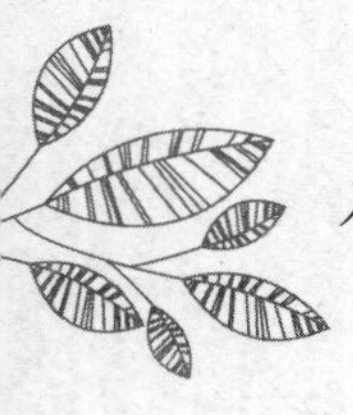

怎么做?

（三）监控报警电路图的绘制

监控报警电路原理图绘制如下。

第一步，创建电路原理图文件。从开始菜单启动 DXP 软件，启动后，选择“文件”→“创建”→“原理图”，新建一个空白的电路原理图文件，如图 1-5-6 所示。

第二步，在原理图文件里放置相关元器件。放置电阻、电容、三极管等元件已在前面章节讲过，这里不再赘述，只简单介绍如何放置 LM7806 和 LM324 芯片，操作步骤如下。

（1）在原理图右侧有“元件库”字样，鼠标移过去会自动弹出元件库窗口，在该窗口中，选择“Search...”，如图 1-5-7 所示。

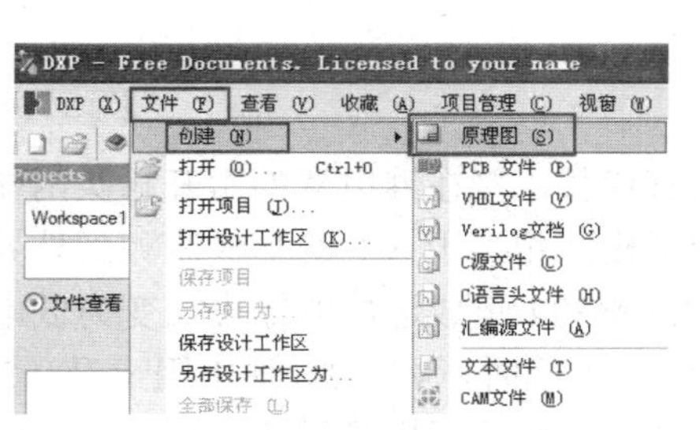

图 1-5-6　创建原理图

图 1-5-7　搜索命令

（2）在弹出的元件库查找对话框中，在上部空白处输入“LM7806”，在“范围”选项栏中选择“路径中的库”，并在“路径”选项栏中选择“包含子目录”，然后单击“搜索”按钮，如图 1-5-8 所示。

图 1-5-8　搜索 LM7806

（3）搜索后的结果如图 1-5-9 所示。

（4）用同样的方法可以查找 LM324，搜索后的结果如图 1-5-10 所示。

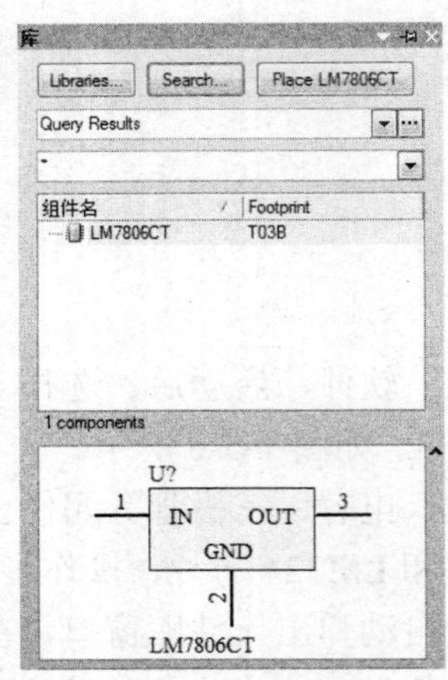

图 1-5-9 LM7806 搜索结果

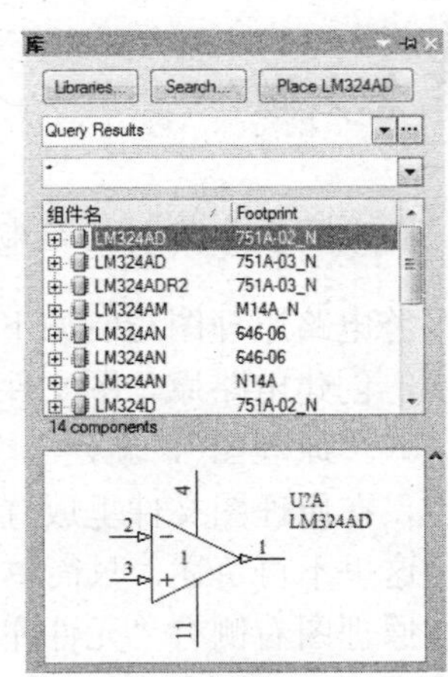

图 1-5-10 LM324 搜索结果

第三步，连接导线并放置电源和接地。

（四）监控报警电路的焊接与调试

电路原理图装配电路，加热器可用发光二极管代替，接在继电器的常开触头两端。电路焊好后，接上电源，拿通电的烙铁靠近 V1 的基极，相当于 V1 的基极监测到外界的温度升高，V1 的导通电阻下降，2 脚电平上升，使 LM324 集成运放的输出端变为低电平，从而使三极管截止，继电器不工作。当 V1 脚的温度下降时，V1 的导通电阻上升，2 脚电平下降，使 LM324 集成运放的输出端变为高电平，从而使三极管导通，继电器通电，常开触头闭合，从而点亮发光二极管，表示加热器开始加温。

四、任务检测与评估

序号	检测项目	考核内容	配分	评分标准	评估结果		
					个人	小组	教师
1	元器件的识别与检测	色环电阻识读；发光二极管引脚判别；与非门器件识别	15	一个元器件识别检测错误扣 2 分，两个错误扣 5 分，三个错误扣 10 分			
2	元器件的插装工艺	将电阻、发光二极管和与非门器件正确插装到电路板中	5	一个元器件工艺不合格扣 1 分			
3	焊接工艺	焊盘之间无虚焊、漏焊；光芯线连接横平竖直；每三个焊盘进行固定焊接	20	一个焊点不合格扣 1 分，超过三个焊盘无固定一次扣 2 分			
4	电路原理	叙述与非门电路的逻辑功能；叙述逻辑测试笔电路的工作原理	20	逻辑功能或电路原理叙述不完整每项扣 10 分			
5	电路调试	分别在探针触点接入高电平、低电平，利用万用表测量并记录与非门各引脚电压值	20	高电平接入测量 10 分，低电平接入测量 10 分			
6	安全操作	遵守安全操作规程，正确使用仪器设备	10	因违规操作，损坏元器件或工具仪器设备等，扣 10 分			

续表

序号	检测项目	考核内容	配分	评分标准	评估结果		
					个人	小组	教师
7	现场管理	实施任务前后，严格按照要求整理工作现场	10	未按要求进行清洁整理工作现场，扣10分			
分数合计			100				
综合评估结果							

知识链接与延伸

五、知识链接

1．反相输入放大

如图1-5-11所示为反相输入放大电路。输入信号 u_i 经过电阻 R_1 加到集成运算放大器的反相端，反馈电阻 R_F 接在输出端和反相输入端之间，构成电压并联负反馈，则集成运算放大器工作在线性区；同相端加平衡电阻 R_2，主要是使同相端与反相端外接电阻相等，即 $R_2=R_1//R_F$，以保证运算放大器处于平衡对称的工作状态，从而消除输入偏置电流及其温度漂移的影响。

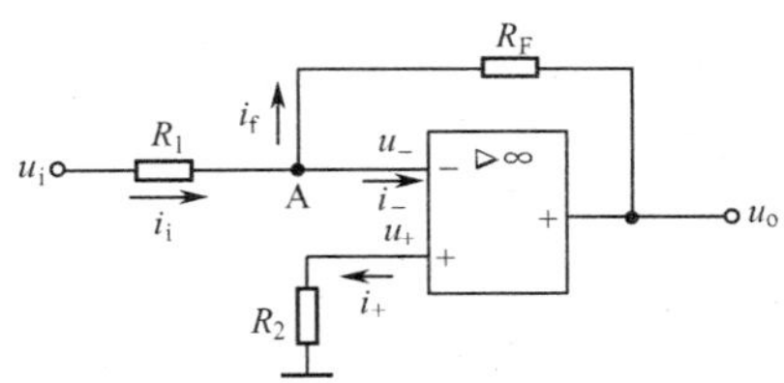

图1-5-11　反相输入放大电路

根据虚断的概念，$i_+=i_-\approx 0$，得 $u_+=0$，$i_i=i_f$。又根据虚短的概念，$u_-\approx u_+=0$，故称A点为虚地点。虚地是反相输入放大电路的一个重要特点。又因为有

$$i_1=\frac{u_i}{R_1}\qquad i_f=\frac{u_o}{R_F}$$

所以有
$$\frac{u_i}{R_1}=\frac{u_o}{R_F}$$

移项后得电压放大倍数
$$A_u=\frac{u_o}{u_i}=-\frac{R_F}{R_1}$$

或
$$u_o=-\frac{R_F}{R_1}\times u_i$$

上式表明，电压放大倍数与 R_F 成正比，与 R_1 成反比，式中负号表明输出电压与输入电压相位相反。当 $R_1=R_F=R$ 时，$u_o=-u_i$，输入电压与输出电压大小相等、相位相反，反相放大成为反相器。

由于反相输入放大电路引入的是深度电压并联负反馈，因此它使输入和输出电阻都减小，输入和输出电阻分别为

$$R_i \approx R_1$$

$$R_o \approx 0$$

2. 同相输入放大

在图 1-5-12 中，输入信号 u_i 经过电阻 R_2 接到集成运算放大器的同相端，反馈电阻接到其反相端，构成了电压串联负反馈。

根据虚断概念，$i_+ \approx 0$，可得 $u_+=u_i$。又根据虚短概念，有 $u_+ \approx u_-$，于是有

$$u_i \approx u_- = u_o \frac{R_1}{R_1 + R_F}$$

移项后得电压放大倍数

$$A_u = \frac{u_o}{u_i} = 1 + \frac{R_F}{R_1}$$

或

$$u_o = (1 + \frac{R_F}{R_1})\, u_i$$

当 $R_F = 0$ 或 $R_1 \to \infty$ 时，如图 1-5-13 所示，此时 $u_o=u_i$，即输出电压与输入电压大小相等、相位相同，该电路称为电压跟随器。

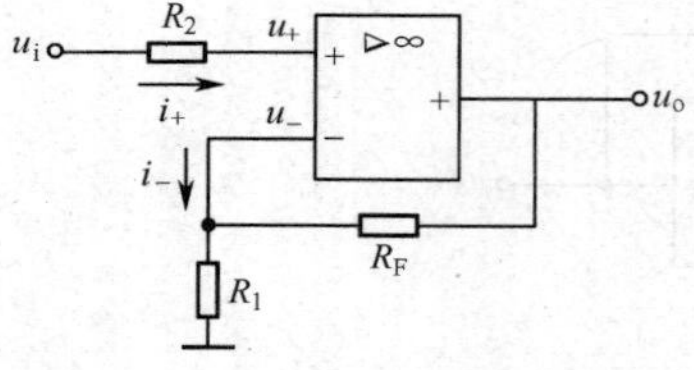

图 1-5-12 同相输入比例运算电路

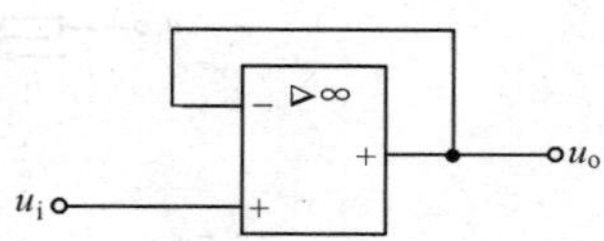

图 1-5-13 电压跟随器

由于同相输入放大电路引入的是深度电压串联负反馈，因此它使输入电阻增大、输出电阻减小，输入和输出电阻分别为

$$R_i \to \infty$$

$$R_o \approx 0$$

例 1-5-1 电路如图 1-5-14 所示，试求当 R_5 的阻值为多大时，才能使 $u_o=-55u_i$。

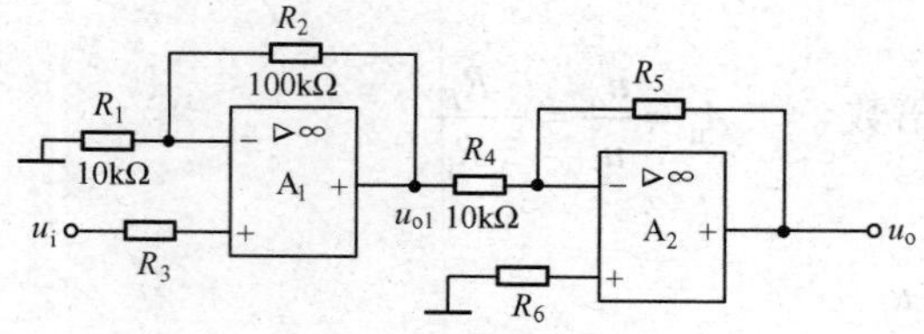

图 1-5-14 同相输入电路

解 在如图 1-5-14 所示的电路中，A_1 构成同相输入放大，A_2 构成反相输入放大，因此有

$$u_{o1}=\left(1+\frac{R_2}{R_1}\right)u_i=\left(1+\frac{100}{10}\right)u_i=11u_i$$

$$u_o=-\frac{R_5}{R_4}u_{o1}=-\frac{R_5}{10}\times 11u_i=-55u_i$$

化简后得 R_5=50kΩ。

3．加法运算

在自动控制电路中，往往需要将多个采样信号按一定的比例叠加起来输入到放大电路中，这就需要用到加法运算电路，如图 1-5-15 所示。

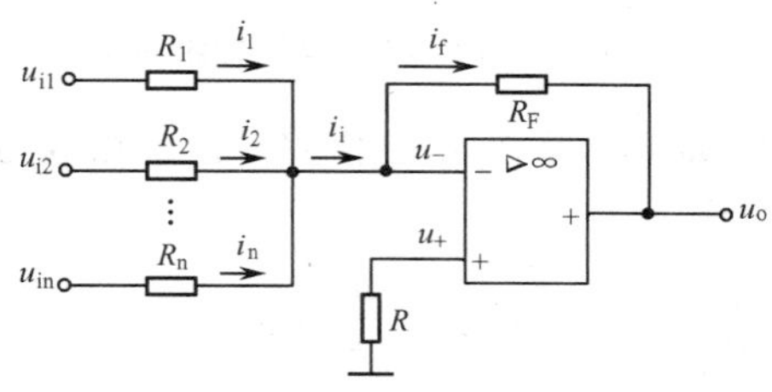

图 1-5-15　加法运算电路

根据虚断的概念及结点电流定律，可得 $i_f=i_i=i_1+i_2+\cdots+i_n$。再根据虚短的概念可得

$$i_1=\frac{u_{i1}}{R_1},\quad i_2=\frac{u_{i2}}{R_2},\quad \cdots,\quad i_n=\frac{u_{in}}{R_n}$$

则输出电压为

$$u_o=-R_Fi_f=-R_F\left(\frac{u_{i1}}{R_1}+\frac{u_{i2}}{R_2}+\cdots+\frac{u_{in}}{R_n}\right)$$

上式实现了各信号的比例加法运算。如取 $R_1=R_2=\cdots=R_n=R_F$，则有

$$u_o=-(u_{i1}+u_{i2}+\ldots+u_{in})$$

4．减法运算

（1）利用反相求和实现减法运算

电路如图 1-5-16 所示。第一级为反相放大电路，若取 $R_{F1}=R_1$，则 $u_{o1}=-u_{i1}$。第二级为反相加法运算电路，可导出

$$u_o=-\frac{R_{F2}}{R_2}(u_{o1}+u_{i2})=\frac{R_{F2}}{R_2}(u_{i1}-u_{i2})$$

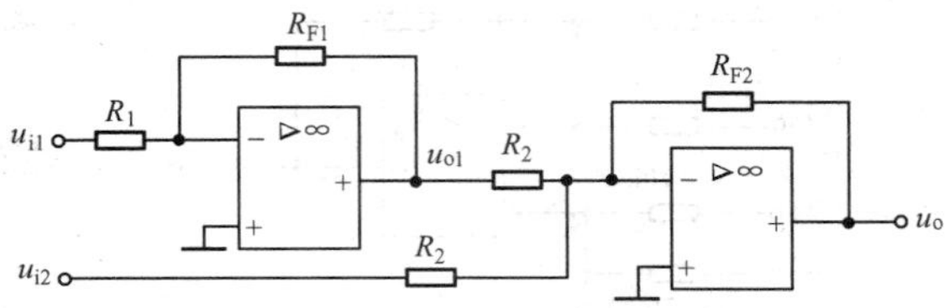

图 1-5-16　利用反相求和实现减法运算

若取 $R_2=R_{F2}$，则有

$$u_o=u_{i1}-u_{i2}$$

于是实现了两信号的减法运算。

（2）利用差分式电路实现减法运算

电路如图 1-5-17 所示。u_{i2} 经 R_1 加到反相输入端，u_{i1} 经 R_2 加到同相输入端。

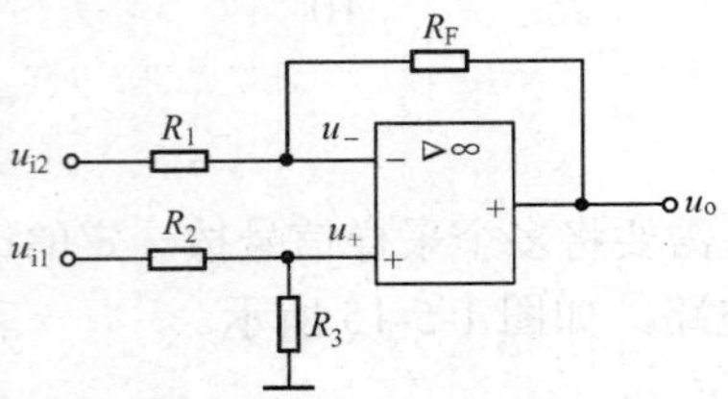

图 1-5-17　减法运算电路

根据叠加定理，首先令 u_{i1}=0，当 u_{i2} 单独作用时，电路成为反相放大电路，其输出电压为

$$u_{o2}=-\frac{R_F}{R_1}u_{i2}$$

再令 u_{i2}=0，u_{i1} 单独作用时，电路成为同相放大电路，同相端电压为

$$u_+=\frac{R_3}{R_2+R_3}u_{i1}$$

则输出电压为

$$u_{o1}=(1+\frac{R_F}{R_1})u_+=(1+\frac{R_F}{R_1})(\frac{R_3}{R_2+R_3})u_{i1}$$

这样，当 u_{i1} 和 u_{i2} 同时输入时，有

$$u_o=u_{o1}+u_{o2}=(1+\frac{R_F}{R_1})(\frac{R_3}{R_2+R_3})u_{i1}-\frac{R_F}{R_1}u_{i2}$$

当 R_1=R_2=R_3=R_F 时，有

$$u_o=u_{i1}-u_{i2}$$

于是实现了两信号的减法运算。

如图 1-5-18 所示的减法运算电路又称差分放大电路，具有输入电阻低和增益调整难两大缺点。为满足高输入电阻及增益可调的要求，工程上常采用由多级运算放大器组成的差分放大电路。

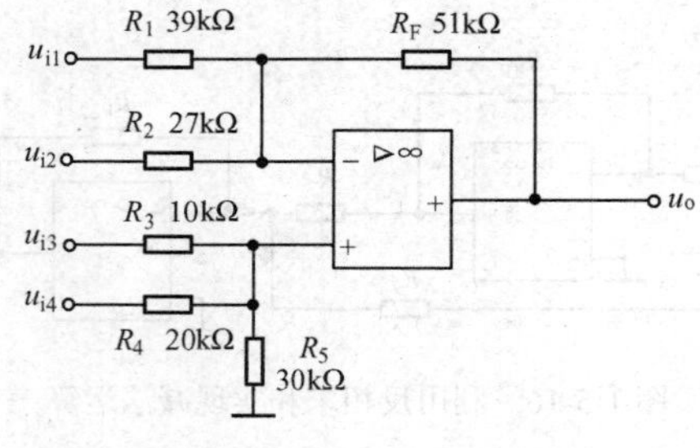

图 1-5-18　差分放大电路

例 1-5-2　加减法运算电路如图 1-5-18 所示，求输出与各输入电压之间的关系。

解 本题输入信号有四个，可利用叠加法求之。

① 当 u_{i1} 单独输入、其他输入端接地时，有 $u_{o1}=-\dfrac{R_F}{R_1}u_{i1}\approx -1.3u_{i1}$

② 当 u_{i2} 单独输入、其他输入端接地时，有 $u_{o2}=-\dfrac{R_F}{R_2}u_{i2}\approx -1.9u_{i2}$

③ 当 u_{i3} 单独输入、其他输入端接地时，有

$$u_{o3}=(1+\frac{R_F}{R_1//R_2})(\frac{R_4//R_5}{R_3+R_4//R_5})\,u_{i3}\approx 2.3u_{i3}$$

④ 当 u_{i4} 单独输入、其他输入端接地时，有

$$u_{o4}=(1+\frac{R_F}{R_1//R_2})(\frac{R_3//R_5}{R_4+R_3//R_5})\,u_{i4}\approx 1.15u_{i4}$$

由此可得到 $u_o=u_{o1}+u_{o2}+u_{o3}+u_{o4}=-1.3u_{i1}-1.9u_{i2}+2.3u_{i3}+1.15u_{i4}$

5．积分运算

如图 1-5-19 所示为积分运算电路。

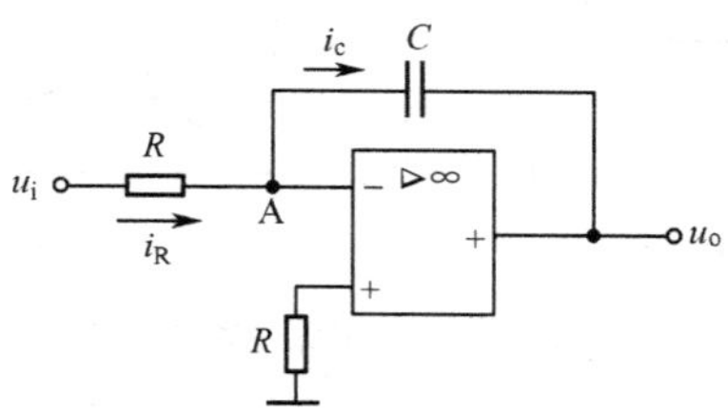

图 1-5-19 积分运算电路

根据虚地的概念，$u_A\approx 0$，$i_R=u_i/R$。再根据虚断的概念，有 $i_c\approx i_R$，即电容 C 以 $i_c=u_i/R$ 进行充电。假设电容 C 的初始电压为零，那么

$$u_o=-\frac{1}{C}\int i_c\mathrm{d}t=-\frac{1}{C}\int\frac{u_i}{R}\mathrm{d}t=-\frac{1}{RC}\int u_i\mathrm{d}t$$

上式表明，输出电压为输入电压对时间的积分，且相位相反。当求解 t_1 到 t_2 时间段的积分值时，有

$$u_o=-\frac{1}{RC}\int_{t_1}^{t_2}u_i\mathrm{d}t+u_o(t_1)$$

式中，$u_o(t_1)$ 为积分起始时刻 t_1 的输出电压，即积分的起始值；积分的终值是 t_2 时刻的输出电压。当 u_i 为常量 U_i 时，有

$$u_o=-\frac{1}{RC}U_i(t_2-t_1)+u_o(t_1)$$

积分电路的波形变换作用如图 1-5-20 所示。当输入为阶跃波时，若 t_o 时刻电容上的电压为零，则输出电压波形如图 1-5-20（a）所示。当输入为方波和正弦波时，输出电压波形分别如图 1-5-20（b）和图 1-5-20（c）所示。

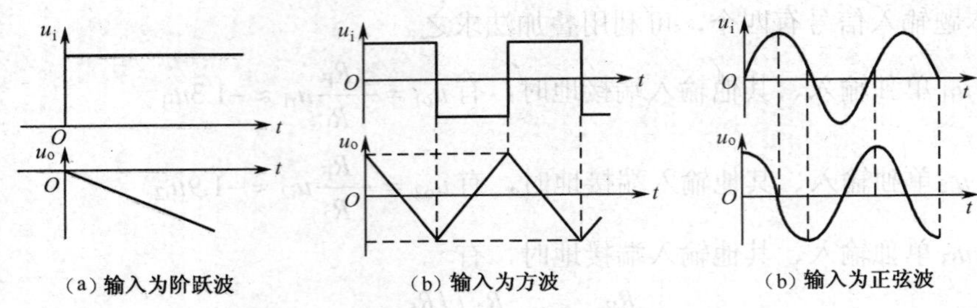

图 1-5-20 积分运算在不同输入情况下的波形

例 1-5-3 电路及输入分别如图 1-5-21（a）和图 1-5-21（b）所示，电容器 C 的初始电压 u_c（0）=0，试画出输出电压 u_o 稳态的波形，并标出 u_o 的幅值。

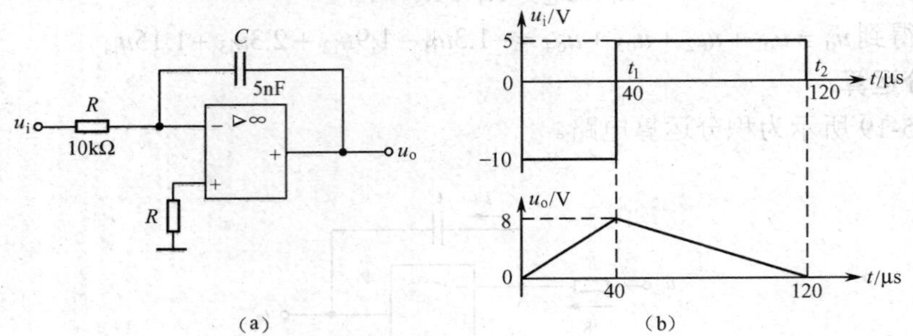

图 1-5-21 电路及输入

解 当 $t=t_1=40\mu s$ 时，有

$$u_o(t_1)=-\frac{u_i}{RC}t_1=-\frac{-10V\times40\times10^{-6}s}{10\times10^3\Omega\times5\times10^{-9}F}=8V$$

当 $t=t_2=120\mu s$ 时，有

$$u_o(t_2)=u_o(t_1)-\frac{u_i}{RC}(t_2-t_1)=8V-\frac{5V\times(120-40)\times10^{-6}s}{10\times10^3\Omega\times5\times10^{-9}F}=0V$$

得输出波形如图 1-5-21（b）所示。

6．微分运算

将积分电路中的 R 和 C 位置互换，就可得到微分运算电路，如图 1-5-22 所示。

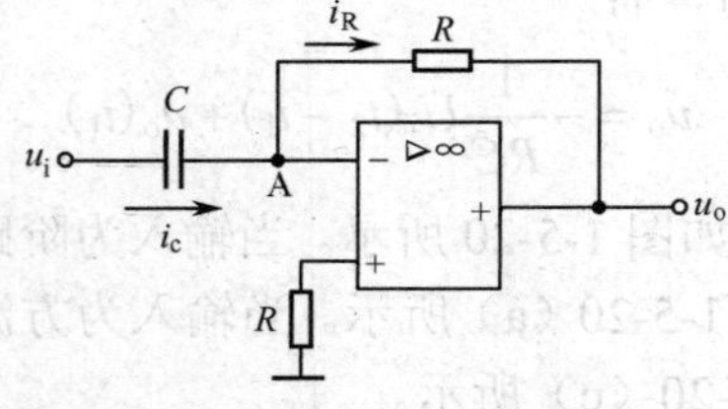

图 1-5-22 微分运算电路

在这个电路中，A 点为虚地，即 $u_A\approx0$。再根据虚断的概念，则有 $i_R\approx i_c$。假设电容 C

的初始电压为零，那么有 $i_c = C\dfrac{du_i}{dt}$，则输出电压为

$$u_o = -i_R R = -RC\frac{du_i}{dt}$$

上式表明，输出电压为输入电压对时间的微分，且相位相反。

如图 1-5-22 所示电路实用性差，当输入电压产生阶跃变化时，i_c 电流极大，会使集成运算放大器内部的放大管进入饱和或截止状态，即使输入信号消失，放大管仍不能恢复到放大状态，也就是电路不能正常工作。同时，由于反馈网络为滞后移相，它与集成运算放大器内部的滞后附加相移相加，易满足自激振荡条件，从而使电路不稳定。

实用微分电路如图 1-5-23（a）所示，它在输入端串联了一个小电阻 R_1，以限制输入电流；同时在 R 上并联稳压二极管，以限制输出电压，这就保证了集成运算放大器中的放大管始终工作在放大区。另外，在 R 上并联小电容 C_1，起相位补偿作用。该电路的输出电压与输入电压近似为微分关系，当输入为方波，且 $RC<<T/2$ 时，则输出为尖顶波，波形如图 1-5-23（b）所示。

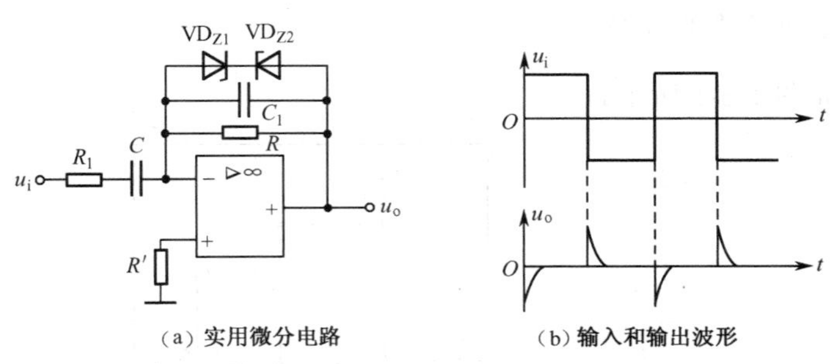

（a）实用微分电路　（b）输入和输出波形

图 1-5-23　实用微分电路及波形

任务 1.6　制作微型音响

学习目标

1. 熟练使用功放如 LM386 和集成运放如 LM741 芯片；
2. 能进行微型音响电路的分析；
3. 能熟练使用电子 EDA 绘图软件绘制微型音响电路原理图和布线图；
4. 完成微型音响的焊接与调试，并测试电路相关参数。

做什么?

一、任务描述

将手机或收音机通过耳线接出来作为微型音响电路的输入，就可以从喇叭那里听到动

听的声音。通过制作这样一个电路，来学习功率放大电路的特点和种类。

学什么?

二、任务分析

1. 微型音响电路的分析；
2. LM386 功放集成芯片使用；
3. LM741 运算放大器芯片使用；
4. 音频放大电路的绘制；
5. 音频放大电路的焊接与调试。

三、任务实施

（一）微型音响电路的分析

电路原理图如图 1-6-1 所示。

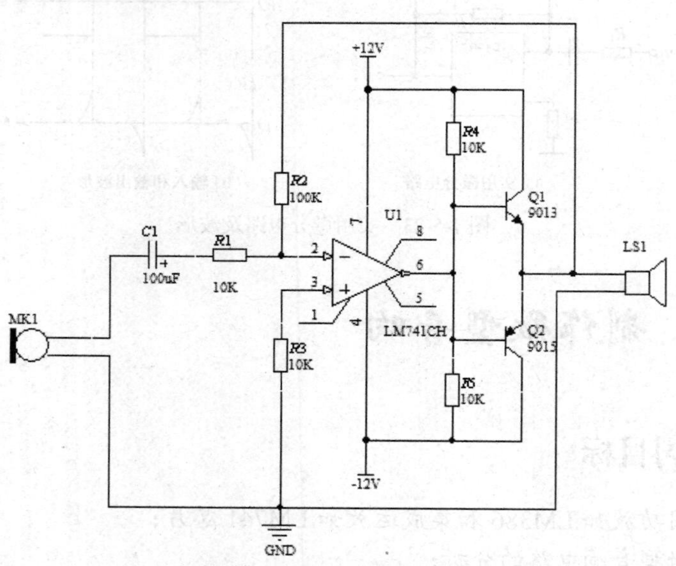

图 1-6-1　微型音响电路原理图

该电路的功能是输入一个声音信号，通过 LM386 的放大和后级共射极放大电路的放大，将小声音信号经过放大后通过 LS1 输出。

（二）LM386 功放集成芯片使用

1. LM386 内部电路

LM386 内部电路原理图如图 1-6-2 所示。与通用型集成运放相类似，它是一个三级放大电路。

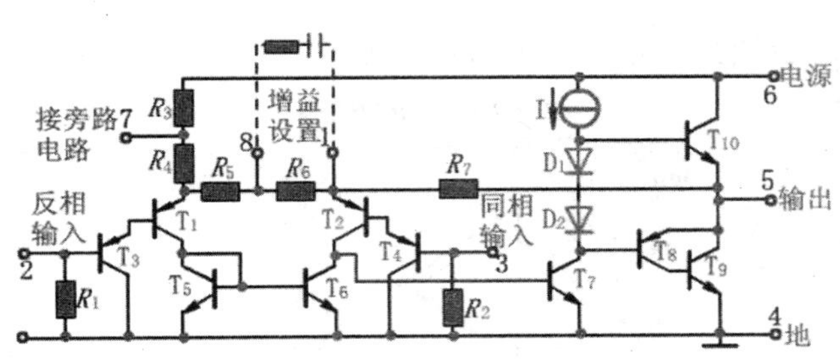

图 1-6-2　LM386 内部原理图

第一级为差分放大电路，T_1 和 T_3、T_2 和 T_4 分别构成复合管，作为差分放大电路的放大管；T_5 和 T_6 组成镜像电流源作为 T_1 和 T_2 的有源负载；T_3 和 T_4 信号从管的基极输入，从 T_2 管的集电极输出，为双端输入单端输出差分电路。使用镜像电流源作为差分放大电路有源负载，可使单端输出电路的增益近似等于双端输出电容的增益。

第二级为共射放大电路，T_7 为放大管，恒流源作有源负载，以增大放大倍数。

第三级中的 T_8 和 T_9 管复合成 PNP 型管，与 NPN 型管 T_{10} 构成准互补输出级。二极管 D_1 和 D_2 为输出级提供合适的偏置电压，可以消除交越失真。引脚 2 为反相输入端，引脚 3 为同相输入端。电路由单电源供电，故为 OTL 电路。输出端（引脚 5）应外接输出电容后再接负载。电阻 R_7 从输出端连接到 T_2 的发射极，形成反馈通路，并与 R_5 和 R_6 构成反馈网络，从而引入了深度电压串联负反馈，使整个电路具有稳定的电压增益。

2．LM386 的引脚图

LM386 的引脚图如图 1-6-3 所示。

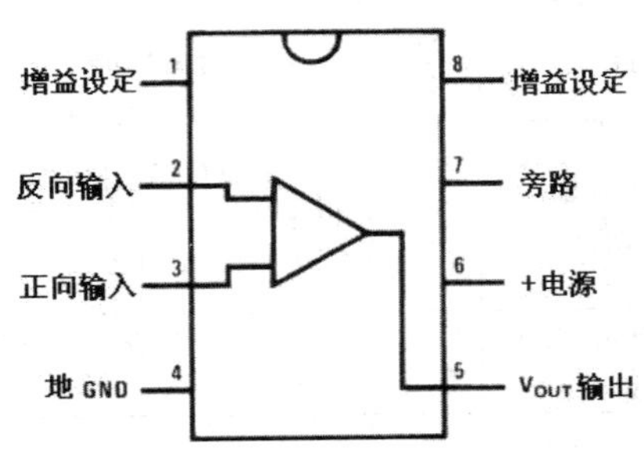

图 1-6-3　LM386 引脚图

引脚 2 为反相输入端，3 为同相输入端；引脚 5 为输出端；引脚 6 和 4 分别为电源和地；引脚 1 和 8 为电压增益设定端；使用时在引脚 7 和地之间接旁路电容，通常取 10μF。

查 LM386 的 datasheet，电源电压 4～12V 或 5～18V（LM386N-4）；静态消耗电流为 4mA；电压增益为 20～200；在 1、8 脚开路时，带宽为 300kHz；输入阻抗为 50k；音频功率 0.5W。

（三）LM741 运算放大器芯片使用

741 放大器为运算放大器中最常被使用的一种，拥有反相向与非反相两输入端，由输入端输入欲被放大的电流或电压信号，经放大后由输出端输出。放大器作动时的最大特点为需要一对同样大小的正负电源，其值由±12Vdc 至±18Vdc 不等，而一般使用±15Vdc

的电压。741 运算放大器的引脚配置如图 1-6-4 所示。

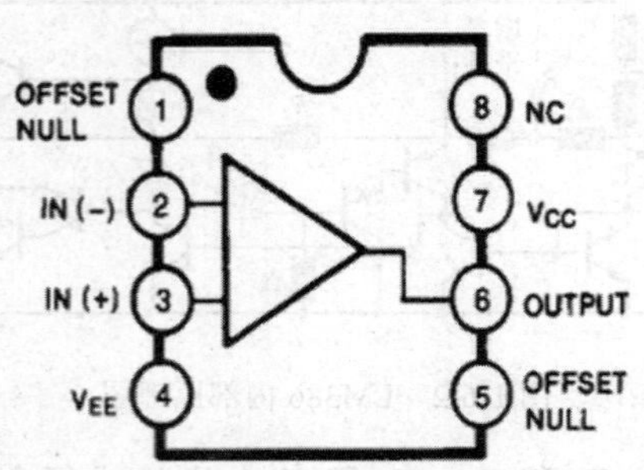

图 1-6-4　741 放大器输出入脚位图

（四）音频放大电路的绘制

音频放大电路的元件放置和导线连接等知识点在前边已有描述，这里不再赘述。

（五）音频放大电路的焊接与调试

1．按电路原理图和印刷电路板图在电路板上布局并焊接元器件。

2．检查无误后接上电源，输入端用手机或其他带有音响源的物体接入音乐，聆听扬声器发出的声音效果。

四、任务检测与评估

序号	检测项目	考核内容	配分	评分标准	评估结果		
					个人	小组	教师
1	元器件的识别与检测	LM386、LM741 引脚识别；三极管引脚判别；电阻、电容等元件的识别	15	一个元器件识别检测错误扣 2 分，两个错误扣 5 分，三个错误扣 10 分			
2	元器件的插装工艺	将电阻、电容和 IC 正确插装到电路板中	5	一个元器件工艺不合格扣 1 分			
3	焊接工艺	焊盘之间无虚焊、漏焊；光芯线连接横平竖直；每三个焊盘进行固定焊接	20	一个焊点不合格扣 1 分，超过三个焊盘无固定一次扣 2 分			
4	电路原理	叙述音频放大电路的工作原理	20	电路原理叙述不完整每项扣 10 分			
5	电路调试	用示波器观察 IC 的 2 脚的电平变化	20	2 脚电平测量 10 分，画出 2 脚的波形图 10 分			
6	安全操作	遵守安全操作规程，正确使用仪器设备	10	因违规操作，损坏元器件或工具仪器设备等，扣 10 分			
7	现场管理	实施任务前后，严格按照要求整理工作现场	10	未按要求进行清洁整理工作现场，扣 10 分			
分数合计			100				
综合评估结果							

任务1.7 制作电子门铃

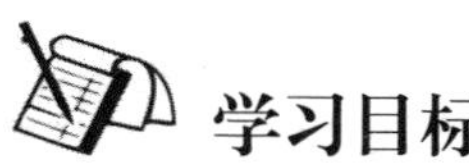

学习目标

1. 能叙述RC移相电路和正弦波振荡电路的结构和特点；
2. 能进行电子门铃电路的分析；
3. 能绘制电子门铃电路图电子门铃电路的绘制；
4. 能进行电子门铃电路的焊接与调试。

做什么？

一、任务描述

通过制作电子门铃电路，来学习RC移相电路的特点。当按下S时，电源接通，电路起振，从扬声器BL中发出“嘟嘟嘟……”的声音（约1kHz）。

学什么？

二、任务分析

1. 电子门铃电路的分析；
2. RC移相电路的分析；
3. 电子门铃电路的绘制；
4. 电子门铃电路的焊接与调试。

三、任务实施

（一）电子门铃电路的分析

电子门铃电路如图1-7-1所示。

这是一个晶体管RC移相音频振荡器，C_1、C_2、R_1、R_2组成*RC*串并联选频网络。RP是反馈可调电阻，D_1、D_2、R_4构成自动稳幅的限幅电路，S1是按钮，R_4、*RF*将输出电压反馈至反相输入端，实现了正反馈，满足了电路起振的相位条件。当按下S1时，电源接通，电路起振，从扬声器LS1中发出悦耳的（约1kHz）声音。

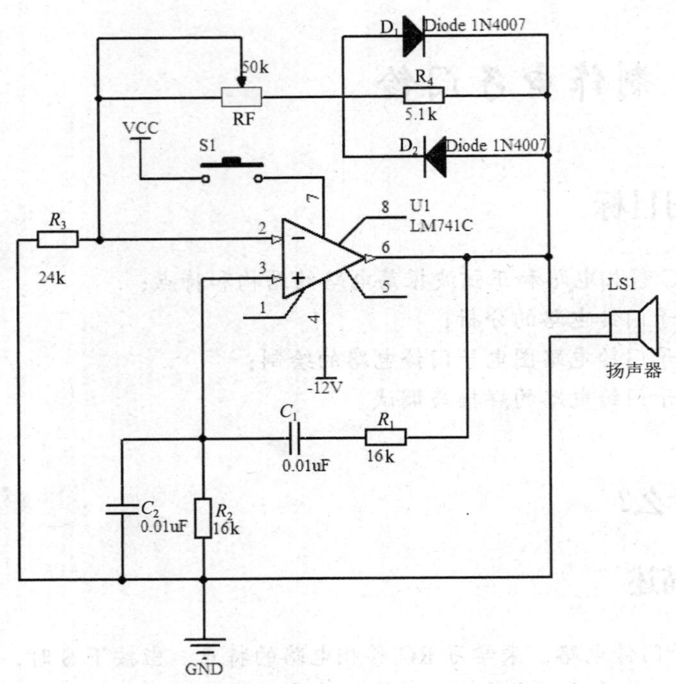

图 1-7-1　电子门铃电路原理图

（二）RC 移相电路的分析

1．振荡的条件

一个典型的反馈型振荡电路的结构如图 1-7-2 所示，放大电路本身的电压增益称为开环增益，描述了输出信号 V_O 和输入信号 V_d 之间的关系。在连接了反馈网络之后，放大电路的增益 $A_{vf}(j\omega)$ 称为闭环增益。

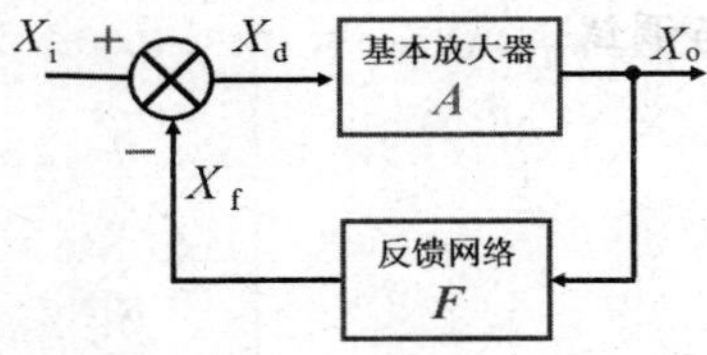

图 1-7-2　典型的反馈型振荡电路

如果闭环增益 $A_{vf}(j\omega)$ 的模值大于开环增益 $A_v(j\omega)$ 的模值，则放大电路属于正反馈电路；如果闭环增益 $A_{vf}(j\omega)$ 的模值小于开环增益 $A_v(j\omega)$ 的模值，则放大电路属于负反馈电路。

反馈型振荡电路正常工作时必须满足振荡电路的环路增益为 1。在满足环路增益为 1 的条件下，振荡电路输出信号 V_O 的幅度既不会增大也不会减少，振荡电路牌平衡状态。通常称之为振荡电路的平衡复条件，平衡条件是任何反馈型振荡电路正常工作的必要条件。

满足平衡条件的反馈型振荡电路不一定能够自行起振，有可能需要一定的输入信号激

励，使振荡电路达到合适的工作状态。然后即使撤除输入激励信号，振荡电路也能维持在平衡状态。在实际应用中，射频振荡电路应该可以在没有射频输入信号的情况下，自行起振并且达到正常工作的平衡状态。

2. RC 移相电路原理

接于电路中的电容和电感均有移相功能，电容的端电压落后于电流 90 度，电感的端电压超前于电流 90 度，这就是电容电感移相的结果。

先说电容移相，电容一通电，电路就给电容充电，一开始瞬间充电的电流为最大值，电压趋于 0，随着电容充电量增加，电流渐而变小，电压渐而增加，至电容充电结束时，电容充电电流趋于 0，电容端电压为电路的最大值，这样就完成了一个充电周期，如果取电容的端电压作为输出，即可得到一个滞后于电流 90 度的称移相电压。

电感因为有自感自动势总是阻碍电路中变量变化的特性，移相情形正好与电容相反。一接通电路，一个周期开始时电感端电压最大，电流最小；一个周期结束时，端电压最小，电流量大，得到的是一个电压超前 90 度的移相效果。

RC 移相电路常用的有以下三个类型，如图 1-7-3 所示。

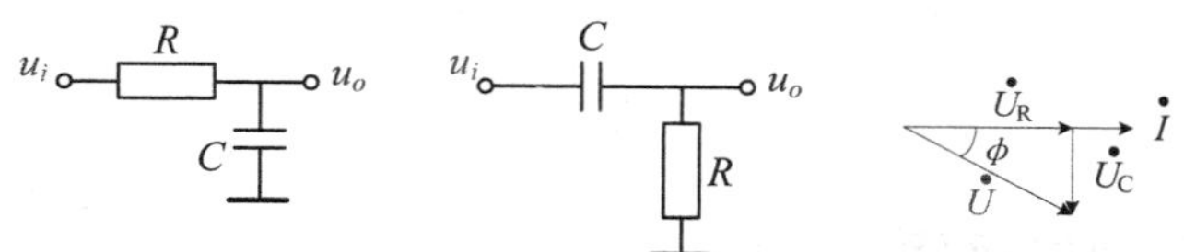

图 1-7-3　简单的 *RC* 移相

怎么做?

（三）电子门铃电路的绘制

音频放大电路的元件放置和导线连接等知识点在前边已有描述，这里不再赘述。

（四）电子门铃电路的焊接与调试

分析负反馈环节中：R_f、R_2 与 R_1 的大小比例关系应如何选择才能满足起振效果？在电路正常起振的条件下，R_f、R_2 中的哪一个对起振速度有更明显的效果？哪一个对输出正弦波的削波情况有明显的改善作用？以理论分析之余，请选取 3 个元件值并测取相应指标用以支持你的分析结论

① R_f、R_2 与 R_1 的大小比例关系应如何选择才能满足起振效果？

由

$$\begin{cases} R_f = R_f + R_2 // r_d \\ A = (R_1 + R_f) / R_1 >= 3 \end{cases}$$

即 $A = (R_1 + R_f + R_2 // r_d) / R_1 \approx 3$ 时，即当 $R_f + R_2 // r_d \approx 2R_1$ 时，满足起振效果。

② 在电路正常起振的条件下，R_f、R_2 中的哪一个对起振速度有更明显的效果？

控制变量法研究 R_2、Rp 对起振速度的影响。

R_2=5kΩ 时，

R_p/kΩ	43	44	44.5	45	45.5	46	46.5
T/ms	停振	45	24	18	16	14（削波）	11（削波）

R_p=45.5kΩ 时，

R_2/kΩ	3	4	5	6
T/ms	140	24	16	12

由数据可见，在电路正常起振的条件下，改变 R_2 和 R_f 都能影响电路起振速度。当 R_f 越大时，起振速度越快，且稳定幅度越大，但容易出现削顶；当 R_2 越大时，起振速度也越快。

③ 哪一个对输出正弦波的削波情况有明显的改善作用？

R_f 作为主要因素影响放大电路的电压增益，降低 R_f 即降低电压增益对输出正弦波的削波情况有明显的改善作用。而改变 R_2 对削波基本不起改善作用。

从图中可以得知：当 R_f 增大时，稳定波形的幅度增大，换言之，降低 R_f 可以使稳定波形幅度降低，从而改善削波情况。

电路安装完毕，检查无误后，即可通电试运行，按住按钮不放，使扬声器发出响亮悦耳的声音即可。

四、任务检测与评估

序号	检测项目	考核内容	配分	评分标准	评估结果		
					个人	小组	教师
1	元器件的识别与检测	色环电阻识读；发光二极管引脚判别；与非门器件识别	15	一个元器件识别检测错误扣 2 分，两个错误扣 5 分，三个错误扣 10 分			
2	元器件的插装工艺	将电阻、发光二极管和与非门器件正确插装到电路板中	5	一个元器件工艺不合格扣 1 分			
3	焊接工艺	焊盘之间无虚焊、漏焊；光芯线连接横平竖直；每三个焊盘进行固定焊接	20	一个焊点不合格扣 1 分，超过三个焊盘无固定一次扣 2 分			
4	电路原理	叙述与非门电路的逻辑功能；叙述逻辑测试笔电路的工作原理	20	逻辑功能或电路原理叙述不完整每项扣 10 分			
5	电路调试	分别在探针触点接入高电平、低电平，利用万用表测量并记录与非门各引脚电压值	20	高电平接入测量 10 分，低电平接入测量 10 分			
6	安全操作	遵守安全操作规程，正确使用仪器设备	10	因违规操作，损坏元器件或工具仪器设备等，扣 10 分			
7	现场管理	实施任务前后，严格按照要求整理工作现场	10	未按要求进行清洁整理工作现场，扣 10 分			
分数合计			100				
综合评估结果							

知识链接与延伸

五、知识链接

Multisim10 仿真实验电路如图 1-7-4 所示。

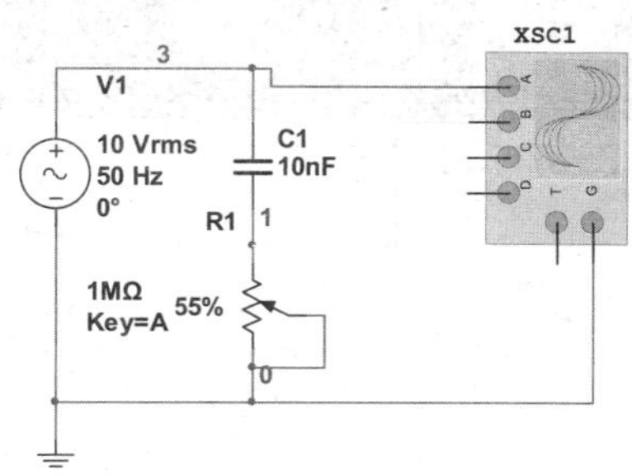

图 1-7-4　仿真实验电路图

RC 原理图及仿真结果如图 1-7-5～图 1-7-9 所示。

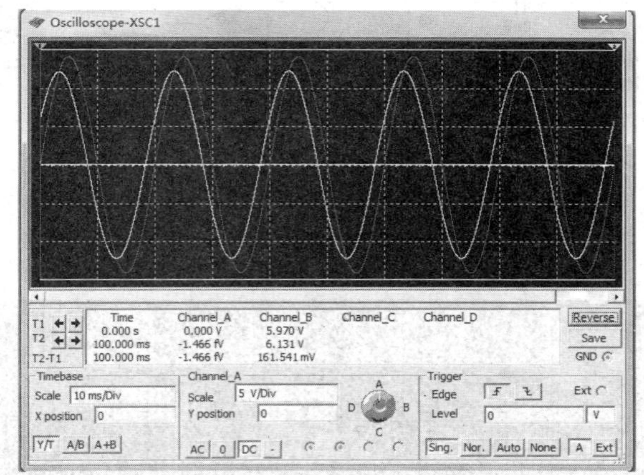

图 1-7-5　*RC* 原理图及仿真结果

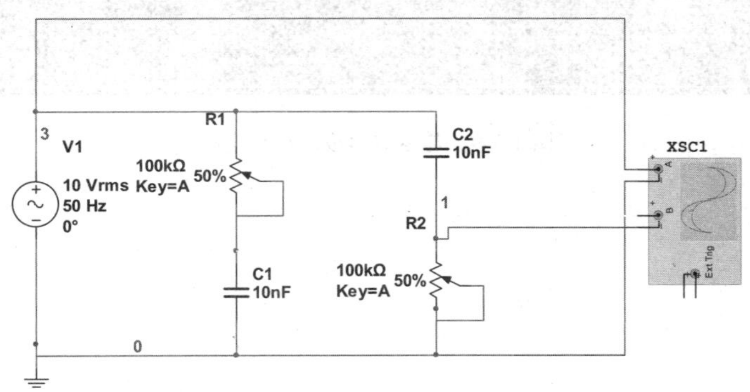

输出电压有效值与输入电压有效值相等
R:0-无穷大　φ：0-（-180度）

图 1-7-6

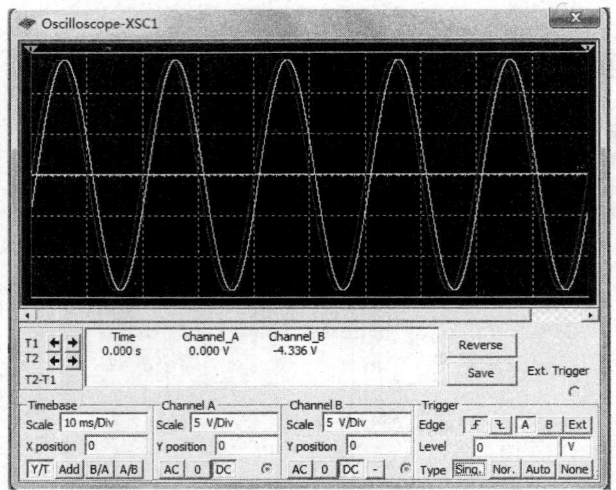

图 1-7-7　仅相移，幅值不变

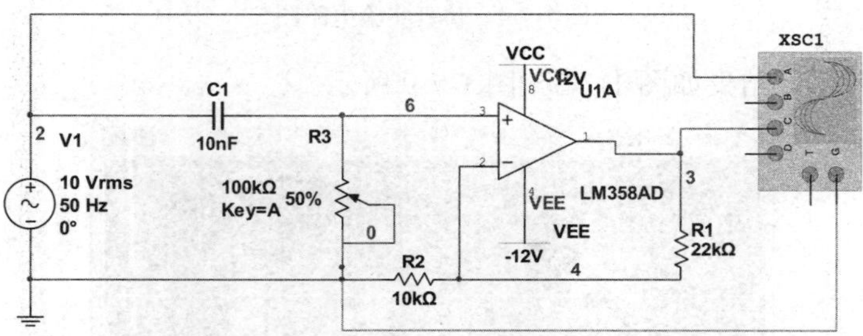

图 1-7-8

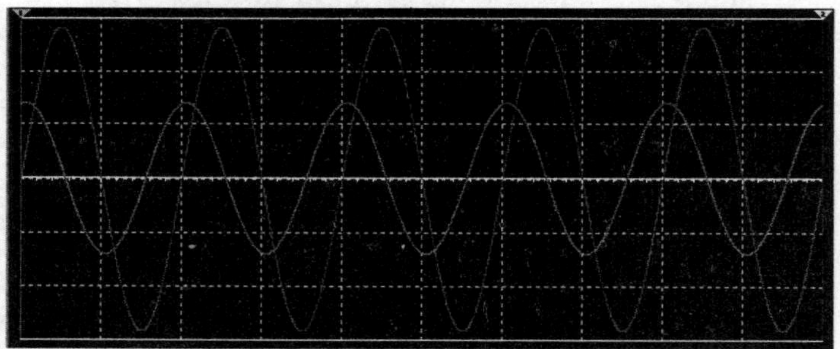

图 1-7-9　与运放组成的移相电路

第2部分

基础篇（数字电路部分）

Chapter 2

任务2.1 制作逻辑测试笔

学习目标

1. 了解集成门电路74LS00器件的逻辑功能及引脚图（器件手册）；
2. 能用语言或文字描述逻辑测试笔电路的功能；
3. 能够根据逻辑测试笔电路原理图选择合适的元器件进行电路的布局、焊接和调试；
4. 能利用万用表测试集成门电路74LS00器件各引脚的电平。

做什么?

一、任务描述

逻辑测试笔有一个测试探针，用于将接入探针的电平与电路设定的基准电平进行比较。当接入电平为高电平时，高电平指示灯亮；当接入电平为低电平时，低电平指示灯亮，从而实现逻辑电平的测试。

二、任务分析

1. 逻辑测试笔电路分析；
2. 集成与非门电路的认识与测试；
3. 逻辑测试笔电路布线图绘制；
4. 逻辑测试笔的焊接与调试；
5. 逻辑测试笔的参数测量。

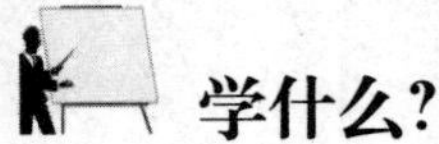

学什么?

三、任务实施

（一）逻辑测试笔电路分析

逻辑测试笔的电路原理如图 2-1-1 所示。

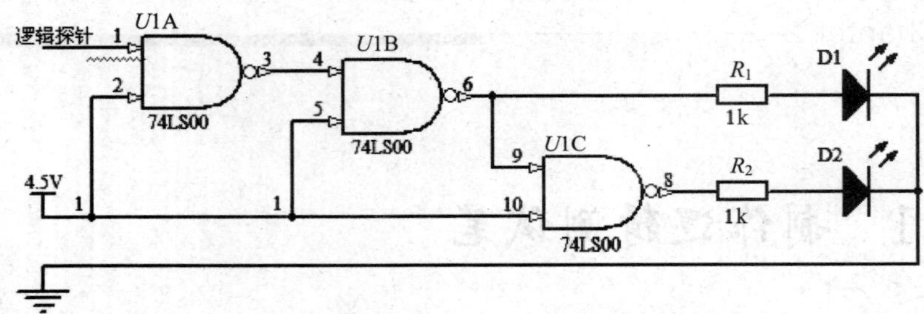

图 2-1-1　逻辑测试笔的电路原理

本逻辑测试笔电路主要由 74LS00 与非门电路、电阻和发光二极管组成。在 U1A 中，假设逻辑探针输入信号为高电平（备注：74LS00 器件输入端高电平的最低电压值为 2V，输入端低电平的最高电压值为 0.8V），即 74LS00 的 1 脚输入 1（高电平信号），2 脚已接上 1（高电平，4.5V），则根据与非门的逻辑关系，3 脚输出 0（低电平信号）；在 U1B 中，3 脚输出的 0 送入 4 脚，即 4 脚输入 0，5 脚输入 1，则 6 脚输出 1，该高电平经过电阻 R_1，使发光二极管 D_1（高电平指示灯）发亮，指示测试的信号为高电平；6 脚输出的 1 送入 9 脚，即 9 脚输入 1，10 脚输入 1，则 8 脚输出 0，因此发光二极管 D_2（低电平指示灯）不亮。

相反，当逻辑探针输入信号为低电平时，发光二极管 D_1 不亮，D_2 亮，指示测试的信号为低电平。

（二）74LS00 集成与非门电路的认识与测试

74LS00 芯片是四二输入与非门器件，共有 4 个与非门集成在一块芯片中，另外加上芯片供电电源的 2 个引脚 VCC 和 GND，一共 14 个引脚。引脚编号示意图、芯片实物图和真值表如图 2-1-2 所示。

真值表		
A	B	Y
0	0	1
0	1	1
1	0	1
1	1	0

图 2-1-2　引脚编号示意图、芯片实物图和真值表

在使用该芯片之前，需要对其进行检测，确保芯片的功能是正常的。检测方法如下。

在芯片的 7 脚 GND 端接电源地，14 脚 VCC 端接电源+5V，确保芯片通电。假设要检测第一组与非门的功能（即 1 脚和 2 脚输入，3 脚输出），将万用表打到直流电压 10V 挡位，将红表笔端接触与非门的输出脚 3 脚，黑表笔端接触电源地端或者芯片的 7 脚。

根据芯片逻辑功能的真值表可知，只有在 1 脚和 2 脚同时输入高电平信号时，3 脚才输出低电平信号，因此，分别在 1 脚和 2 脚接入电源地（低电平 0）信号或者电源+5V 信号（高电平 1），查看万用表显示的电压值是否与真值表一致。正常情况下，输出为高电平 1 时，万用表读数在 4.5V 以上，输出为低电平 0 时，万用表的读数在 1V 以下。据此，则可判断芯片质量的好坏。一般情况下，74LS00 输出端高电平的最小值为 2.7V，输出端低电平的最大值为 0.5V。

怎么做?

（三）逻辑测试笔电路布线图绘制

1. 逻辑测试笔电路原理图绘制

第一步，创建电路原理图文件。从开始菜单启动 DXP 软件，启动后，选择“文件”→“创建”→“原理图”，新建一个空白的电路原理图文件，如图 2-1-3 所示。

第二步，在原理图文件里放置相关元器件。首先是放置 74LS00 芯片，操作步骤如下。

（1）在原理图右侧有“元件库”字样，鼠标移过去会自动弹出“元件库”窗口，在该窗口中，选择“Search...”，如图 2-1-4 所示。

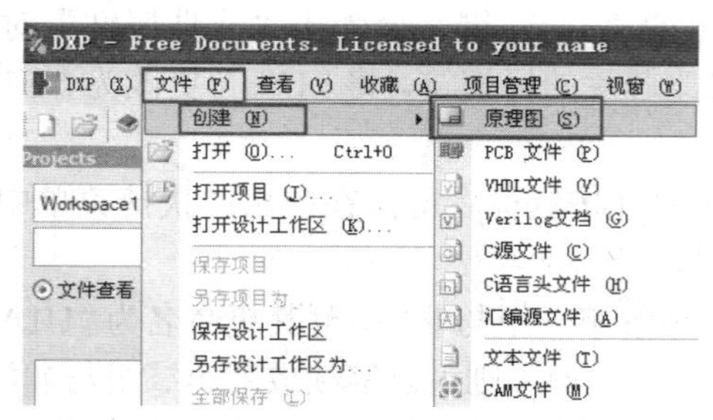

图 2-1-3　新建一个空白的电路原理图文件

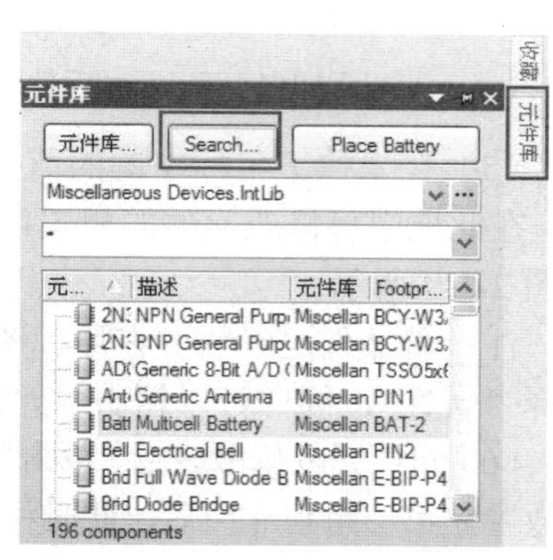

图 2-1-4　选择“Search...”

（2）在弹出的“元件库查找”对话框中，在上部空白处输入“74ls00”，在“范围”选项栏中选择“路径中的库”，并在“路径”选项栏中选择“包含子目录”，然后单击“查找”按钮，如图 2-1-5 所示。

（3）经过几秒或十几秒后，在元件库窗口中会显示查找到的所有有关“74ls00”器件的信息，如图 2-1-6 所示。一般说来，7400 系列的芯片的逻辑功能都是一致的，只是生产厂商不同，有些参数不一样，一般可以相互替换。这里选择的是“SN74LS00N”芯片，单击 “元件库” 窗口右上角的“Place SN74LS00N”，如图 2-1-6 所示。

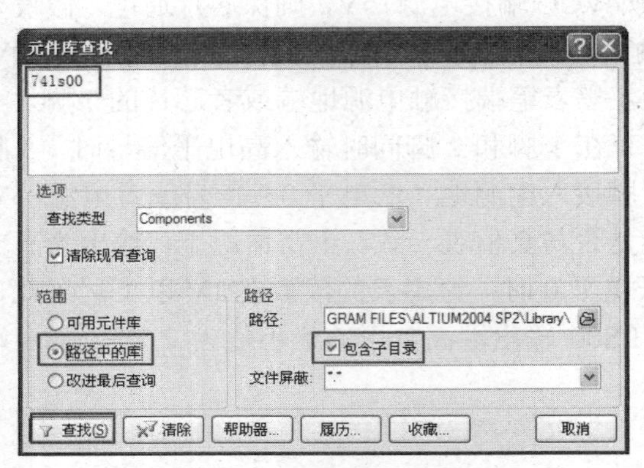

图 2-1-5 “元件库查找”对话框

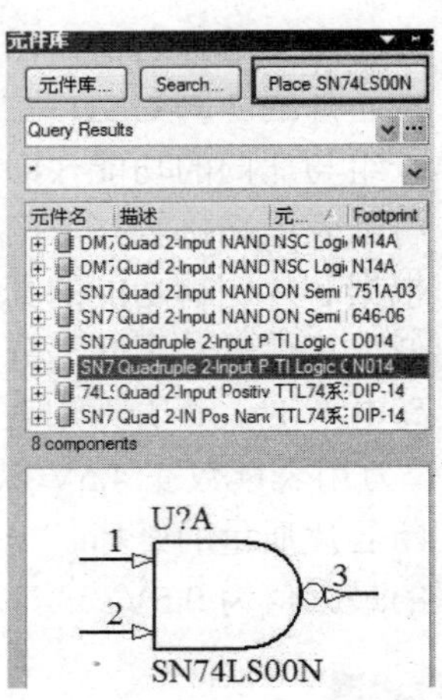

图 2-1-6 元件库窗口

（4）在 DXP 中，任何芯片器件都存放在一个元件库中，在使用这个芯片器件之前，一般都要先添加该元件库到原理图文件中来。由于本原理图文件中，SN74LS00N 芯片所在的元件库“TI Logic Gate 2.IntLib”未添加进来，则会弹出确认添加元件库对话框，单击“是”按钮，添加该芯片的元件库，如图 2-1-7 所示。

此时，移动鼠标，SN74LS00N 芯片则跟随鼠标移动，如图 2-1-8 所示。

图 2-1-7 确认添加元件库

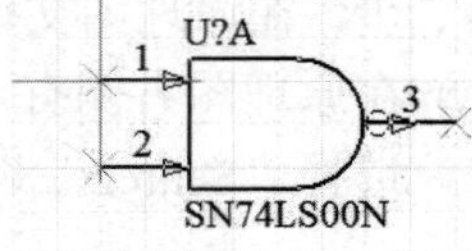

图 2-1-8 SN74LS00N 芯片则跟随鼠标移动

（5）在未按下鼠标左键的前提下，按键盘上的“Tab”键，会弹出“元件属性”对话框，在此框中可修改元件的相关参数，这里只修改芯片的标识符，将“U？”更改为“U1”，如图 2-1-9 所示。

注：若器件已经放置在原理图中，则只要对器件按鼠标右键，在弹出的快捷菜单中，选择“属性”，同样可以调出“元件属性”对话框。

（6）元件属性修改好后，单击鼠标左键，即可放置第一组与非门，且其更命名为“U1A”。在放置完第一组与非门后，此时移动鼠标，再次单击左键，则可以继续放置第二组与非门，而且软件能够自动将第二组与非门命名为“U1B”。使用同样的方法，放置第三组与非门。

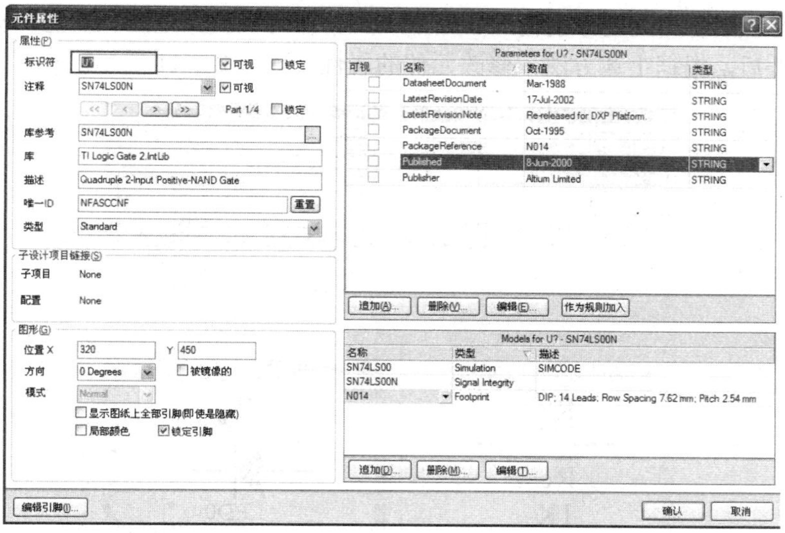

图 2-1-9 “元件属性”对话框

提示：也要可以把三组与非门器件先放置在原理图中，再分别对每组与非门按鼠标右键，选择“属性”，打开“元件属性”对话框，再分别在标识符处统一更改为“U1”，对于第二组、第三组的与非门，则要在更改了标识符为“U1”后，还要单击“注释”下一栏处的“>”，使得第二组与非门对应的是“Part 2/4”，第三组与非门对的是“Part 3/4”。这里的“Part 2/4”表示使用的是 U1 芯片的第二组与非门，如此类推，如图 2-1-10 所示。

图 2-1-10 把三组与非门器件先放置在原理图中

其次是放置电阻和发光二极管器件。由于电阻和发光二极管是常见的元器件，DXP 软件将常见的器件放置在“Miscellaneous Devices.IntLib”元件库中，且默认是添加了该元件库的，所以在这里只需要单击原理图右侧的“元件库”按钮，弹出“元件库”窗口，并在元件库框中选择“Miscellaneous Devices.IntLib”元件库，在元件名框中输入电阻和发光二极管的元件标识名称（此处分别输入 res2 和 led），即可查找到电阻和发光二极管元件，查找到相关元件后，根据上述方法，修改元件的属性，如图 2-1-11 所示。

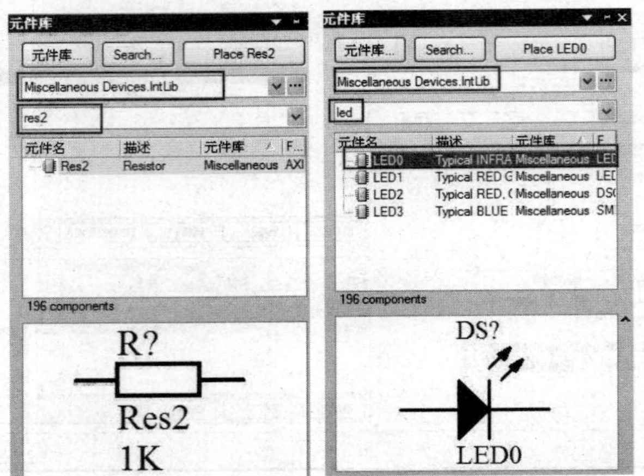

图 2-1-11　修改元件的属性

将逻辑测试笔所需要的元件均放置在原理图中后，进行适当的位置调整，使电路的连线既简洁又美观，如图 2-1-12 所示。

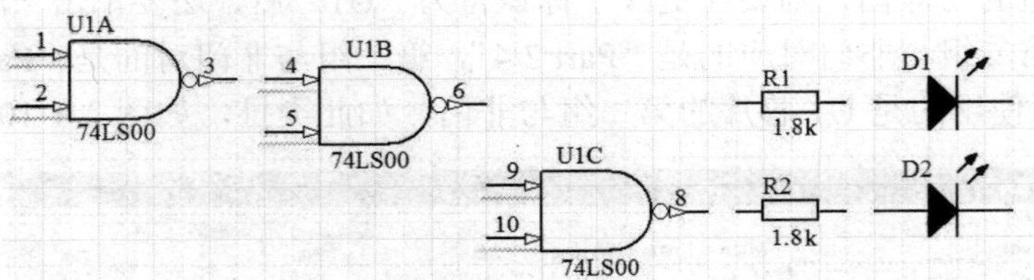

图 2-1-12　调整后的效果

第三步，进行电路的连线。

首先，在工具栏处找到“配线”工具箱，如图 2-1-13 所示。

如果没有“配线”工具箱，则在工具栏空白处，按鼠标右键，在弹出的对话框中选择“配线”，如图 2-1-14 所示。

图 2-1-13　“配线”工具箱

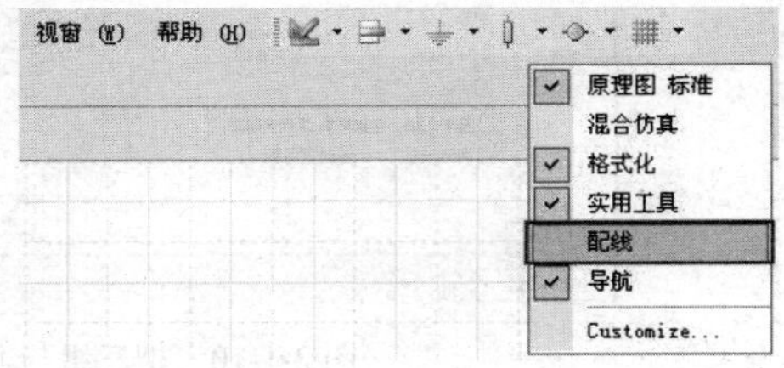

图 2-1-14　选择“配线”

单击配线工具栏处的“放置导线”按钮，如图 2-1-15 所示。

此时在需要连线的起始端口上单击鼠标左键，移动鼠标，在需要连线的终止端口上再次单击鼠标左键，即可完成一条导线的连接，如图 2-1-16 所示。

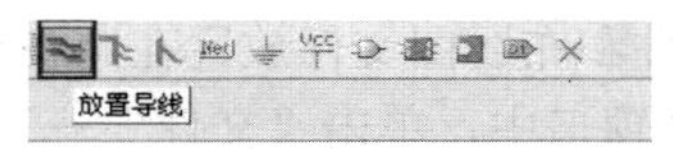

图 2-1-15 单击“放置导线”按钮

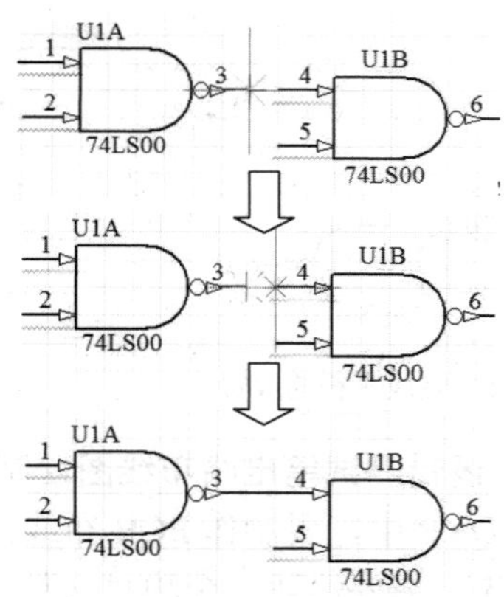

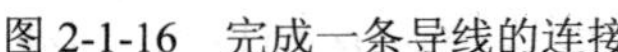

图 2-1-16 完成一条导线的连接

其次，放置电源端口。分别单击配线工具栏上的“VCC 电源端口”和“GND 端口”，如图 2-1-17 和图 2-1-18 所示，再将鼠标移动到需要放置的位置，单击左键，完成电源端口的放置。

图 2-1-17 单击“VCC 电源端口”

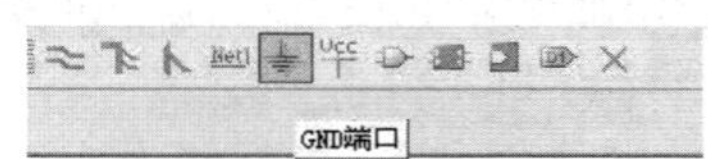

图 2-1-18 单击“GND 电源端口”

最后，放置文本标注等信息。单击“实用工具栏”上的“放置文本字符串”按钮，如图 2-1-19 所示。

此时，注意不要操作鼠标，直接按下键盘上的“Tab”键，弹出的“注释”对话框，在“文本”栏处输入需要显示的文本，此处为“逻辑探针”，如图 2-1-20 所示。

图 2-1-19 单击“放置文本字符串”按钮

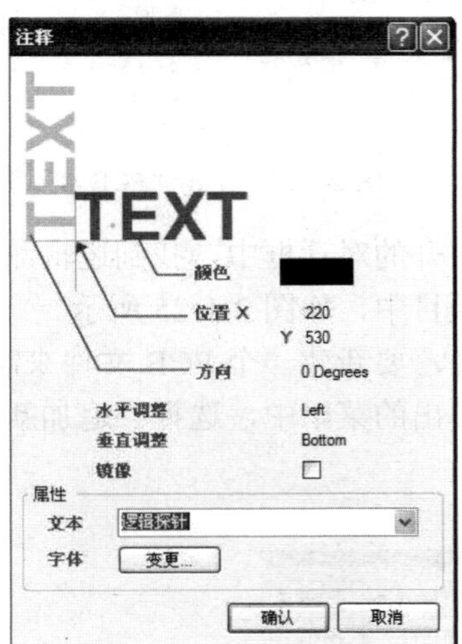

图 2-1-20 输入需要显示的文本

移动鼠标到需要放置字符处，单击鼠标左键，完成字符的放置，如图 2-1-21 所示。

完成的逻辑电路原理图如图 2-1-22 所示。

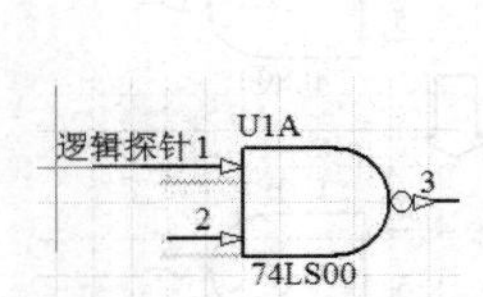

图 2-1-21　完成字符的放置

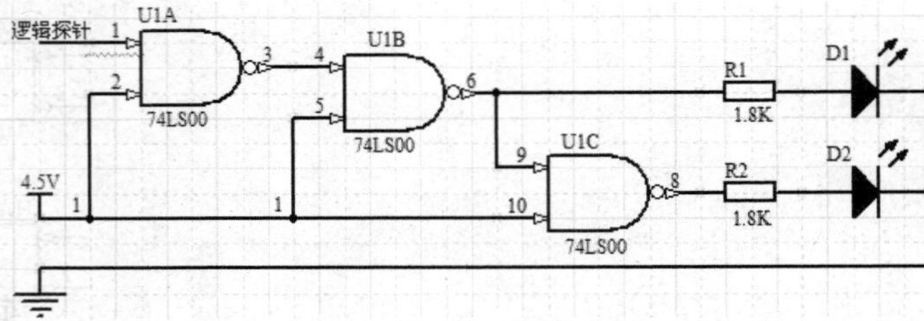

图 2-1-22　完成的逻辑电路原理图

2．逻辑测试笔电路布线图绘制

在 DXP 中，要制作 PCB 布线图，需要把原理图文件和布线图文件放置在同一个项目中。首先，需要新建一个项目文件。在打开的 DXP 软件窗口中，单击“文件”→“创建”→“项目”→“PCB 项目”，新建一个 PCB 项目文件，如图 2-1-23 所示。

此时，在软件左侧窗口可以看见新建的项目文件，现在将制作好的逻辑测试笔原理图添加到项目中来。对 PCB 项目文件按鼠标右键，在弹出的菜单中选择“追加已有文件到项目中”，如图 2-1-24 所示。

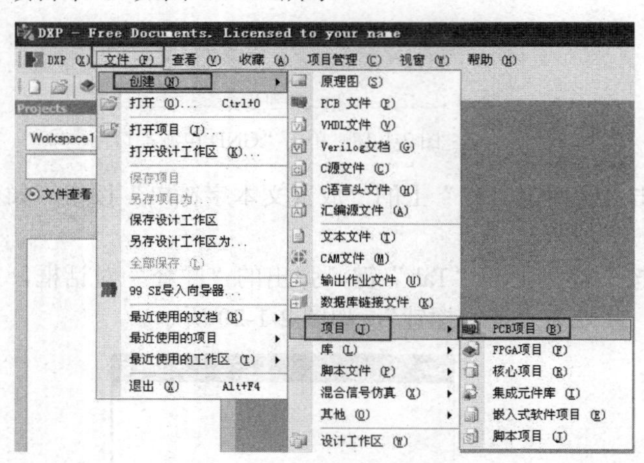

图 2-1-23　单击“PCB 项目”

图 2-1-24　选择“追加已有文件到项目中”

在打开的对话框中，找到逻辑测试电路原理图文件所在的位置，双击该原理图文件，添加到项目中，如图 2-1-25 所示。

另外，要新建一个 PCB 文件来制作逻辑测试笔的布线图。对 PCB 项目文件按鼠标右键，在弹出的菜单中，选择“追加新文件到项目中”→“PCB”，如图 2-1-26 所示。

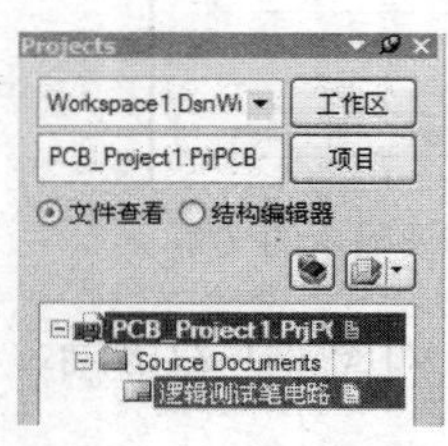

图 2-1-25　添加项目

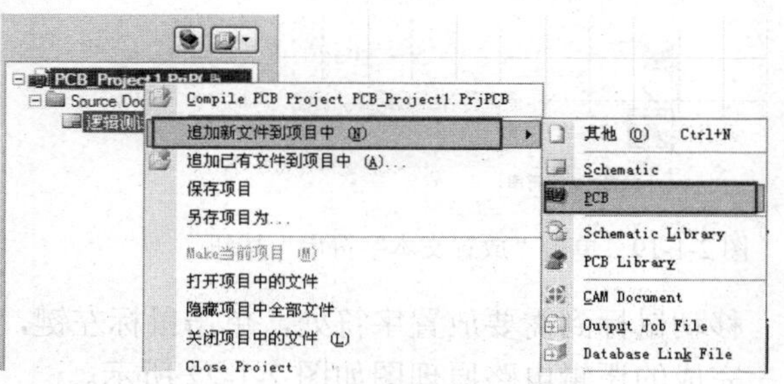

图 2-1-26　选择“PCB”

保存 PCB 文件和项目文件。对项目文件按鼠标右键，在弹出的菜单中选择“保存项目”，如图 2-1-27 所示。

在弹出的菜单中，首先保存的是项目中的 PCB 文件，设定好保存路径和文件名后，单击“保存”按钮，将 PCB 文件保存，如图 2-1-28 所示。

图 2-1-27 选择“保存项目”

在保存了 PCB 文件后，会继续弹出保存项目文件对话框，设定好保存路径后，单击“保存”按钮，保存项目文件，如图 2-1-29 所示。一般情况下，项目文件、原理图文件和 PCB 文件都存放在同一目录下。

图 2-1-28 将 PCB 文件保存

图 2-1-29 保存项目文件

下面，将原理图转换成 PCB 布线图。在项目窗口，双击打开逻辑测试笔的原理图文件，如图 2-1-30 所示。

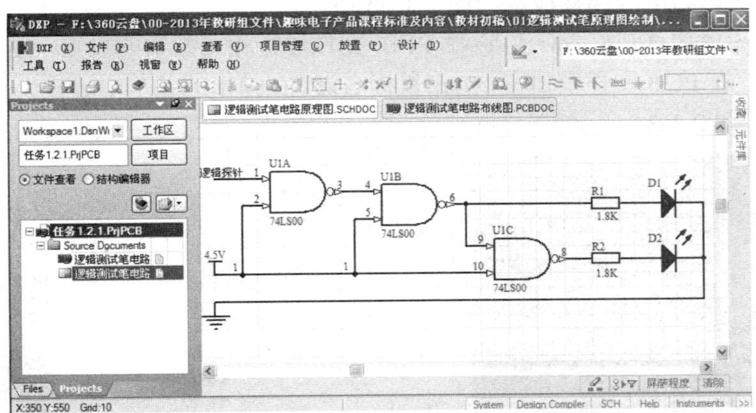

图 2-1-30 打开逻辑测试笔的原理图文件

在菜单中，选择“设计”-“Update PCB Document 逻辑测试笔电路布线图.PCBDOC”菜单，如图 2-1-31 所示。

在弹出的“工程变化订单”对话框中，依次单击下方的“使变化生效”和“执行变化”按钮，软件会自动检查原理图中存在的错误，并在“状态列”中列以符号标示出错误之处，根据错误提示返回原理图进行修改，直至全部错误排除，才能将原理图转换为 PCB 布线图，如图 2-1-32 所示。

设计 (D)　工具 (T)　报告 (R)　视窗 (W)　帮助 (H)

Update PCB Document 逻辑测试笔电路布线图. PCBDOC

浏览元件库 (B)...

图 2-1-31　选择文件

工程变化订单 (ECO)

有效	行为	受影响对象		受影响的文档	检查	完成
	Add Component Class Memb					
✔	Add	D1 to 逻辑测试笔电路原理图	In	逻辑测试笔电路布线图.PCBD	✔	✔
✔	Add	D2 to 逻辑测试笔电路原理图	In	逻辑测试笔电路布线图.PCBD	✔	✔
✔	Add	R1 to 逻辑测试笔电路原理图	In	逻辑测试笔电路布线图.PCBD	✔	✔
✔	Add	R2 to 逻辑测试笔电路原理图	In	逻辑测试笔电路布线图.PCBD	✔	✔
✔	Add	U1 to 逻辑测试笔电路原理图	In	逻辑测试笔电路布线图.PCBD	✔	✔
	Add Components(5)					
✔	Add	D1	To	逻辑测试笔电路布线图.PCBD	✔	✔
✔	Add	D2	To	逻辑测试笔电路布线图.PCBD	✔	✔
✔	Add	R1	To	逻辑测试笔电路布线图.PCBD	✔	✔
✔	Add	R2	To	逻辑测试笔电路布线图.PCBD	✔	✔
✔	Add	U1	To	逻辑测试笔电路布线图.PCBD	✔	✔
	Add Nodes(18)					
✔	Add	D1-1 to NetD1_1	In	逻辑测试笔电路布线图.PCBD	✔	✔
✔	Add	D1-2 to GND	In	逻辑测试笔电路布线图.PCBD	✔	✔
✔	Add	D2-1 to NetD2_1	In	逻辑测试笔电路布线图.PCBD	✔	✔
✔	Add	D2-2 to GND	In	逻辑测试笔电路布线图.PCBD	✔	✔
✔	Add	R1-1 to NetR1_1	In	逻辑测试笔电路布线图.PCBD	✔	✔
✔	Add	R1-2 to NetD1_1	In	逻辑测试笔电路布线图.PCBD	✔	✔
✔	Add	R2-1 to NetR2_1	In	逻辑测试笔电路布线图.PCBD	✔	✔
✔	Add	R2-2 to NetD2_1	In	逻辑测试笔电路布线图.PCBD	✔	✔
✔	Add	U1-10 to 4.5V	In	逻辑测试笔电路布线图.PCBD	✔	✔

使变化生效　执行变化　变化报告(R)...　只显示错误

图 2-1-32　检查错误

一般情况下，出现错误较多的主要有以下：在原理图中电气连线未连接好，元件标识符有重复或未进行标号，元件封装错误或查找不到等。当出现错误时，要对其报告进行分析，查看“受影响对象”列中的相关元件标号，返回原理图中改正后再执行一次“设计”-“Update PCB Document 逻辑测试笔电路布线图.PCBDOC”菜单，直到所有错误排除。所有错误排除后，单击“执行变化”，将会切换到 PCB 文件中，且元件的外形也变成了实物的外型形状，在原理图中有电气相连接的引脚或端口之间，在 PCB 文件中也有相关的线连接，这种线称之为电气连接线。如图 2-1-33 所示。

为了让视图更加直观好看，需要对 PCB 文件进行相关参数的设定，这里需要设置网格的风格类型。在 PCB 文件空白中，单击鼠标右键，在弹出的菜单中选择“选择项”-“PCB 板选择项”，如图 2-1-34 所示。

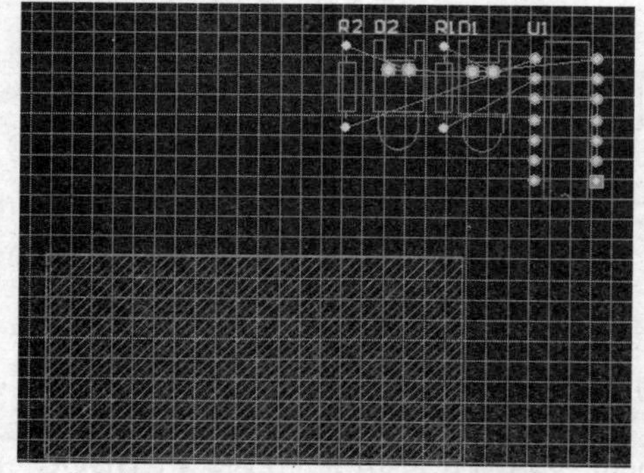

图 2-1-33　逻辑测试笔电路原理图

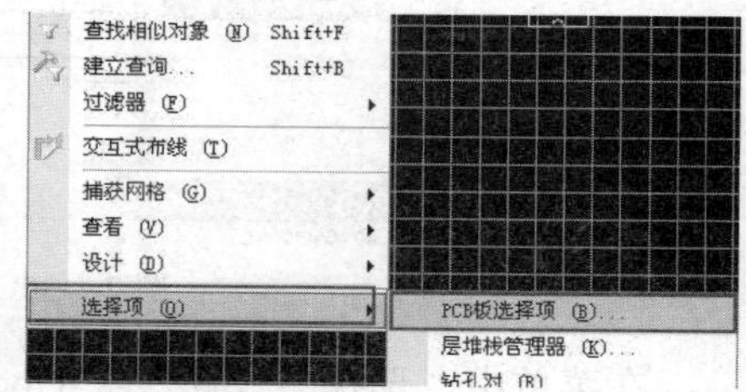

图 2-1-34　设置网格的风格类型

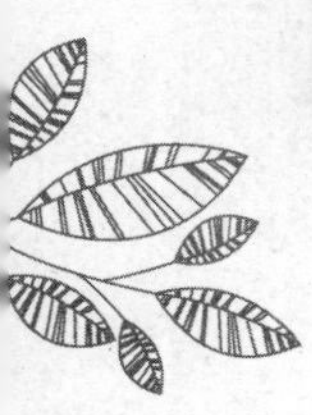

在打开的PCB板选择项对话框中，将可视网格栏的“标记”，由原来默认的“Lines”更改为“Dots”，按“确认”按钮进行确认。即可将“线型”的网格更改为“点型”，如图2-1-35所示。效果如图2-1-36所示。

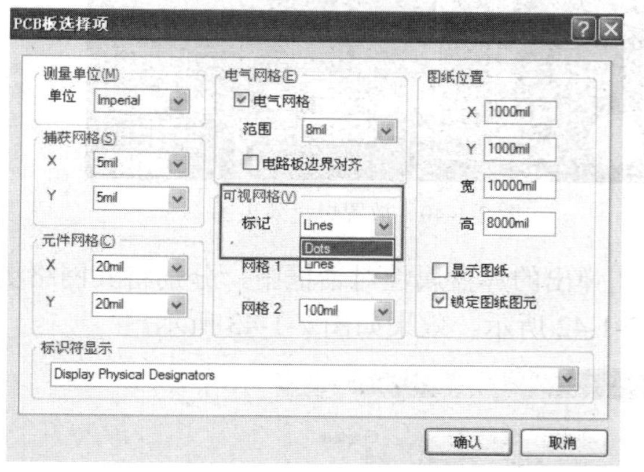

图2-1-35 更改“标记”

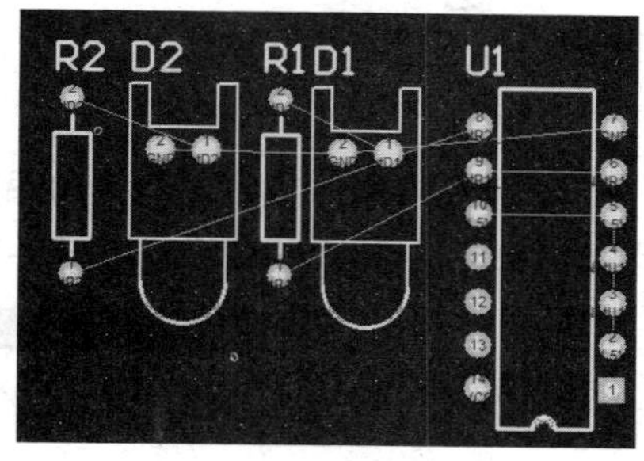

图2-1-36 网格更改效果图

由于在原理图中，用来比较的基准高电平是4.5V，而74LS00的电源引脚默认的是VCC，为了方便焊接，在PCB图中，二者的电气网络需要进行统一。在这里，将74LS00的电源更改为4.5V。找到U1的14脚焊盘双击，在弹出的焊盘属性对话框中，将“网络”栏的“VCC”更改为“4.5V”，如图2-1-37所示。

这样，U1的电源引脚14脚即与4.5V的电气网络连接起来了，如图2-1-38所示。

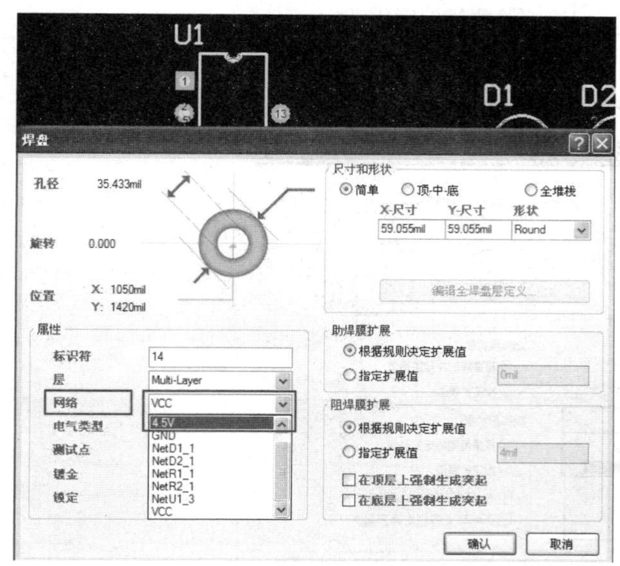

图2-1-37 更改74LS00的电源

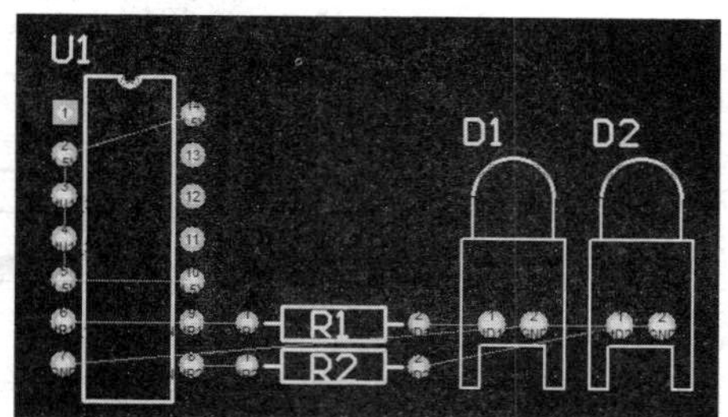

图2-1-38 U1的电源引脚14脚与4.5V的电气网格连接

下面，为了方便进行布线，需要在PCB图中，添加电源的二个端口。单击工具栏上的“放置焊盘”按钮，移动鼠标到需要放置电源端口处，单击鼠标左键，即可放置焊盘，此时的焊盘是孤立的，没有任何的电气连接，如图 2-1-39 所示。效果如图 2-1-40 所示。

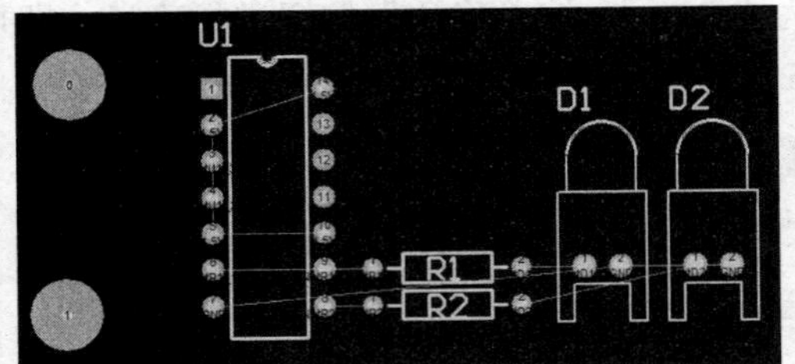

图 2-1-39　单击“放置焊盘”按钮

图 2-1-40　放置焊盘效果图

分别双击刚才放置的焊盘 0 和焊盘 1，在弹出的焊盘属性对话框中，分别将其网络更改为“4.5V”和“GND”，如图 2-1-41、图 2-1-42 所示。效果如图 2-1-43 所示。

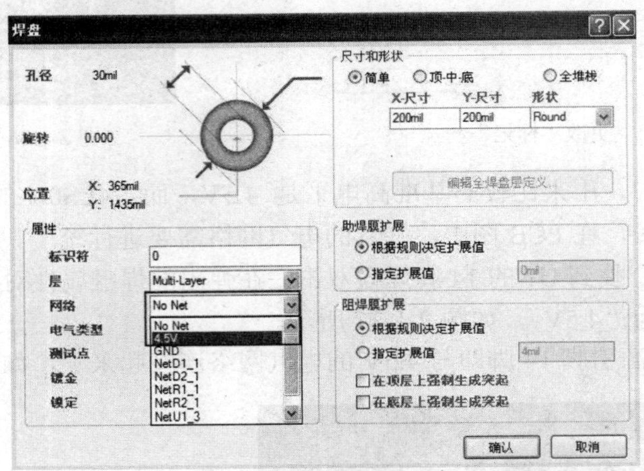

图 2-1-41　更改网络为 4.5V

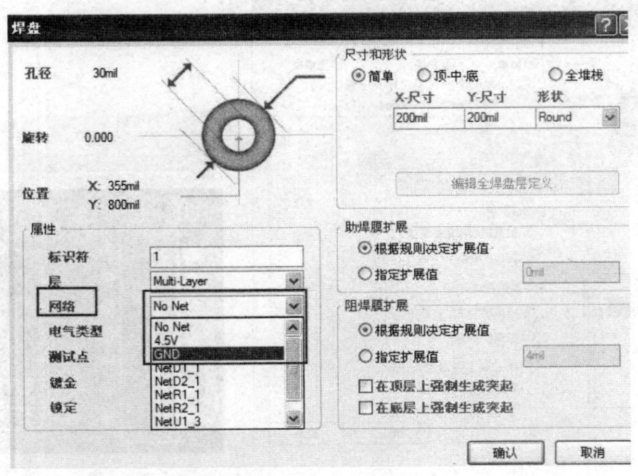

图 2-1-42　更改网络为 GND

对 PCB 中的元件进行布线。一般来说，电路的布线是放在底层的，因此，在布线前需要将电路图层更改为底层。单击 PCB 文件下方的“Bottom Layer”，即可将 PCB 视图切换到底层视图，默认是顶层视图，如图 2-1-44 所示。

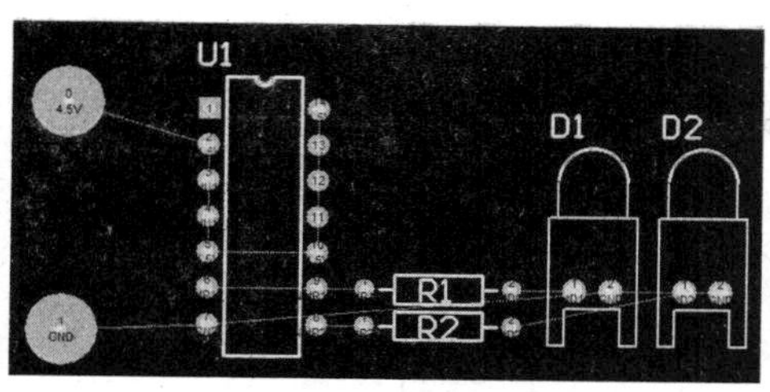

图 2-1-43　更改后的效果图

图 2-1-44　单击“Bottom Layer”

单击工具栏上的“交互式布线”按钮进行布线，如图 2-1-45 所示。

这时 PCB 文件已经自动根据原理图的连线情况，在元件之间用逻辑上的电气连线连接，但不是真实的连线，因此，还需要将有电气连接的二个焊盘之间进行布线。

单击需要布线的焊盘，如单击 GND 网络的焊盘 1，按直线方式移动鼠标，将会出现蓝色的线，如图 2-1-46 所示。

图 2-1-45　单击“交互式布线”按钮

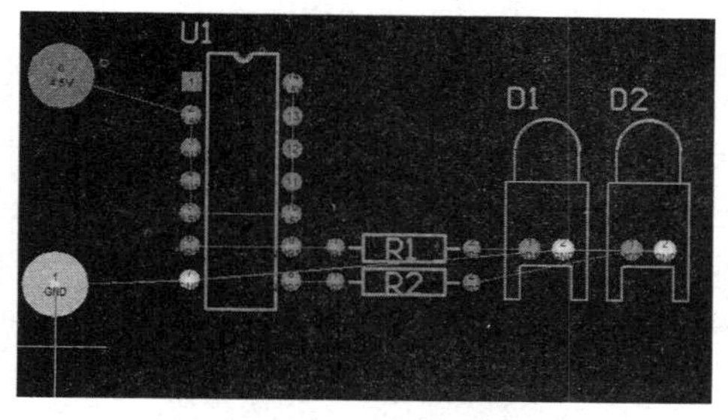

图 2-1-46　移动鼠标出现蓝色的线

继续以直线方式移动鼠标到下一个连排的焊盘，比如 D2 的引脚 2，再根据 GND 网络的逻辑连接线，把其余的相关引脚连接起来，如图 2-1-47、图 2-1-48 所示。

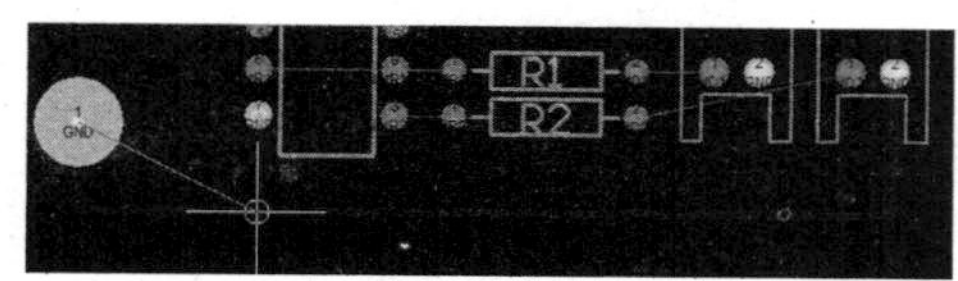

图 2-1-47　引脚连接

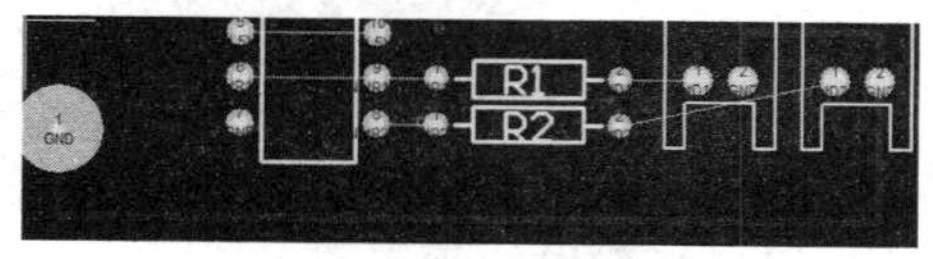

图 2-1-48　引脚连接

通过这样的方法，将所有在逻辑上有电气连接的网络连接起来，如图 2-1-49 所示。

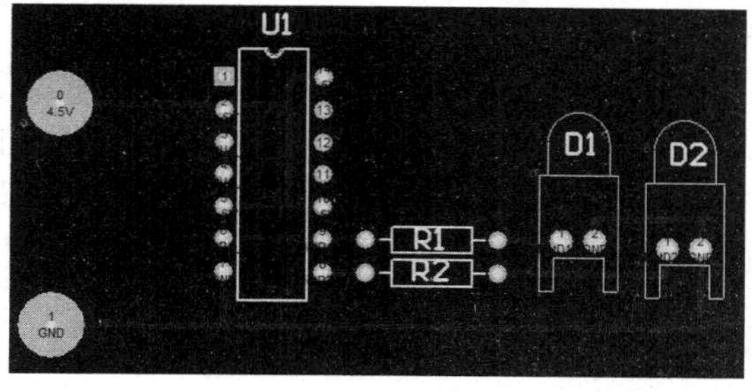

图 2-1-49　将所有在逻辑上有电气连接的网络连接

至此，就完成了逻辑测试笔电路的布线图绘制。

本电路也可以在万能电路板上进行焊接，万能板的参考布线如图 2-1-50 所示。

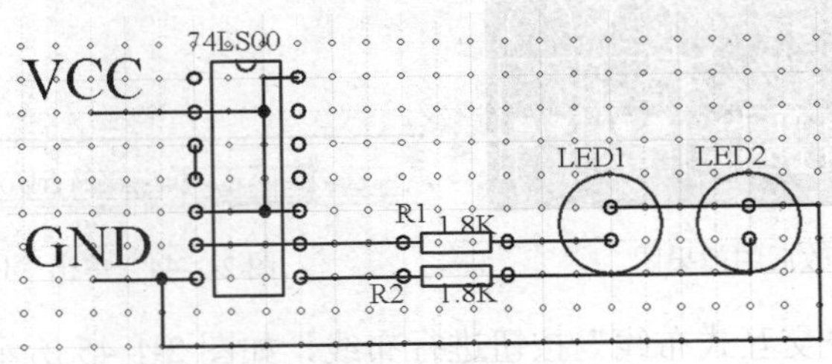

图 2-1-50　万能板的参考布线

（四）逻辑测试笔的焊接与调试

根据布线图和实物图，进行逻辑测试笔的实物焊接与调试。

1．电路元器件的选择

逻辑测试笔电路的元器件列表

元件名称	代号	元件参数	元件名称	代号	元件参数
电阻	R1	1.8kΩ	集成电路	U1	74LS00
	R2	1.8kΩ	发光二极管	LED	φ5

2．电路元件实物图

用到的电路元件实物如图 2-1-51 所示。

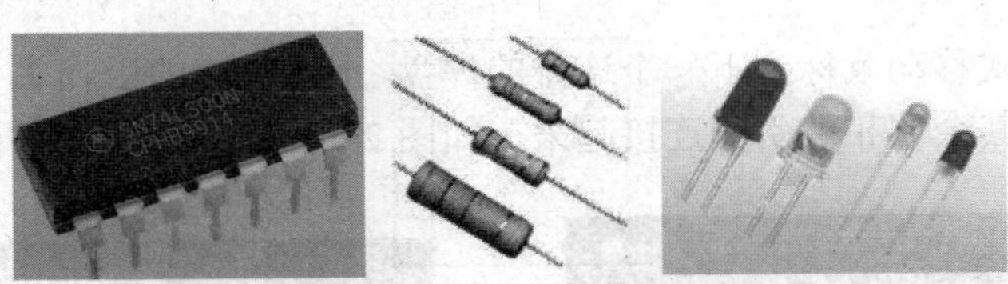

图 2-1-51　电路元件实物图

3．焊接、调试注意事项

（1）识别 74LS00 芯片各引脚的功能，确保芯片焊接正确无误，特别注意，芯片的 7 脚接电源地，14 脚接电源+5V，芯片焊接时，电烙铁不能长时间接触芯片引脚，以防烧坏芯片。

（2）所有的元件要在断开电源的情况下焊接。

（3）在使用万能板焊接时，所有元件的放置安插要符合相关工艺要标准；任何二个不相邻的元件引脚之间的连接均需使用光芯线，且要确保光芯线连接的“横平竖直”原则。

（4）电路所有元件焊接完成后，要再次检查线路的连接是否正确，特别是电源和地的连接，电路连接正确后方可通电。

（五）逻辑测试笔的参数测量

1．在逻辑测试笔的探针入接入 0.5V 电压（低电平），用万用表分别测量 U1 各引脚的

电压值，记录在表中。

引脚编号	电压值（V）	电平（高 1\低 0）	引脚编号	电压值（V）	电平（高 1\低 0）
1			8		
2			9		
3			10		
4			11		
5			12		
6			13		
7			14		
高电平指示灯 D1：□亮　□灭			低电平指示灯 D2：□亮　□灭		

2．在逻辑测试笔的探针入接入 4V 电压（高电平），用万用表分别测量 U1 各引脚的电压值，记录在表中。

引脚编号	电压值（V）	电平（高 1\低 0）	引脚编号	电压值（V）	电平（高 1\低 0）
1			8		
2			9		
3			10		
4			11		
5			12		
6			13		
7			14		
高电平指示灯 D1：□亮　□灭			低电平指示灯 D2：□亮　□灭		

根据与非门的逻辑真值表状态，检查测量结果是否与真值表的逻辑功能一致，从而判断逻辑测试笔的功能是否实现。

3．请设计一个简单的电路，并使用相关的仪器设备，测量发光二极管 LED 的最低可见发光电压值及电流值，并将相关数据填写在表中。

测量的电路原理图	最低发光电压值	最低发光电流值

4．请设计一个简单的电路，测试集成芯片 74LS00 输入端高电平下限值、低电平上限值以及输出端高电平下限值、低电平上限值，并将相关的设计电路原理图及测量值记录在表中。

测量的电路原理图	输 入 端	输 出 端
	高电平下限：　V 低电平上限：　V	高电平下限：　V 低电平上限：　V

续表

测量的电路原理图	输入端	输出端
测量的电路原理图简述：		
测量过程说明：		

四、任务检测与评估

序号	检测项目	考核内容	配分	评分标准	评估结果		
					个人	小组	教师
1	元器件的识别与检测	色环电阻识读；发光二极管引脚判别；与非门器件识别	15	一个元器件识别检测错误扣2分，两个错误扣5分，三个错误扣10分			
2	元器件的插装工艺	将电阻、发光二极管和与非门器件正确插装到电路板中	5	一个元器件工艺不合格扣1分			
3	焊接工艺	焊盘之间无虚焊、漏焊；光芯线连接横平竖直；每三个焊盘进行固定焊接	20	一个焊点不合格扣1分，超过三个焊盘无固定一次扣2分			
4	电路原理	叙述与非门电路的逻辑功能；叙述逻辑测试笔电路的工作原理	20	逻辑功能或电路原理叙述不完整每项扣10分			
5	电路调试	分别在探针触点接入高电平、低电平，利用万用表测量并记录与非门各引脚电压值	20	高电平接入测量10分，低电平接入测量10分			
6	安全操作	遵守安全操作规程，正确使用仪器设备	10	因违规操作，损坏元器件或工具仪器设备等，扣10分			
7	现场管理	实施任务前后，严格按照要求整理工作现场	10	未按要求进行清洁整理工作现场，扣10分			
分数合计			100				
综合评估结果							

知识链接与延伸

五、知识链接

（一）数字电路与数字信号

数字信号：时间、幅度上都离散。

数字电路：由数字信号组成的电路，称为数字电路。

数字优点：便于高度集成化、工作可靠性高、抗干扰能力强和保密性好等。

逻辑电路：由数字信号组成的电路，称为数字电路，由于输入、输出信号满足一定逻辑关系，也称为逻辑电路。

逻辑关系：与、或、非基本逻辑关系，与非、或非、与或非、异或以及同或等复合逻辑关系。因此有逻辑门、复合门等逻辑电路。

（二）基本逻辑门、复合门

逻辑门电路的种类很多，最基本的是与门、或门和非门，还有由它们组成的复合门电路，如：与非门、或非门、异或门、同或门以及与或非门等。

1. 与门电路

与门电路和逻辑符号如图 2-1-52 所示。与门电路的输出 Y 和输入 A、B 之间的关系是：只有当 A、B 都是高电平 1 时，Y 才输出为高电平 1，否则输出 Y 为低电平 0，可用逻辑表达式表示为：Y=A・B，记忆口诀为“全 1 出 1，有 0 出 0”。

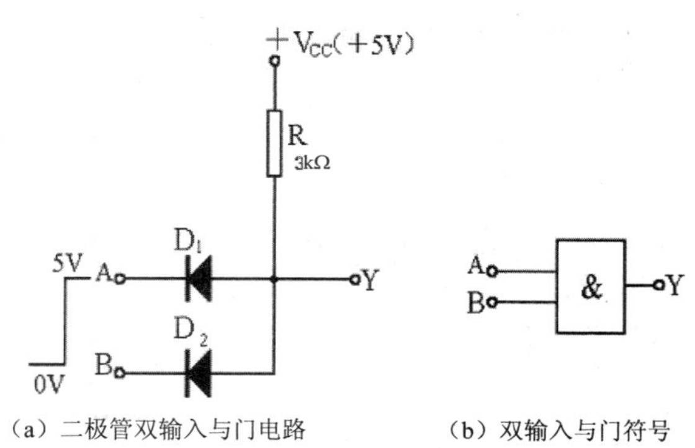

（a）二极管双输入与门电路　（b）双输入与门符号

图 2-1-52　与门电路和逻辑符号

2. 或门电路

或门电路和逻辑符号如图 2-1-53 所示。或门电路的输出 Y 和输入 A、B 之间的关系是：输入 A、B 中只要有一个或一个以上是高电平 1 时，Y 就输出为高电平 1，只有当 A、了全为低电平 0 时，输出 Y 才为低电平 0，可用逻辑表达式表示为：Y=A+B。记忆口诀为“有 1 出 1，全 0 出 0”。

与门电路和或门电路一般由二极管电路构成。

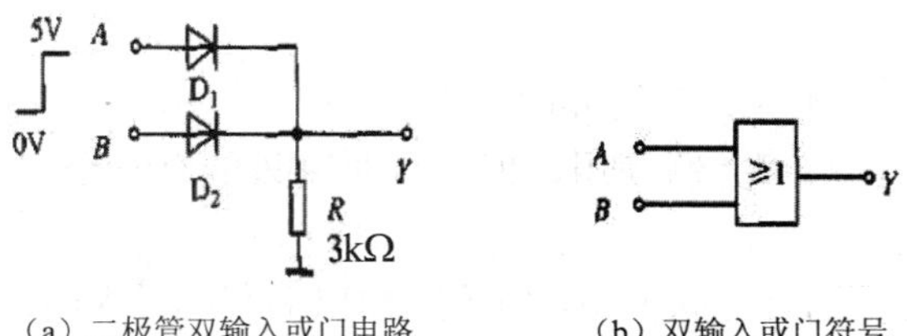

（a）二极管双输入或门电路　（b）双输入或门符号

图 2-1-53　或门电路和逻辑符号

3. 非门电路

非门电路和逻辑符号如图 2-1-54 所示。非门电路的输出 Y 和输入 A 之间的关系是：

输入 A 为高电平 1，则输入 Y 为低电平 0；输入 A 为低电平 0，则输出 Y 为高电平 1，可用逻辑表达式表示为：$Y=\overline{A}$。

非门电路一般由三极管电路构成。

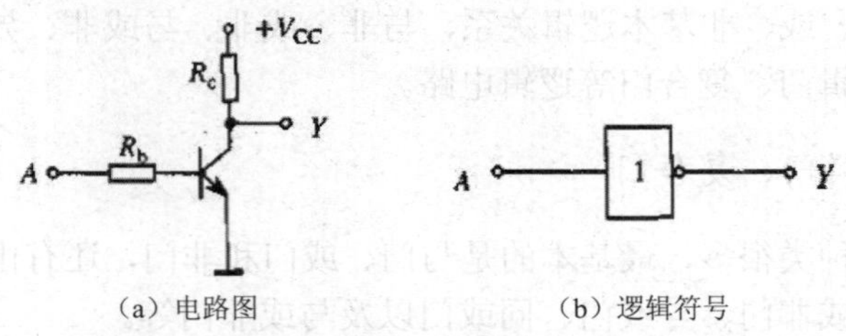

（a）电路图　　（b）逻辑符号

图 2-1-54　非门电路和逻辑符号

4．复合门电路

与门、或门、非门是三种基本逻辑门，二门和或门电路简单，缺点是存在电平偏移、带负载能力差、工作速度低、可靠性差。非门的优点恰好是没有电平偏移、带负载能力强、工作速度高。因此，常将二极管与门、或门和三极管非门连接起来，构成二极管、三极管复合逻辑门电路。这种门电路称为与非门电路和或非门电路。

（1）与非门电路

与非门电路逻辑符号如图 2-1-55 所示。

与非门的输入 A、B 和输出 Y 之间的关系是与非关系，逻辑表达式为：$Y=\overline{AB}$。

（2）或非门电路

或非门电路逻辑符号如图 2-1-56 所示。

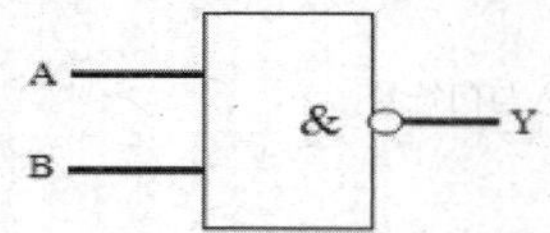

图 2-1-55　与非门电路逻辑符号

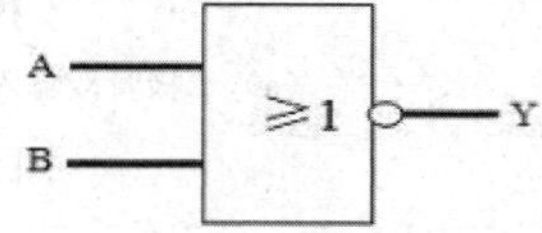

图 2-1-56　或非门电路逻辑符号

或非门的输入 A、B 和输出 Y 之间的关系是或非关系，逻辑表达式为：$Y=\overline{A+B}$。

（三）集成门认识

1．TTL 集成门电路认识——各系列 TTL 集成门的比较与选用

TTL 集成门电路的使用要点——电源电压用+5V，74 系列应满足 5V±5%。

输出端的连接：

*普通 TTL 门输出端不允许直接并联使用。

*三态输出门的输出端可并联使用，但同一时刻只能有一个门工作，其他门输出处于高阴状态。

*集电极开路门输出端可并联使用，但公共输出端和电源 VCC 之间应接负载电阻 RL。

*输出端不允许直接接电源 VCC 或直接接地，输出电流应溯于产品手册上规定的最大值。

2．门电路多余输入端的处理

（1）门电路中多余不用的输入端面一般不要悬空，因为干扰信号容易从这些悬空端引

入，使电路工作不稳定。

（2）对与门、与非门多余输入端面的处理方法如图 2-1-57 所示。

（3）对于与或非门中整个不用的与门，应将此与门输入端全部接地，或部分接地、部分按高电平。若是某与门中有闲置输入端，应将其接高电平（如接+5V 电源或+3.6V 等），如图 2-1-58 所示。

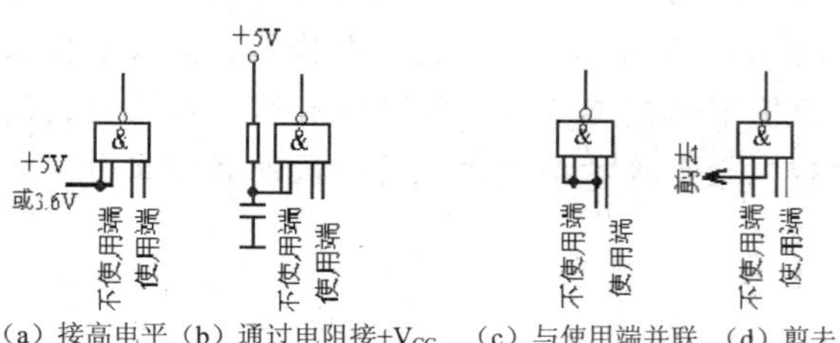

图 2-1-57 与非门闲置输入端的处理

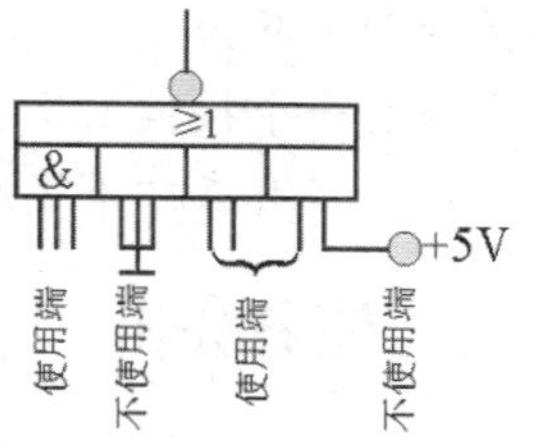

图 2-1-58 与或非门闲置输入端的处理

3．安装、调试时注意事项

（1）安装时要注意集成块外排列顺序，不要从外引脚根部弯曲，以防折断。

（2）焊接时宜用 25W 电烙铁，且焊接时间应小于 3 秒。焊后要用酒精将周围擦干净，以防焊剂腐蚀引线。

（3）集成块的停电电压最好稳定在+5V，一般也应保证在 4.75～5.25V 之间，电路过高易损坏集成块。

（4）输出为高电平时，输出端绝对不允许碰地，否则集成块会出现过热烧坏；输出为低电平时，输出端绝对不允许碰+VCC，集成块同样会出现过热烧坏；几个普通 TTL 与非门的输出端面不能连在一起。

（5）接引线要尽量短，若引线不能减短时，要加屏蔽措施或采用绞合线，以防外界电磁干扰。

任务 2.2 制作六路抢答器

学习目标

1. 集成多输入或门电路的认识与测试；
2. 查阅资料，学习 4511 译码，数码显示芯片使用；
3. 使用仿真软件设计六路抢答器电路，并观察电路效果；
4. 六路抢答器电路的布线图绘制；
5. 单元电路的制作与调试（表决按键电路、三输入或门电路、译码电路显示电路、复位及锁存电路）；
6. 完成六路抢答器的实物作品；
7. 测试并记录电路的相关参数。

做什么?

一、任务描述

六路抢答器具有六个独立的按键作为抢答输入端和一个按键作为总控复位端，并将六个按键分别编码为1-6。接上电源，数码管初始显示0，表示没有人抢答，当六个独立的按键中有任意一个按键按下，则数码管显示按下的键值，同时锁定所有的输入按键，使输入按键失效，只有在按下了总控的复位键后，六个抢答按键才能再一次的正常工作。

二、任务分析

1. 六路抢答器电路分析；
2. CD4075 集成多输入或门电路的认识与测试；
3. CD4511 译码器件，七段数码显示器件的使用；
4. 六路抢答器电路的仿真；
5. 六路抢答器电路的原理图、布线图绘制；
6. 六路抢答器实物的焊接与调试；
7. 六路抢答器电路的参数测量。

学什么?

三、任务实施

（一）六路抢答器电路分析

六路抢答器的电路原理如图 2-2-1 所示。

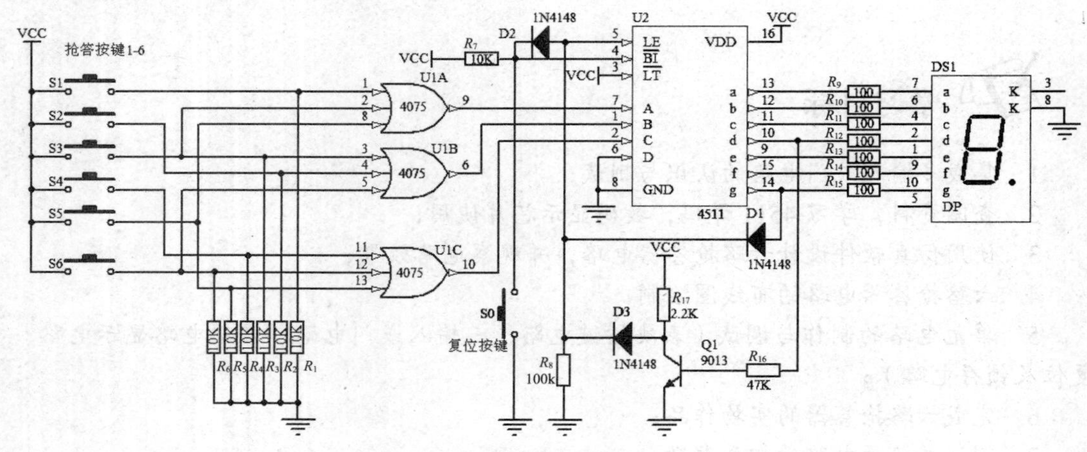

图 2-2-1　六路抢答器的电路

本电路由键盘输入电路、4075 多输入或门编码电路、4511 显示译码电路、七段数码显示电路、复位及锁存电路组成。抢答器六个输入键盘中，任意一个抢先按下后，该信号通过 4075 多输入或门电路进行编码，转换成三位的二进制数码，送入 4511 显示译码电路，4511 显示译码电路将传送进来的三位二进制数码翻译成七段数码管能够识别并正确显示的数码，再通过七段数码显示电路显示出数字 1-6 来，用以识别是哪个抢答按键最先按下。此外，还有复位及锁存电路，其中复位电路用来清除数码管显示的前一次抢答结果值，按下复位后，数码管默认显示 0；锁存电路则起到将最先按下的抢答键的数值锁存起来并显示在数码管上，使后续的所有按下的抢答键均失效，即不再进行译码和显示，只有在按下复位键后，将数码管清零，所有的抢答按键才能正常工作。下面分别介绍六路抢答器的各个子电路原理：

1．键盘输入电路

六路抢答器的键盘输入电路由 S1-S6 共 6 个按钮、R_1-R_6 共 6 个电阻，以及电源 VCC 组成。按下抢答键盘后，则相应的抢答端向多输入或门电路输入高电平信号；未按下抢答键盘时，则输入低电平信号。

2．4075 多输入或门编码电路

4075 多输入或门编码电路如图 2-2-2 所示。

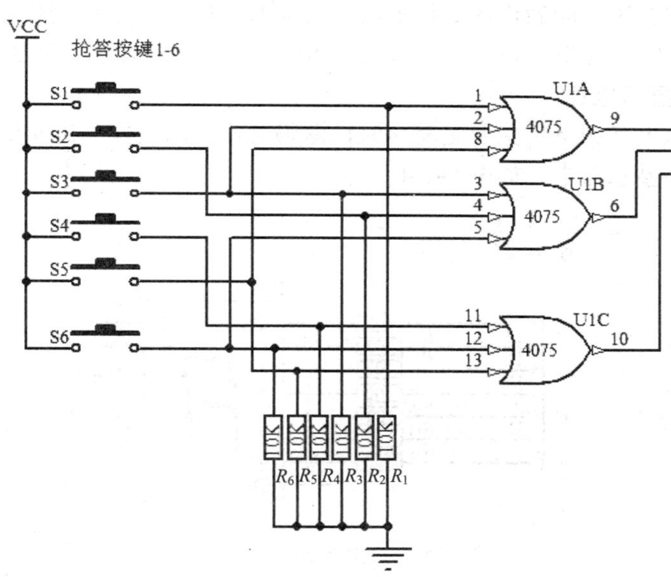

图 2-2-2　4075 多输入或门编码电路

4075 多输入或门编码子电路原理图如上图所示。4075 集成芯片共有 3 个三输入端或门，根据或门逻辑功能可知，只要三个输入引脚中，有一个信号为高电平，则或门输出为高电平，然后再将这三组或门的输出分别按照二进制编码的方式，组合成三位的二进制编码，送入 4511 显示译码电路作进一步处理。假如编号为 3 的抢答按键 S3 按下，则将该信号送入 U1A 的 2 脚和 U1B 的 3 脚，这样 U1C、U1B、U1A 三者的组合输出为 011，而 011 正是十进制数 3 的二进制编码值，从而完成了按键 S3 的二进制编码。按照这样的方法，可以分析出 S4 的二进制编码是 100、S5 的编码是 101、S6 的编码是 110。

3．4511 显示译码电路

4511 显示译码电路如图 2-2-3 所示。

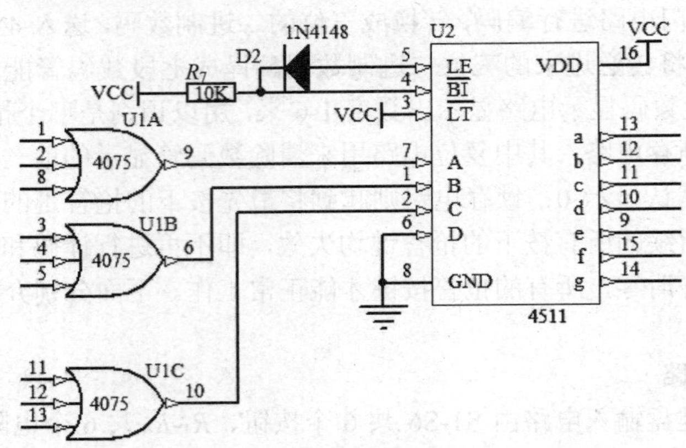

图 2-2-3　4511 显示译码电路

从 4075 三输入或门输出的二进制编码送入 4511 共阴极数码显示芯片中，经过 4511 显示译码芯片对输入的三位二进制数进行处理，转换成一组可以被七段数码管识别的七位二进制数段码，这个过程叫做译码。比如将二进制数“001”（十进制数字 1）译码为七位的二进制数码 “0000110”，再将这个数码从 4511 的 a-g 引脚输出，送到数码管显示。

4．七段数码显示电路

七段数码显示电路如下，主要是将 4511 译码器输出的七段二进制数码，通过限流电阻，送到七段数码显示器中，如图 2-2-4 所示。

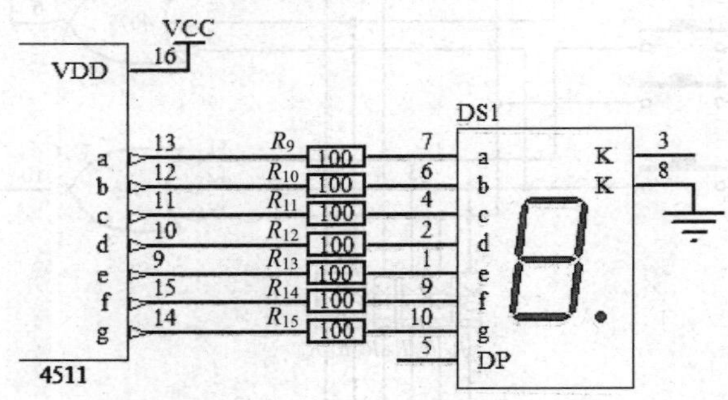

图 2-2-4　七段数码显示电路

5．复位电路

复位电路用于在完成抢答及处理过后，使抢答器重新进行初始化工作，各抢答按键恢复有效。

6．锁存电路

锁存电路从 4511 芯片的 10 脚 d 端取出译码信号，经过电阻 R16、三极管 Q1、二极管 D3 等反馈到 4511 的 5 脚 LE 锁存端，此路反馈信号为低电平时（即数码管显示 1 和 4 时），三极管 Q1 截止，VCC 高电平信号经 D3 送到 LE 锁存端；另一路则从 4511 的 14 脚 g 端通过二极管 D1 反馈到 5 脚 LE 锁存端，此路反馈信号为高电平时（即数码管显示 2，3，5，

6时），通过D1送到LE锁存端，使4511显示译码芯片a-g端的输出信号锁存，从而确保了抢答器功能的有效实现。复位电路及锁存电路如图2-2-5所示。

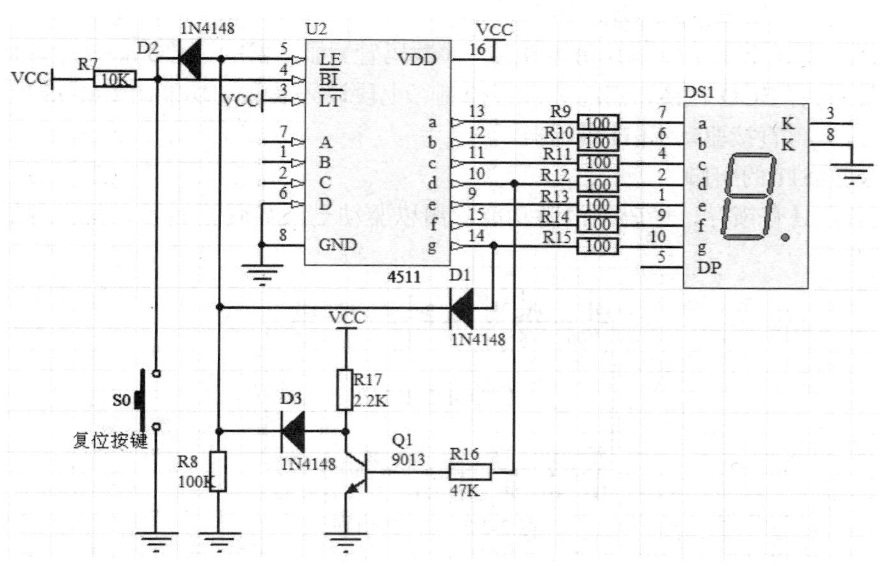

图2-2-5 复位电路及锁存电路

（二）4075集成多输入或门电路的认识与测试

三输入或门常见的有MM54HC4075和MM74HC4075。芯片内部结构图和逻辑真值表如图2-2-6所示。

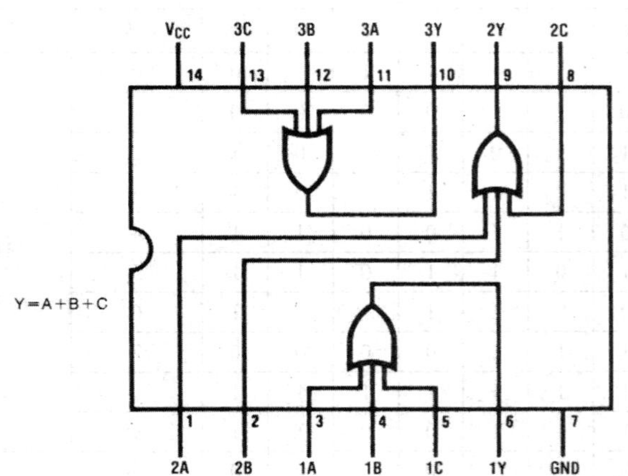

输入			输出
A	B	C	Y
0	0	0	0
0	0	1	1
0	1	0	1
0	1	1	1
1	0	0	1
1	0	1	1
1	1	0	1
1	1	1	1

图2-2-6 芯片内部结构图和逻辑真值

该器件的供电电压VCC范围为直流2-6V，输入端输出端的直流电压为0-VCC，一般情况下，使用+5V电压供电。根据或门的逻辑关系可知，只要任意一输入端接入高电平，则输出必为高电平，因此，在对器件进行检测时，可分别将各输入引脚接电源VCC或接地GND，用万用表检测三输入或门的输出端，确认其输出信号的电平符合或门逻辑关系。

（三）CD4511 译码器件，七段数码显示器件的使用

1. CD4511 译码器的功能和使用

CD4511 是一个用于驱动共阴极 LED （数码管）显示器的 BCD 码—七段码译码器，特点如下：具有 BCD 转换、消隐和锁存控制、七段译码及驱动功能的 CMOS 电路能提供较大的电流。可直接驱动 LED 显示器。

（1）CD4511 的引脚

CD4511 具有锁存、译码、消隐功能，用以驱动七段数码管显示。其引脚如图 2-2-7 所示。

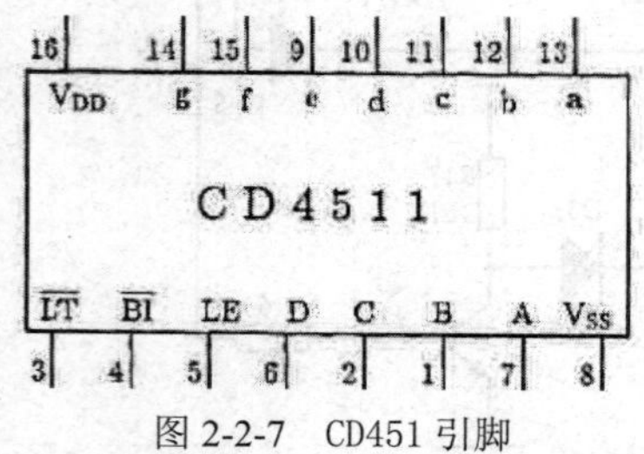

图 2-2-7　CD451 引脚

引脚大体可分为四类：电源引脚 8、16；功能控制引脚 3、4、5；二进制编码输入引脚：7、1、2、6；数码显示输出引脚 9-15。

（2）CD4511 的工作真值表如下：

输入							输出								功能
LE	BI	LT	D	C	B	A	a	b	c	d	e	f	g	显示	
X	X	0	X	X	X	X	1	1	1	1	1	1	1	8	灯测试
X	0	1	X	X	X	X	0	0	0	0	0	0	0	消隐	消隐
0	1	1	0	0	0	0	1	1	1	1	1	1	0	0	译码
0	1	1	0	0	0	1	0	1	1	0	0	0	0	1	
0	1	1	0	0	1	0	1	1	0	1	1	0	1	2	
0	1	1	0	0	1	1	1	1	1	1	0	0	1	3	
0	1	1	0	1	0	0	0	1	1	0	0	1	1	4	
0	1	1	0	1	0	1	1	0	1	1	0	1	1	5	
0	1	1	0	1	1	0	0	0	1	1	1	1	1	6	
0	1	1	0	1	1	1	1	1	1	0	0	0	0	7	
0	1	1	1	0	0	0	1	1	1	1	1	1	1	8	
0	1	1	1	0	0	1	1	1	1	0	0	1	1	9	
0	1	1	1	0	1	0	0	0	0	0	0	0	0	消隐	无效信号消隐
0	1	1	1	0	1	1	0	0	0	0	0	0	0	消隐	
0	1	1	1	1	0	0	0	0	0	0	0	0	0	消隐	
0	1	1	1	1	0	1	0	0	0	0	0	0	0	消隐	
0	1	1	1	1	1	0	0	0	0	0	0	0	0	消隐	
0	1	1	1	1	1	1	0	0	0	0	0		0	消隐	
1	1	1	X	X	X	X	锁存							锁存	锁存

灯测试功能：3 脚，LT 端，低电平有效。当 LT 为“0”低电平时，不管其余输入引脚是什么电平，输出端 a-g 全为 1，使后接的共阴极七段数码管的灯管全部点亮，即显示一个“8”字，用来检测数码管是否完好。

消隐功能：4 脚，BI 端，低电平有效。在 LT 为“1”（灯测试无效）的前提下，当 BI 为“0”低电平时，不管其余输入引脚是什么电平，输出端 a-g 全为 0，使后接的共阴极七段数码管的灯管全部熄灭，关闭显示。

锁存功能：5 脚，LE 端，高电平有效。在 LT 为“1”（灯测试无效）和 BI 为“1”（消隐无效）的前提下，当 LE 端为“1”高电平时，不管输入什么电平，输出端 a-g 均锁存之前的输出状态。

译码和无效信号消隐功能：9-15 脚，a-g 端。在正常情况下，根据四位二进制 BCD 码的输入信号，将前 10 个数码译码成 0-9 共 10 个十进制数，余下的 6 个数码作为无效信号处理，消隐显示。

2．七段数码显示器显示原理和使用

（1）七段数码显示器的显示原理

数码管由 8 个发光二极管（以下简称字段）构成，通过不同的组合可用来显示数字 0～9，字符 A～F、H、L、P、R、U、Y 等符号及小数点“.”。

数码管又分为共阴极和共阳极两种类型，如图 2-2-8 所示。

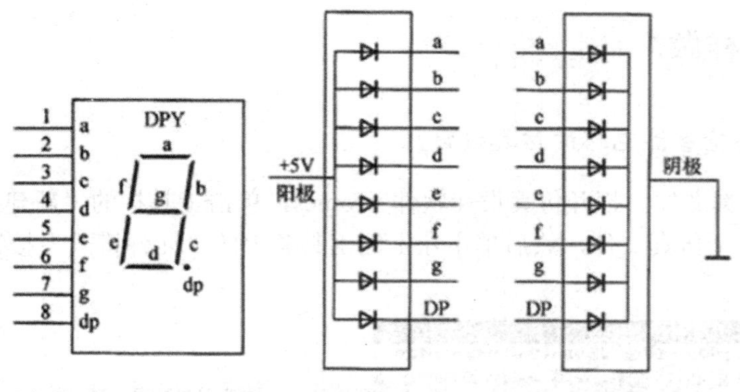

（a）典型的 7 段式 LED 器件　（b）共阳极 LED　（c）共阴极 LED

图 2-2-8　数码管

7 段 LED 显示字符及段码表

显示字符	共阳极段码	共阴极段码	显示字符	共阳极段码	共阴极段码
0	C0H	3FH	C	C6H	39H
1	F9H	06H	D	A1H	5EH
2	A4H	5BH	E	86H	79H
3	B0H	4FH	F	8EH	71H
4	99H	66H	P	8CH	73H
5	92H	6DH	U	C1H	3EH
6	82H	7DH	r	CEH	31H
7	F8H	07H	Y	91H	6EH
8	80H	7FH	H	89H	76H

续表

显示字符	共阳极段码	共阴极段码	显示字符	共阳极段码	共阴极段码
9	90H	6FH	L	C7H	38H
A	88H	77H	全亮	00H	FFH
B	83H	7CH	全灭	FFH	00H

（2）七段数码显示器的测试

测试时，注意将万用表调整在 R×10k 挡，因为 R×1k 挡测不出数码管的正反向电阻值。对于共阴极的数码管，红表笔接数码管的公共端（一般为 3 脚、8 脚），黑表笔分别接其他各脚。测共阳极的数码管时，黑表笔接数码管的公共端，红表笔接其他各脚。或者直接将 2-3V 直流电压接到数码管的公共端和各引脚，观察各段是否点亮。对于不明型号不知管脚排列的数码管，先找出共公共端，再分别确定其余各引脚。

（3）七段数码显示器使用注意事项

在使用数码管时，段位及小数点位上均需加上限流电阻，阻值在为 1K 以内，一般为 200Ω；在焊接时，焊接温度不宜过高，焊接时间不超过 5 秒；数码管引脚一般都是一样的，引脚的识别主要看管脚的底部，有一个方块型的就是第 1 引脚，或者正面（就是显示那面）朝上，左下角第一个为第 1 引脚。

怎样做?

（四）六路抢答器电路的仿真设计

1．新建仿真文件。打开仿真设计软件 protues，单击工具栏的“新建文件”按钮（图 2-2-9），新建一个仿真文件，然后单击左上侧工具条上的“元件模式”按钮，如图 2-2-10 所示。

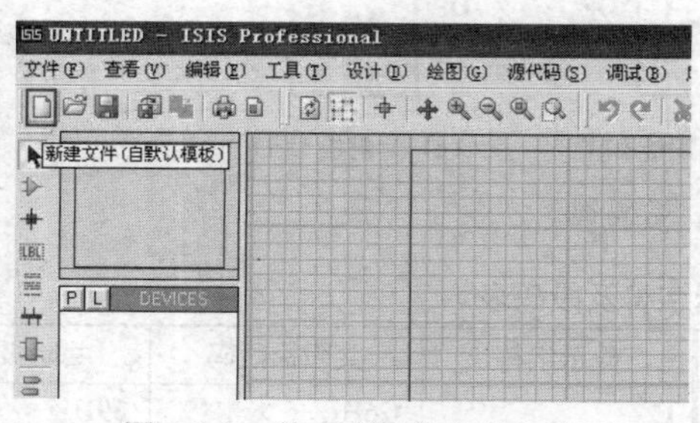

图 2-2-9 单击“新建文件”按钮

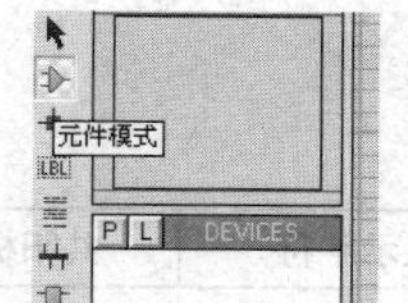

图 2-2-10 单击“元件模式”按钮

2．从元件库中选取器件。单击字母“P”从库中选取元器件，如图 2-2-11 所示。在弹出的“选取器件”对话框的关键字处，输入所需查找的元器件名称，比如按钮 button，即可在右侧的西方世界栏中显示所查找到的器件，如图 2-2-12 所示。

六路抢答器所需的元器件列表如图 2-2-12 所示，在器件选择对话框中，依次查找所需器件，在结果栏中双击所需的元器件，即可将其添加到器件列表中，如图 2-2-13 所示。

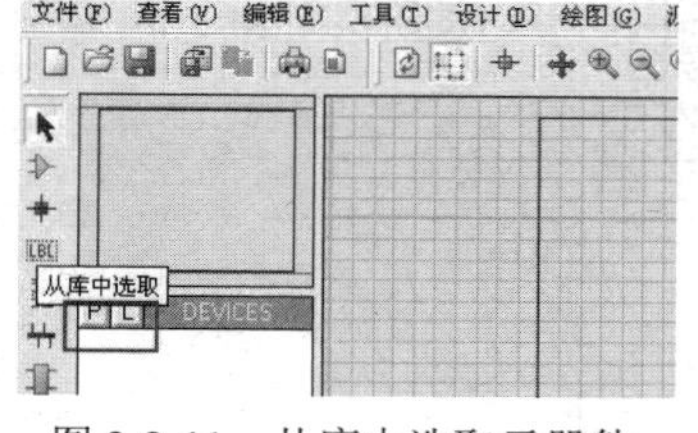

图 2-2-11 从库中选取元器件

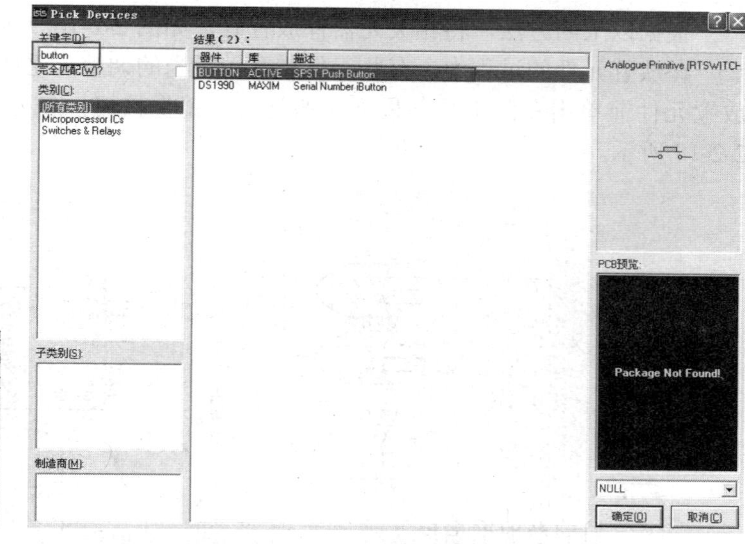

图 2-2-12 显示所查找到的器件

3．放置元器件。在元器件列表栏中，单击需要放置的元器件，比如按钮 button，将鼠标移到元件放置处单击，将显示元器件的轮廓，再次单击，即可完成元件放置操作，如图 2-2-14 所示。

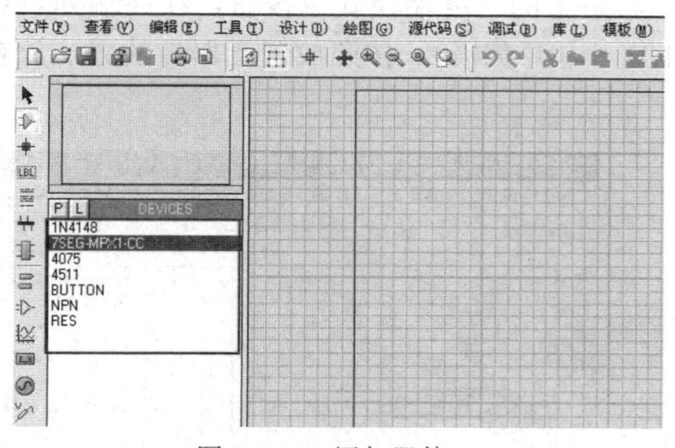

图 2-2-13 添加器件

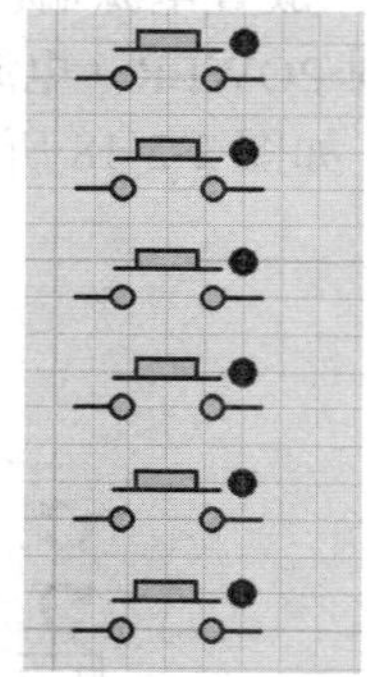

图 2-2-14 完成元件放置操作

也可以将鼠标移动到放置处，直接双击鼠标左键放置。放置好的按键和三输入或门如图 2-2-15 所示。

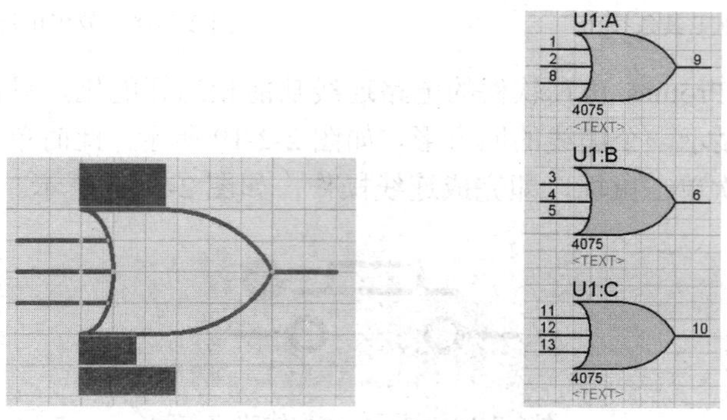

图 2-2-15 放置好的按键和三输入或门

根据以上的方法，将相关元器件放置好，如图 2-2-16 所示。

在放置元件的过程中，有些元件需要做适当的调整，比如旋转、镜像等，此时，可在放置元件前单击左侧工具条最下端的旋转、镜像按钮，使元器件的放置更加合理，如图 2-2-17 所示。

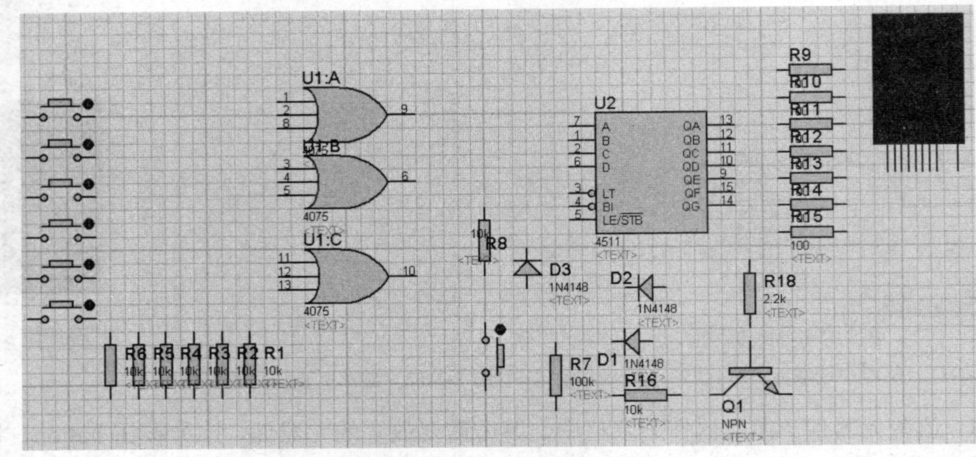

图 2-2-16　将相关元器件放置好

4．放置电源端口。单击软件左侧工具条上的“终端模式”按钮，在终端列表栏中分别找到 POWER（电源正极）和 GROUND（电源负极），按照放置元器件的方法放置电源端口，如图 2-2-18 所示。

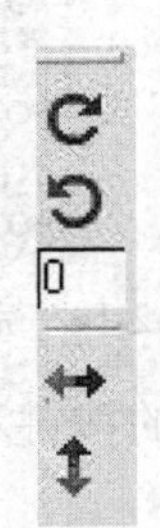

图 2-2-17　单击左侧工具条按钮

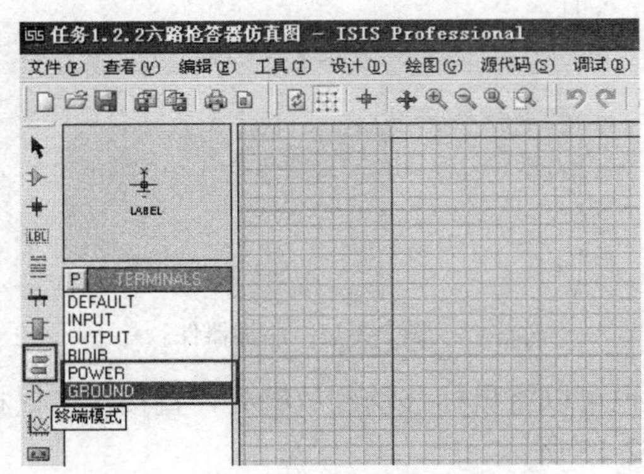

图 2-2-18　放置电源端口

5．电路连线。Protues 仿真软件的电路连线功能相当智能化，只需要将鼠标移动到器件的引脚处，即会显示一个虚线的四方形，如图 2-2-19 所示。此时单击鼠标，移动鼠标到连线的终端处，再次单击鼠标，即完成连线操作，如图 2-2-20 所示。

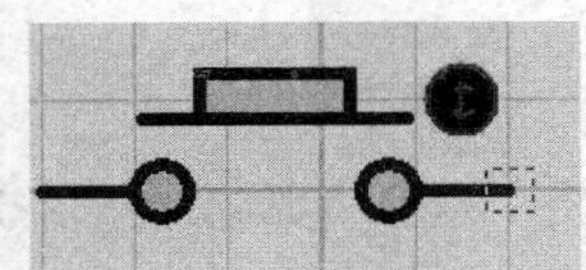

图 2-2-19　显示一个虚线的四方形

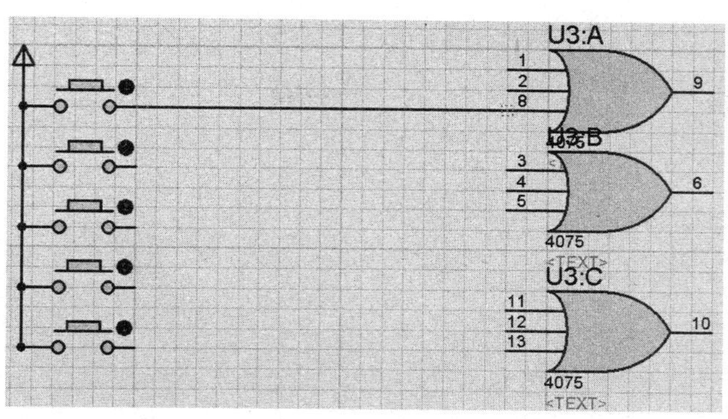

图 2-2-20　完成连线操作

在进行连线的过程中，某些元器件因为位置原因，使得连线比较混乱，此时，需要适当调整元件的位置和方向等，方法是用鼠标选中需要移动的元器件，拖动鼠标到目的地，松开鼠标即可；另外，在连线时可能因为粗心将连线接错，此时，只需要对接错的线双击鼠标右键即可删除，删除后重新进行正确的连线即可。

最终连接完成的六路抢答器电路如图 2-2-21 所示。

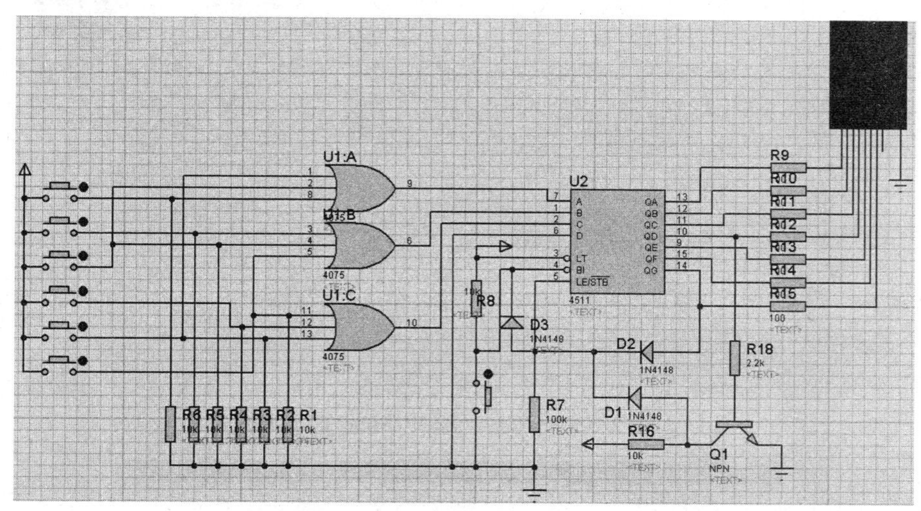

图 2-2-21　终连接完成的六路抢答器电路图

6．电路仿真。电路接线完成后，需要进一步检查有无遗漏，确保线路的连接正确后，单击窗口左下方处的仿真按钮，即可启动电路仿真。在仿真时，元器件的引脚会出现红点或蓝点，其中，红点表示高电平，蓝点表示低电平，如图 2-2-22 所示。

此时，用鼠标单击抢答按钮 4，可直观地看见电路各引脚的电平变化情况，同时数码显示数字“4”；再继续按下其余抢答按键，发现电路电平不再发生变化，数码管仍然显示数字“4”；按下复位按钮后，可观察到数码管恢复显示“0”，且抢答按键又能进行抢答。至此，六路抢答器电路仿真图完成，如图 2-2-23 所示。

7．仿真文件保存。单击菜单“文件”→“保存设计”，弹出仿真文件保存对话框，在对话框中选择保存路径、保存文件名后，单击“保存”按钮即可，如图 2-2-24 所示。

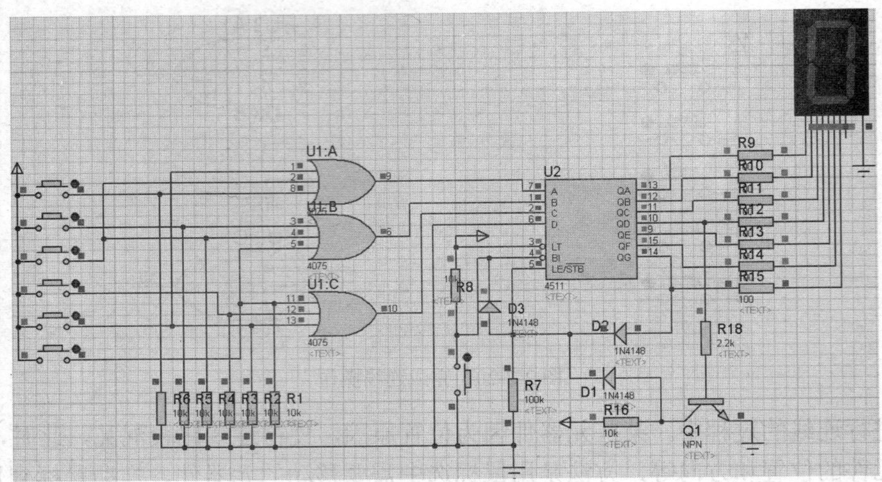

图 2-2-22　检查有无遗漏

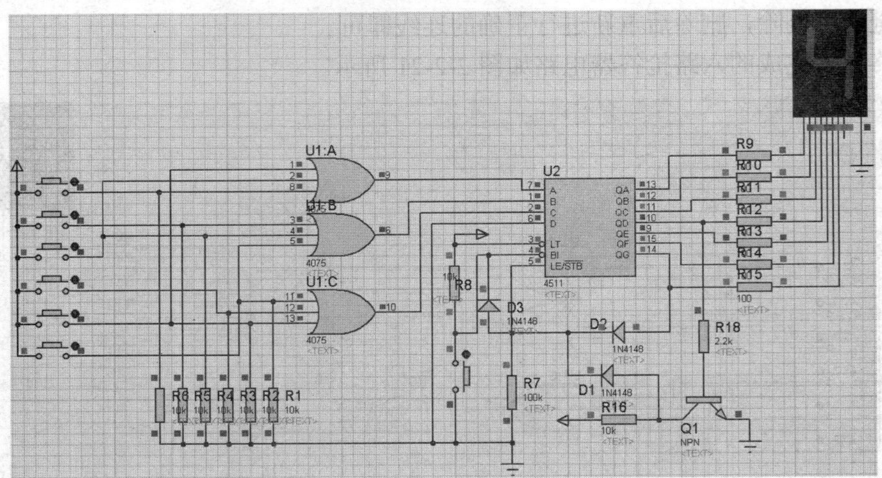

图 2-2-23　六路抢答器电路仿真完成图

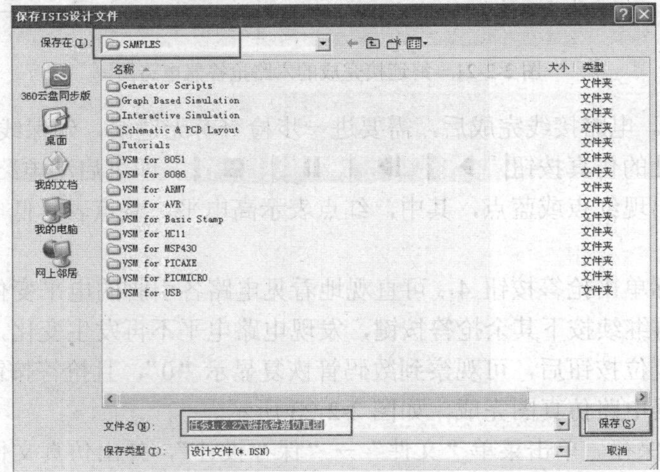

图 2-2-24　仿真文件保存

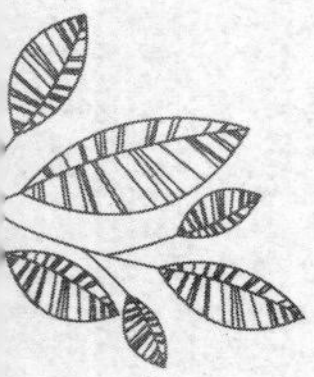

（五）六路抢答器电路的原理图、布线图绘制

1．六路抢答器电路原理图绘制

六路抢答器电路中，4075芯片所在的元件库为“ST Logic Gate.IntLib”，4511芯片所在的元件库为“ST Interface Display Driver.IntLib”，其余器件所在的元件库为默认的元件库“Miscellaneous Devices.IntLib”。最终完成的六路抢答器原理，如图2-2-25所示。

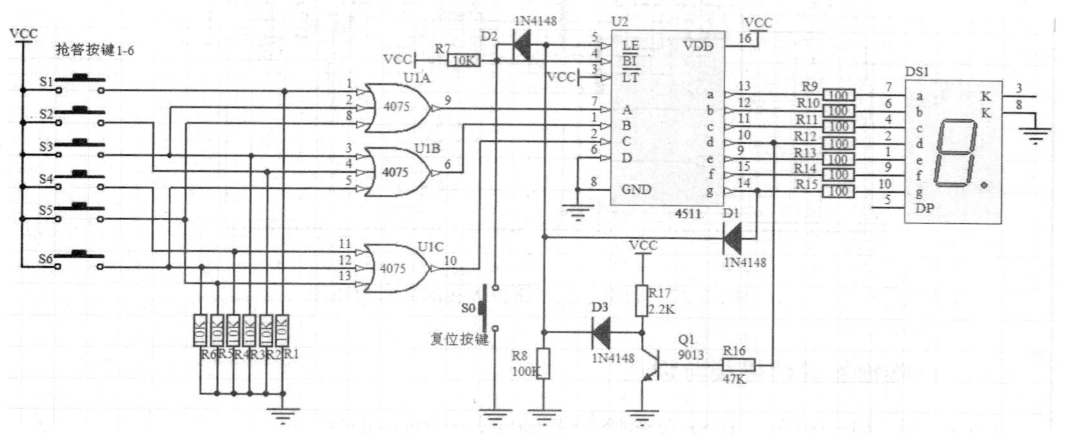

图2-2-25 最终完成的六路抢答器原理图

2．六路抢答器电路布线图绘制

在对六路抢答器电路进行布线时，需要注意元器件的布局，做到合理规范，同时考虑走线方便。由于本电路相对简单，故建议采用手工布线的方式或者直接用手工在稿纸上画出其布线图。

在布线的过程中，要充分考虑所使用的电路板是PCB板还是万能板，一般情况下，使用万能板。因此，布线时就要认真考虑到走线的“横平竖直”，以及元器件引脚间过线的数量等问题。六路抢答器的电路布线如图2-2-26所示。此处不再详细论述。

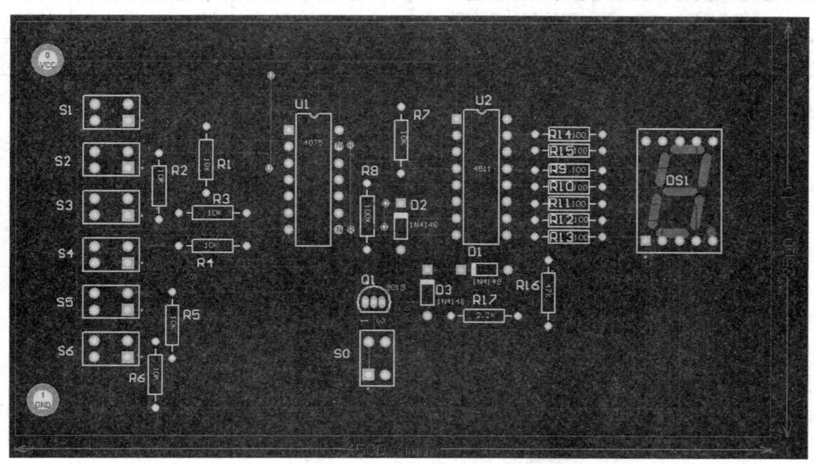

图2-2-26 六路抢答器的电路布线图

利用万能电路板焊接的参考布线如图2-2-27所示。

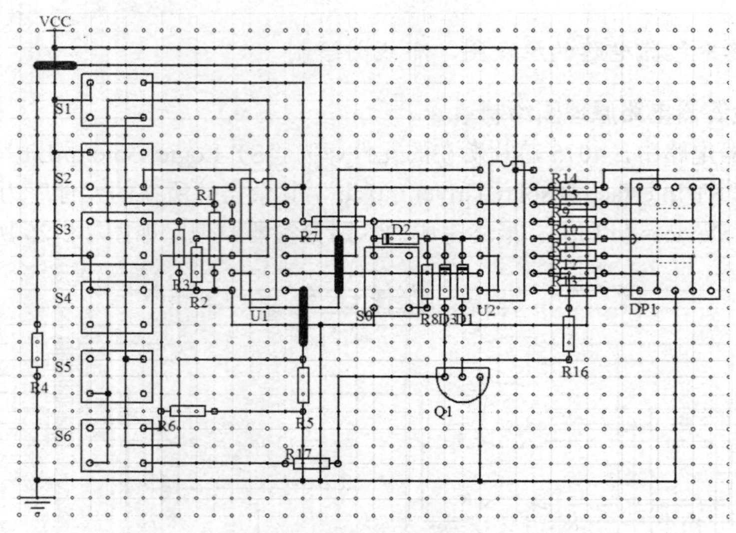

图 2-2-27　利用万能电路板焊接的参考布线图

（六）六路抢答器的焊接与调试

根据布线图和实物图，进行六路抢答器的实物焊接与调试。

1. 电路元器件的选择

六路抢答器电路的元器件列表

元件名称	代号	元件参数	元件名称	代号	元件参数
电阻	R1-R7	10K	二极管	D1	1N4148
	R8	100K		D2	1N4148
	R9-R15	100		D3	1N4148
	R16	47K	数码管	DS1	共阴极
	R17	2.2K	三极管	Q1	9013
按钮	S0-S6	SW-PB	集成电路	U1	4075
				U2	4511

2. 电路元件实物图

用到的电路元件实物图如图 2-2-28 所示。

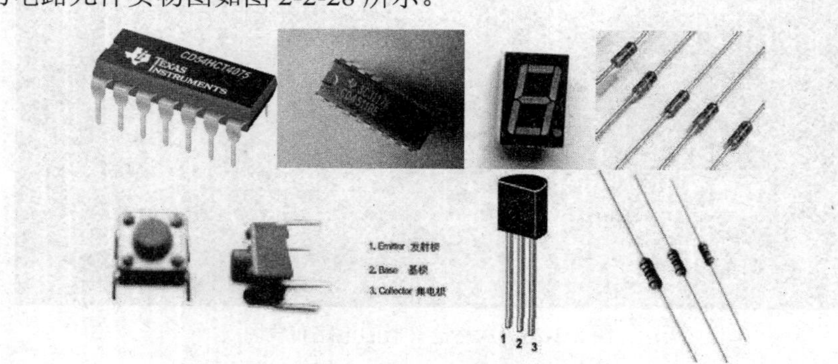

图 2-2-28　用到的电路元件实物

3. 焊接与调试

（1）焊接注意事项

焊接集成芯片时，一定要焊接 IC 插座，不要把集成芯片直接焊接到电路上；在安装二极管和三极管时，要注意极性引脚，不要装错；在安装按钮时，注意区别四个引脚的连接关系，必要时使用万用表检测一下。

（2）调试方法

抢答按键电路调试：根据原理图可将按键分成三组进行调试，分别是 1、3、5 为一组，从 4075 的 9 脚输出；2、3、6 为二组，从 4075 的 6 脚输出；4、5、6 为三组，从 4075 的 10 脚输出。调试时，接上电源，分别按下抢答键 1、3、5，用万用表测量 4075 的 9 脚，观察其输出电压是否为高电平，若是则该组按键接线正常，否则检查相关的按键连线，用这样的方法检查六个抢答按键是否正常。

译码显示电路调试：在确保抢答按键正常的前提下，按下任意抢答键，观察数码显示是否正确，若无显示或者显示不正确，则分别检查 4511 的电源电压是否正常，功能引脚 3、4、5 连接是否有误，信号输入端 7、1、2、3 信号是否正常，信号输出 a-g 相关引脚的信号电压是否正常，数码显示管接线是否正确，数码显示管是否损坏等。

复位及锁存电路调试：按下复位键，用万用表检测 4511 的 4 脚电平是否由高变低，若没有变化，则进一步检查 VCC、R7、D2 和复位按键；按下任意抢答键，用万用表检测 4511 的 5 脚锁存端是否为高电平，如果不是高电平，则进一步检查由 D1、D3 以及 R8 组成的或门电路，必要时还要检查 Q1、R16、R17 三极管周边电路。

（七）六路抢答器电路的参数测量

依次按下六个抢答键，用万用表测量相关器件的相关引脚电压，填写于下表中。

项　　目	测量 U1 电压（V）	测量 U2 电压（V）	测量 Q1 电压（V）	数码管显示数字
按下 S1	9 脚： 6 脚： 10 脚：	5 脚： 14 脚： 15 脚：	B 极： C 极：	
按下 S2	9 脚： 6 脚： 10 脚：	5 脚： 14 脚： 15 脚：	B 极： C 极：	
按下 S3	9 脚： 6 脚： 10 脚：	5 脚： 14 脚： 15 脚：	B 极： C 极：	
按下 S4	9 脚： 6 脚： 10 脚：	5 脚： 14 脚： 15 脚：	B 极： C 极：	
按下 S5	9 脚： 6 脚： 10 脚：	5 脚： 14 脚： 15 脚：	B 极： C 极：	
按下 S6	9 脚： 6 脚： 10 脚：	5 脚： 14 脚： 15 脚：	B 极： C 极：	

续表

项　　目	测量 U1 电压（V）	测量 U2 电压（V）	测量 Q1 电压（V）	数码管显示数字
按下复位 S0	9 脚： 6 脚： 10 脚：	4 脚： 5 脚：	B 极： C 极：	

四、任务检测与评估

序号	检测项目	考核内容	配分	评分标准	评估结果		
					个人	小组	教师
1	元器件的识别与检测	色环电阻识读；按键检测；多输入或门、显示译码器、数码管的识读、检测和引脚判别	15	一个元器件识别检测错误扣 2 分，两个错误扣 5 分，三个错误扣 10 分			
2	元器件的插装工艺	将各元器件正确插装到电路板中	5	一个元器件工艺不合格扣 1 分			
3	焊接工艺	焊盘之间无虚焊、漏焊；光芯线连接横平竖直；每三个焊盘进行固定焊接	20	一个焊点不合格扣 1 分，超过三个焊盘无固定一次扣 2 分			
4	电路原理	叙述译码电路的逻辑功能和数码显示原理；叙述六路抢答器电路的工作原理	20	逻辑功能或电路原理叙述不完整每项扣 10 分			
5	电路调试	分别按下抢答键和复位键，利用万用表测量并记录相关元器件各引脚电压值	20	多输入或门和三极管引脚电压测量 10 分；译码显示器件引脚电压测量 10 分			
6	安全操作	遵守安全操作规程，正确使用仪器设备	10	因违规操作，损坏元器件或工具仪器设备等，扣 10 分			
7	现场管理	实施任务前后，严格按照要求整理工作现场	10	未按要求进行清洁整理工作现场，扣 10 分			
分数合计			100				
综合评估结果							

知识链接与延伸

五、知识链接

（一）Protues 介绍

Protues 是英国 Labcenter 公司开发的嵌入式系统仿真软件，组合了高级原理图设计工具 ISIS（Intelligent Schematic Input System）、混合模式 SPICE 仿真、PCB 设计以及自动布线而形成了一个完整的电子设计系统。它运行于 Windows 操作系统上，可以仿真、分析各种模拟和数字电路，并且对 PC 的硬件配置要求不高。该软件具有以下主要特点。

1. 实现了单片机仿真与 SPICE 电路仿真相结合，具有模拟电路仿真、数字电路仿真、单片机及其外围电路仿真、RS232 动态仿真、I2C 调试器、SPI 调试器、键盘和 LCD 系统仿真的功能。

2. 提供了大量的元器件，涉及电阻、电容、二极管、三极管、MOS 管、变压器、继电器、各种放大器、各种激励源、各种微控制器、各种门电路和各种终端等；同时，也提供了许多虚拟测试仪器，如电流表、电压表、示波器、逻辑分析仪、信号发生器、定时／计数器等。

3. 支持主流单片机系统的仿真。如，68000 系列、8051 系列、AVR 系列、PIC 系列等，提供软硬件调试功能。同时支持第三方的软件编译和调试环境，如 Keil C μ Vision3 等软件。

4. 具有强大的原理图编辑及原理图后处理功能，Protues VSM 组合了混合模式的 SPICE 电路仿真、动态器件和微控制器模型，实现了完整的基于微控制器设计的协同仿真，真正使在物理原型出来之前对这类设计的开发和测试成为可能。

（二）Protues 的使用

表 1　　　　工具箱各图标按钮功能

名　称	功　能
Component	选择元器件
Junction dot	在原理图中添加连接点
Wire label	给导线添加标注
Text script	在电路图中输入文本
Bus	在电路图中绘制总线
Sub-circuit	绘制子电路图块
Instant edit mode	即时编辑模式
Inter-sheet Terminal（Terminals）	图纸内部的连接端子（终端）
Device Pin	元器件引脚
Simulation Graph	仿真分析图表
Tape recorder	当对设计电路分割仿真时采用此模式
Generator	发生器（或激励源）
Voltage prob	电压探针
Current prob	电流探针
Virtual Instruments	虚拟仪器
2D graphics line	2D 制图画线
2D graphics box	2D 制图画方框
2D graphics circle	2D 制图画圆
2D graphics arc	2D 制图画弧
2D graphics path	2D 制图画任意闭合轨迹图形
2D graphics text	（输入）2D 图形文字
2D graphics symbol	（选择）2D 图形符号
2D graphics markers mode	（选择）2D 图形标记模式

表 2　元器件目录及常用元器件名称中英文对照

元器件目录名称		常用元器件名称	
英　文	中　文	英　文	中　文
Analog ICs	模拟集成电路芯片	AMEMETER	电流表
Capacitors	电容	Voltmeter	电压表
CMOS 4000 series	CMOS4000 系列	Battery	电池 / 电池组
Connectors	连接器	Capacitor	电容器
Data Converters	数据转换器	Clock	时钟
Debugging Tools	调试工具	Crystal	晶振
Diodes	二极管	D-Flip-Flop	D 触发器
ECL 10000 series	ECL10000 系列	Fuse	保险丝
Electromechanical	机电的（电机类）	Ground	地
Inductors	电感器（变压器）	Lamp	灯
Laplace Primitives	常用拉普拉斯变换	LED	发光二极管
Memory ICs	存储芯片	LCD	液晶显示屏
Microprocessor ICs	微处理器芯片	Motor	电机
Miscellaneous	杂项	Stepper Motor	步进电机
Modelling Primitives	仿真原型	POWER	电源
Operational Amplifires	运算放大器	Resistor	电阻器
optoelectronics	光电类	Inductor	电感
PLDs & FPGAs	PLDs 和 FPGAs 类	Switch	开关
Resistors	电阻类	Virtual Terminal	虚拟终端
Simulator Primitives	仿真器原型	PROBE	探针
Speakers & Sounders	声音类	Sensor	传感器
Switches & Relays	开关与继电器	Decoder	解（译）码器
Switching Devices	开关器件	Encoder	编码器
Thermionic Valves	真空管	Filter	滤波器
Transistors	晶体管	Optocoupler	光耦合器
TTL 74 series	TTL 74 系列	Serial port	串行口
TTL 74 ALS series	TTL 74ALS 系列	Parallel port	并行口
TTL 74 LS series	TTL 74LS 系列	Alphanumeric LCDs	字母数字的 LCD
TTL 74 HC series	TTL 74HC 系列	7-Segment Displays	7 段数码显示器

（三）Protues 常用快捷键

- F8：全部显示 当前工作区全部显示
- F6：放大 以鼠标为中心放大
- F7：缩小 以鼠标为中心缩小
- G：栅格开关 栅格网格
- Ctrl+F1：栅格宽度 0.1mm 显示栅格为 0.1mm，在 pub 时很有用
- F2：栅格威 0.5mm 显示栅格为 0.5mm，在 pub 时很有用

- F3：栅格威 1mm 显示栅格为 1mm，在 pub 时很有用
- F4：栅格威 2.5mm 显示栅格为 2.5mm，在 pub 时很有用
- Ctrl+s：打开关闭磁吸 磁吸用于对准一些点的，如引脚等
- x：打开关闭定位坐标 显示一个大十字射线
- m：显示单位切换 mm 和 th 之间的单位切换，在右下角显示
- o：重新设置原点 将鼠标指向的点设为原点
- u：撤销键
- Pgdn：改变图层
- Pgup：改变图层
- Ctrl+Pgdn：最底层
- Ctrl+Pgup：最顶层
- Ctrl+画线：可以划曲线
- R：刷新
- +-：旋转
- F5：重定位中心

六、技能拓展

八路抢答器电路的原理如图 2-2-29 所示。

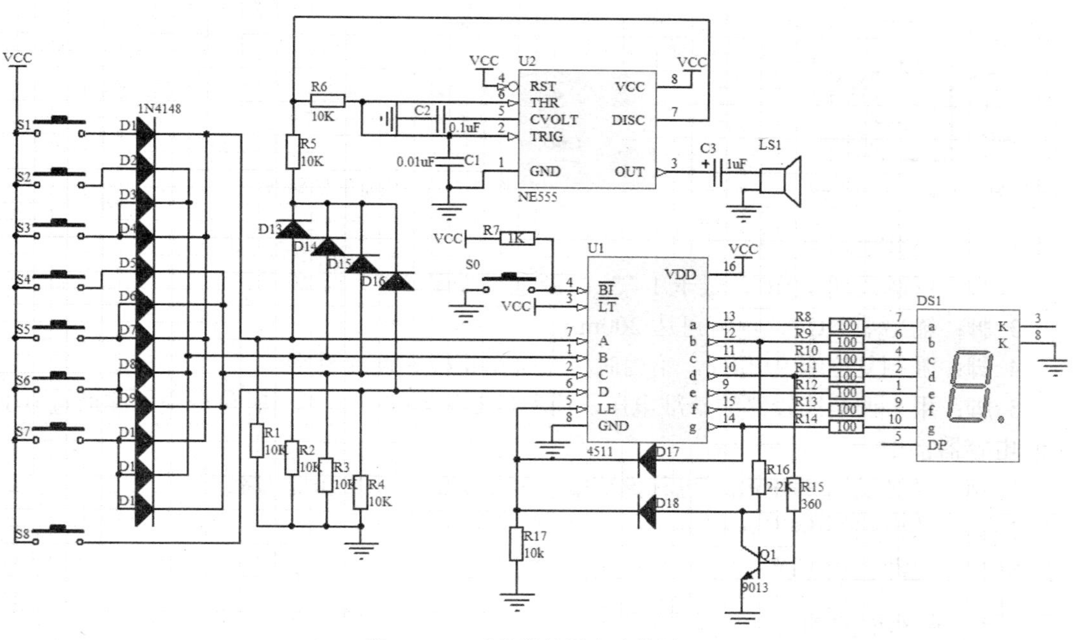

图 2-2-29 八路抢答器电路的原理

（一）电路原理分析

该抢答器电路可同时进行八路优先抢答。按键按下后，蜂鸣器发声，同时（数码管）

显示优先抢答者的号数，抢答成功后，再按按键，显示不会改变，除非按复位键。复位后，显示清零，可继续抢答。

S1～S8 为抢答键；S0 为复位键；CD4511 是一块含 BCD—7 段锁存/译码/驱动电路于一体的集成电路，其中 1、2、6、7 为 BCD 码输入端，9～15 脚为显示输出端，3 脚（LT）为测试验出端，当“LT”为 0 时，输出全为 1，4 脚（BI）为消隐端，BI 为 0 时输出全为 0，5 脚（LE）为锁存允许端，当 LE 由“0”变为“1”时，输出端保持 LE 为 0 时的显示状态。16 脚为电源正，8 脚为电源负。555 及外围电路组成抢答器声响电路。整个电路可以采用 4.5～9V 直流供电。

NE555 是一块时基集成电路，它可以构成多谐振荡器、单稳态触发器、施密特触发器等，是一块用途广泛的集成电路。其电路管脚、内部等效电路如图 2-2-30、图 2-2-31 所示。

GND 1 8 VDD
TRIG 2 7 DISCH
OUT 3 6 THRES
RESET 4 5 CONT

图 2-2-30　电路管脚

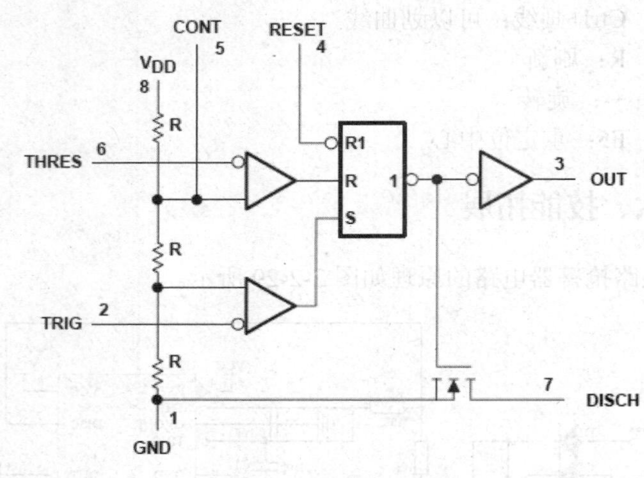

图 2-2-31　内部等效电路

1 脚：公共地端为负极。

2 脚：低触发端 TRIG，低于 1 / 3 电源电压时即导通。

3 脚：输出端 OUT，电流可达 200mA。

4 脚：强制复位端 RESET，不用时可与电源正极相连或悬空。

5 脚：用来调节比较器的基准电压，简称控制端 CONT，不用时可悬空，或通过 0.01 μF 电容器接地。

6 脚：高触发端 THRES，也称阈值端，高于 2/3 电源电压时即截止。

7 脚：放电端 DISCH。

8 脚：电源正极 VDD。

（二）电路布线图

八路抢答器的参考布线如图 2-2-32 所示。

手工布线装配如图 2-2-33 所示。

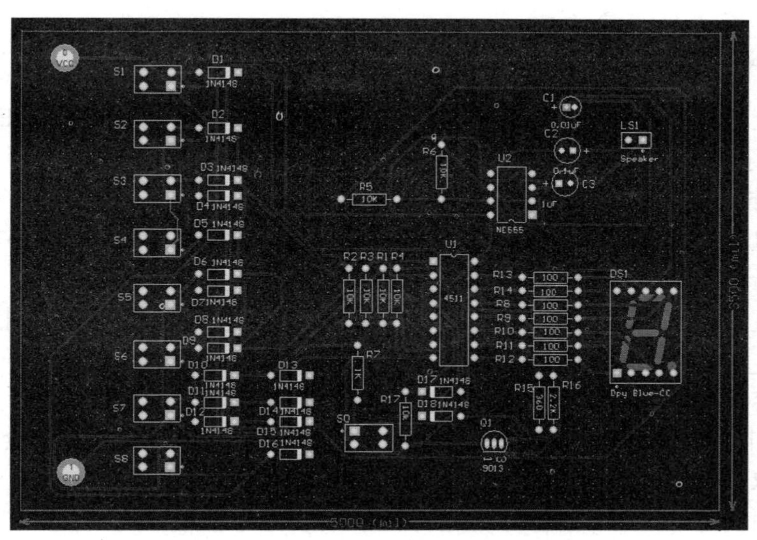

图 2-2-32　八路抢答器的参考布线图

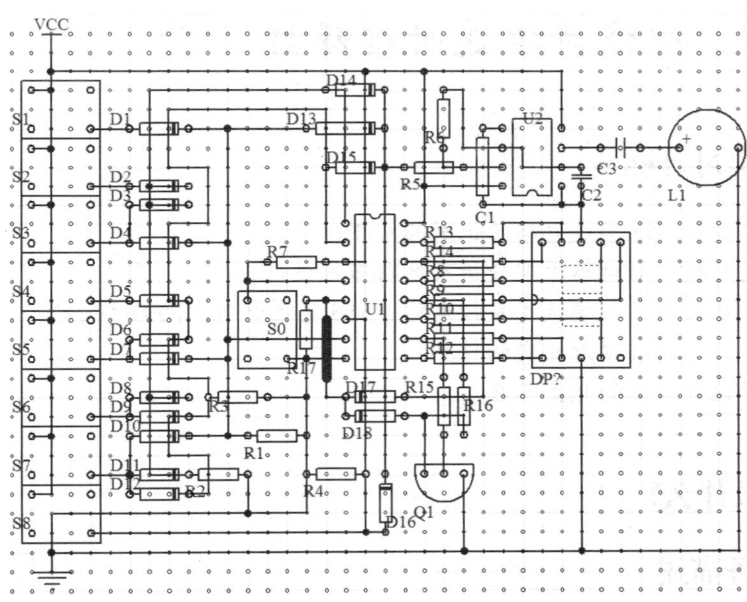

图 2-2-33　手工布线装配图

八路抢答器电路的元器件列表

元件名称	代　　号	元件参数	元件名称	代　　号	元件参数
电阻	R_1-R_6，R_{17}	10K	二极管	D_1-D_{18}	1N4148
	R_7	1K	瓷片电容	C_1	0.01UF
	R_8-R_{14}	100		C_2	0.1UF
	R_{15}	360	数码管	DS_1	共阴极
	R_{16}	2.2K	三极管	Q_1	9013
按钮	S_0-S_8	SW-PB	集成电路	U_1	CD4511
电解电容	C_3	1UF		U_2	NE555

（三）八路抢答器电路的调试

（1）检查电路无误后，接通电源，测量三极管 Q_1 在下列情况下的 C、E 间的电压。

① S_8 按下时，Q_1 的 C、E 间的电压为_______（V）；

② S_8 未按下时，Q_1 的 C、E 间的电压为______（V）。

（2）若电容 C_2 容值增大，U_2（555）3 脚输出波形的频率（变大、变小、不变）。

（3）若断开 R_6，U_2（555）3 脚输出波形会（变大、变小、不变）。

（4）按下 S_5 时，D_6 两端电压为____（V），D_7 两端电压为____（V）；松开 S_5 时，D_6 两端电压为_____（V），D_7 两端电压为_____（V）。

（5）电容 C_1 起______作用，C_2 起_______作用，C_3 起_______作用。

（6）若电阻 R_{17} 短路，会出现一直显示_______现象；若电阻 R_4 短路，会出现______现象；若电阻 R_2 短路，会出现_________现象。

（7）利用仪器，检测 U2（555）3 脚输出信号，记录波形参数。

任务 2.3 制作声控延时楼梯灯

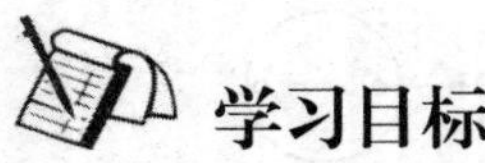

学习目标

1. 声控器件和 555 集成电路的识别与检测；
2. 声控延时楼梯灯电路原理分析及电路布线设计；
3. 单元电路的制作与调试（声控电路、555 集成电路、LED 指示灯）；
4. 完成声控延时楼梯灯的实物作品；
5. 测试并记录电路的相关参数。

做什么?

一、任务描述

声控延时楼梯灯具有 1 个驻极体话筒作为声波接收端，1 片 NE555 定时器构成单稳态触发器。外界产生的声音控制信号被驻极体话筒接收并被转换成电信号，触发定时器由稳态进入暂态，灯亮；过了一小段时间延时，暂态恢复稳态，灯灭。

二、任务分析

1. 声控延时楼梯灯电路分析；
2. 声控器件和 555 集成电路的认识与测试；
3. 声控延时楼梯灯电路布线图绘制；
4. 声控延时楼梯灯实物的焊接与调试；

5. 声控延时楼梯灯电路的参数测量。

学什么？

三、任务实施

（一）声控延时楼梯灯电路分析

声控延时楼梯灯的电路原理图如图 2-3-1 所示。

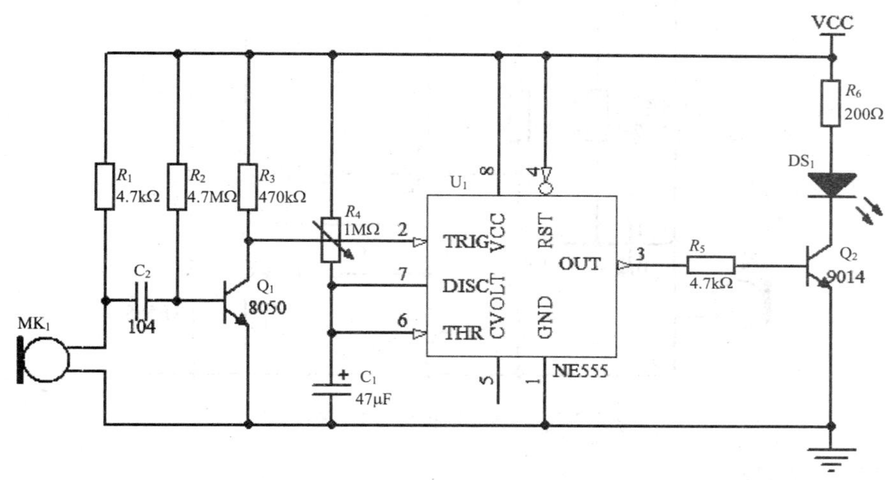

图 2-3-1　声控延时楼梯灯的电路原理

本电路使用 1 片 NE555 定时器构成单稳态触发器。驻极体话筒 MK1 与三极管 Q_1、电容 C_2、电阻 R_1、R_2、R_3 组成声控脉冲触发电路，NE555 时基电路与 R_4、C_1 组成单稳态延时电路。平时，三极管 Q1 处于截止状态，NE555 时基电路的低电位触发端（2 脚）处于高电平，单稳态电路处于稳态，NE555 电路（3 脚）输出低电平，三极管 Q_2 截止，发光二极管 DS_1 不亮。

当在一定距离内轻拍一下手掌或对驻极体话筒 MK1 吹气，声波被 MK_1 接收并被转换成电信号，经三极管 Q_1 放大后，从集电极输出负脉冲，NE555 电路的低电位触发端（2 脚）获得低电平触发信号，单稳态电路进入暂稳态（即延时状态），555 电路的 3 脚输出高电平信号，三极管 Q_2 导通，发光二极管 DS_1 发光。同时，电源经 R_4 开始向 C_1 充电，当 C_1 两端的电压达到 NE555 电路的高电位触发端（6 脚）电位时，单稳态电路翻转恢复稳态，C_1 经 NE555 电路放电端（7 脚）放电，其 3 脚重新输出低电平，三极管 Q_2 截止，发光二极管 DS_1 自动熄灭。

延时时间 TW 可近似采用下列公式计算：

$TW \approx 1.1R_4C_1=1.1\times 1M\Omega\times 47\mu F=51.7s$ 改变可调电阻 R_4 的阻值可调节发光二极管 DS1 的延时发光时间。

电路中，R_3 电阻为声控灵敏度调节电阻。改变 R_3 的值，可改变声控灵敏度（声控距离)。R_5为发光二极管 DS_1 的限流电阻。下面分别介绍声控延时楼梯灯的各个子电路原理。

1. 声控电路

声控延时楼梯灯的声控电路由 1 个驻极体话筒 MK_1 与 1 个三极管 Q_1、1 个电容 C_2、R_1、R_2、R_3 共三个电阻组成声控脉冲触发电路，如图 2-3-2 所示。

外界产生的声音控制信号，由驻极体话筒 MK_1 转变为电信号，并经电容 C_2 耦合至三极管 Q_1 进行电压放大后，从集电极输出负脉冲，NE555 电路的低电位触发端（2 脚）获得低电平触发信号。电阻 R_2 为三极管 Q_1 提供静态工作点，改变 R_2 的值，使无声音信号时，Q_1 处于临界导通状态，这样声控的效果会显著一些。

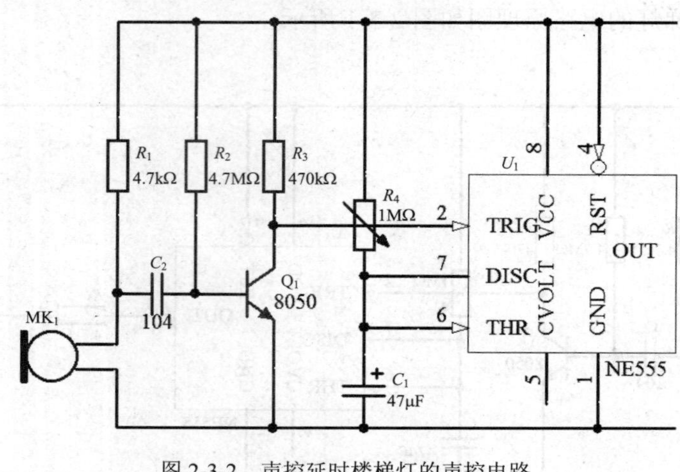

图 2-3-2　声控延时楼梯灯的声控电路

2. 555 集成电路

555 集成电路如图 2-3-3 所示。

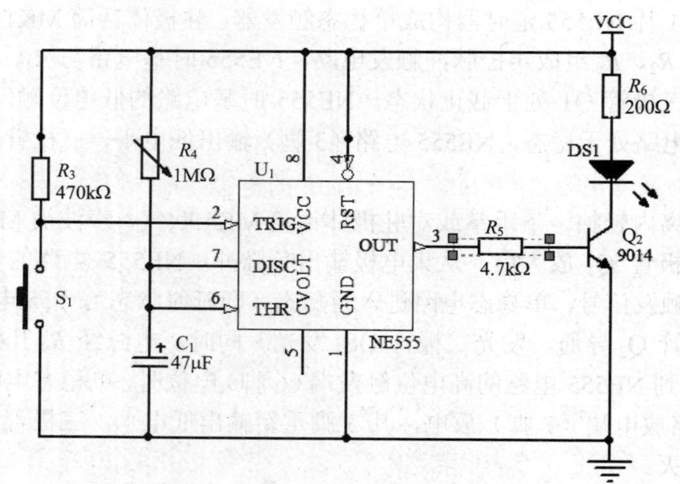

图 2-3-3　555 集成电路

接上电源后，由于 NE555 的 2 脚（低电位触发端）处于高电位，单稳态电路处于稳态，NE555 电路（3 脚）输出低电平，发光二极管 DS1 不亮。

当按下开关按钮 S_1 后，NE555 电路的 2 脚（低电位触发端）获得低电平触发信号，单稳态电路进入暂稳态（即延时状态），555 电路的 3 脚输出高电平信号，发光二极管 DS_1 发光。同时，电源经 R_4 开始向 C_1 充电，当 C_1 两端的电压达到 NE555 电路的高电位触发端（6 脚）电位时，单稳态电路翻转恢复稳态，C_1 经 NE555 电路放电端（7 脚）放电，其 3 脚重新输出低电平，发光二极管 DS_1 自动熄灭。DS_1 点亮的时间（延时时间）TW 可近似采用下列公式计算：

$TW \approx 1.1R_4C_1$=51.7s 改变可调电阻 R_4 的阻值可调节发光二极管 DS_1 的发光时间。

电路中，R_5 为发光二极管 DS_1 的限流电阻。

（二）声控器件和 555 集成电路的认识与测试

1．声控器件的认识与测试

关于驻极体电容式话筒的检测方法是：首先检查引脚有无断线情况，然后检测驻极体电容式话筒，如图 2-3-4 所示。

驻极体话筒由声电转换系统和场效应管两部分组成。它的电路的接法：漏极输出有两根引出线，漏极 D 经一电阻接至电源正极，再经一电容作信号输出，源极 S 直接接地。所以，在使用驻极体话筒之前首先要对其进行极性的判别。在场效应管的栅极与源极之间接有一只二极管，因而可利用二极管的正反向电阻特性来判别驻极体话筒的漏极 D 和源极 S。将万用表拨至 R×1kΩ 挡，黑表笔接任意一极，红表笔接另一极。再对调两表笔，比较两次测量结果，阻值较小时，黑表笔接的是源极，红表笔接的是漏极。

图 2-3-4　电容式话筒

2．555 集成电路的认识与测试

555 定时器由 3 个阻值为 5kΩ 的电阻组成的分压器、两个电压比较器 C_1 和 C_2、基本 RS 触发器、放电三极管 TD 和缓冲反相器 G_4 组成。虚线边沿标注的数字为管脚号。其中，1 脚为接地端；2 脚为低电平触发端，由此输入低电平触发脉冲；6 脚为高电平触发端，由此输入高电平触发脉冲；4 脚为复位端，输入负脉冲（或使其电压低于 0.7V）可使 555 定时器直接复位；5 脚为电压控制端，在此端外加电压可以改变比较器的参考电压，不用时，经 0.01μF 的电容接地，以防止引入干扰；7 脚为放电端，555 定时器输出低电平时，放电晶体管 TD 导通，外接电容元件通过 TD 放电；3 脚为输出端，输出高电压约低于电源电压 1～3V，输出电流可达 200mA，因此可直接驱动继电器、发光二极管、指示灯等；8 脚为电源端，可在 5～18V 范围内使用。

555 定时器工作时过程分析如下：

5 脚经 0.01μF 电容接地，比较器 C_1 和 C_2 的比较电压为：UR_1=2/3VCC、UR_2=1/3VCC。

- 当 VI_1＞2/3VCC，VI_2＞1/3VCC 时，比较器 C_1 输出低电平，比较器 C_2 输出高电平，基本 RS 触发器置 0，G_3 输出高电平，放电三极管 TD 导通，定时器输出低电平。
- 当 VI_1＜2/3VCC，VI_2＞1/3VCC 时，比较器 C_1 输出高电平，比较器 C_2 输出高电平，基本 RS 触发器保持原状态不变，555 定时器输出状态保持不来。
- 当 VI_1＞2/3VCC，VI_2＜1/3VCC 时，比较器 C_1 输出低电平，比较器 C_2 输出低电平，基本 RS 触发器两端都被置 1，G_3 输出低电平，放电三极管 TD 截止，定时器输出高电平。

- 当 VI_1＜2/3VCC，VI_2＜1/3VCC 时，比较器 C_1 输出高电平，比较器 C_2 输出低电平，基本 RS 触发器置 1，G_3 输出低电平，放电三极管 TD 截止，定时器输出高电平。

怎样做?

（三）声控延时楼梯灯电路的原理图布线图绘制

1. 声控延时楼梯灯的电路原理图绘制

所需元件见表 2-3-1。

表 2-3-1　库元件名称

元　　件	所 在 库
驻极体话筒 MK1	Miscellaneous Devices.IntLib
NE555	TI Analog Timer Circuit.IntLib
其他元件	Miscellaneous Devices.IntLib

最终完成的声控延时楼梯灯原理如图 2-3-5 所示。

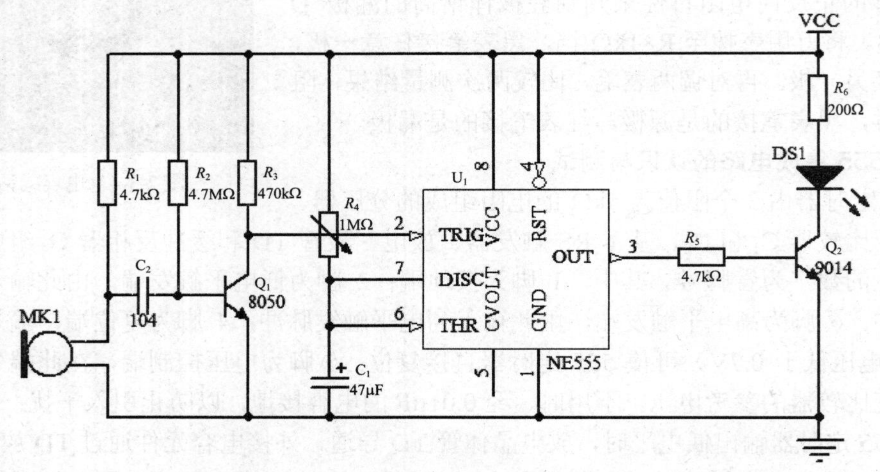

图 2-3-5　最终完成的声控延时楼梯灯原理

2. 声控延时楼梯灯电路布线图绘制

在对声控延时楼梯灯电路进行布线时，需要注意元器件的布局，做到合理规范，同时考虑走线方便。由于本电路相对简单，故建议采用手工布线的方式或者直接手工在稿纸上画出其布线图。

在布线的过程中，要充分考虑所使用的电路板是 PCB 板还是万能板，一般情况下，使用万能板，因此，布线时就要认真考虑到走线的“横平竖直”，以及元器件引脚间过线的数量等问题。声控延时楼梯灯器的电路布线图和手工布线如图 2-3-6、图 2-3-7 所示，此处不再详细论述。

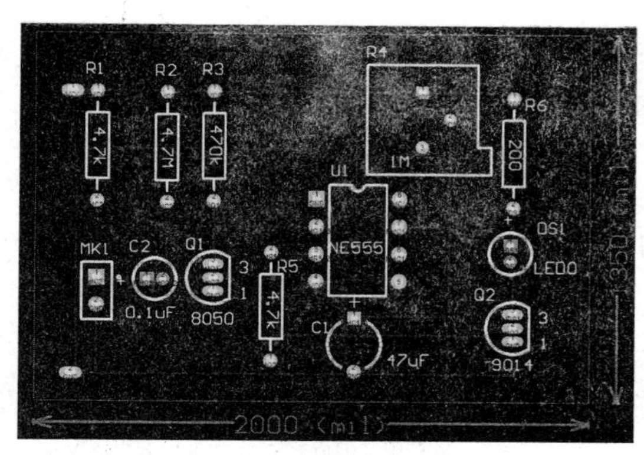

图 2-3-6　控延时楼梯灯器的电路布线图

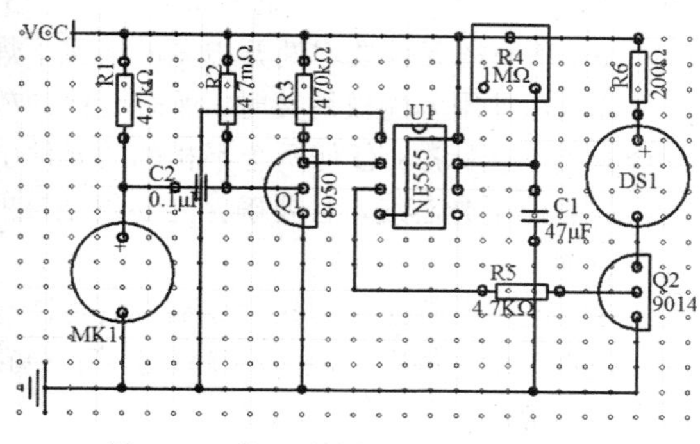

图 2-3-7　控延时楼梯灯器手工布线图

（四）声控延时楼梯灯的焊接与调试

根据布线图和实物图，进行逻辑测试笔的实物焊接与调试。

1. 电路元器件的选择

学会看集成电路 NE555 的引脚排列图。

所需引脚见表 2-3-2。

表 2–3–2　　声控延时楼梯灯电路元器件的选择列表

元件名称	代　　号	元件参数	元件名称	代　　号	元件参数
电阻	R1	4.7kΩ	电容	C1	47μF/25V
	R2	4.7MΩ	电容	C2	104
	R3	470kΩ	三极管	Q1、Q2	9014 或 8050
	R4	1MΩ	驻极体话筒	MK1	
	R5	4.7kΩ	集成电路	IC	NE555
	R6	200Ω	发光二极管	DS1	$\phi 5$

2. 电路元件实物图

用到的电路元件实物如图 2-3-8 所示。

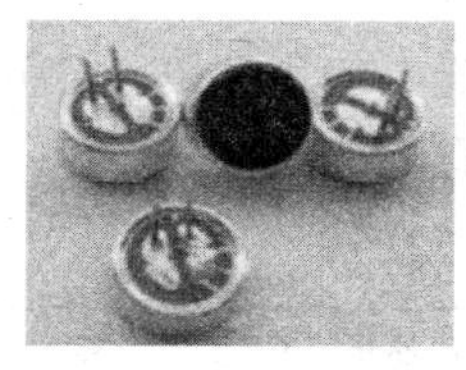

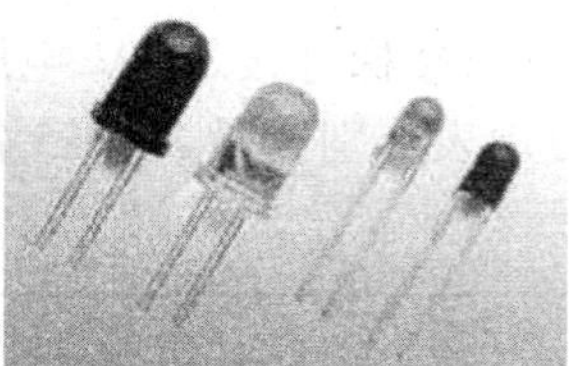

图 2-3-8　用到的电路元件实物

3. 焊接、调试注意事项

（1）焊接注意事项

（a）注意驻极体话筒的焊接，漏极 D 经一电阻接至电源正极，再经一电容作信号输出，源极 S 直接接地。

（b）识别 NE555 芯片各引脚的功能，确保芯片焊接正确无误，其中集成电路 NE555

的引脚图如图 2-3-9 所示。芯片焊接时，电烙铁不能长时间接触芯片引脚，以防烧坏芯片。

（c）所有的元件要在断开电源的情况下焊接。

（d）在使用万能板焊接时，所有元件的放置安插要符合相关工艺标准；任何两个不相邻的元件引脚之间的连接均需使用光芯线，且要确保光芯线连接的“横平竖直”原则。

（e）电路所有元件焊接完成后，要再次检查线路的连接是否正确，特别是电源和地的连接，电路连接正确后方可通电。

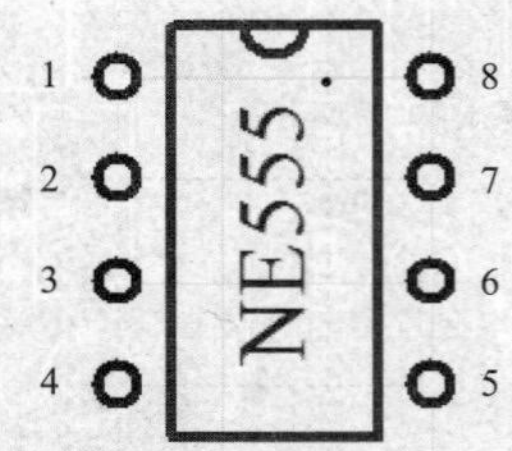

1 地 GND 2 触发 3 输出 4 复位 5 控制电压 6 门限（阈值） 7 放电 8 电源电压 Vcc

图 2-3-9　集成电路 NE555 的引脚图

（2）调试方法

（a）把各个元件焊接在电路板上，通电后适当调节 R_2，使三极管 Q_1 得到正确偏置，对 MK_1 拍掌即可看见发光二极管发光一段时间后熄灭。

（b）可适当调节 R_4 和 C_1 的大小，从而改变发光二极管发光时间。其延时时间近似为 $1.1 \times R_4 \times C_1$。改变 R_3 可改变声控灵敏度，若要进一步扩大声控距离，则可在 Q_1 前增加一级放大前置放大电路。

4．常见故障及排除方法

（1）按装配图安装好后，通电发现声控灯不亮。

用示波器检查 NE555 的 2 脚，当有声音时，观察二脚电压是否为低电平（没声音时为高电平），若仍为高电平，则检查 MK1 输出引脚是否有声电信号输出，三极管 Q_1 集电极电压是否随声音变化，适当调节 R_3，使三极管集电极电压变化。

用万用表检查 NE555 的 3 脚，观察其输出电压是否随声音变化（由低电平变高电平），此外，检查三极管 Q_2 的集电极电压变化情况。

（2）声控灯亮后不熄灭。

检查电阻 R_4 和电容 C_1，看看 NE555 的 6 脚电压信号变化。

（3）发光二极管亮度太弱。

将电阻 R_5 阻值调小，电阻 R_6 阻值调小，改换发光二极管 DS_1。

（五）声控延时楼梯灯的参数测量

1．声控延时楼梯灯接入 5V 电压（高电平），保持安静，绝不允许发出声音，防止声波产生。用万用表分别测量 NE555 各引脚的电压值，记录在表 2-3-3 中。

表 2-3-3

引脚编号	电压值（V）	电平（高 1\低 0）	引脚编号	电压值（V）	电平（高 1\低 0）
1			5		
2			6		
3			7		
4			8		
照明灯 DS1：□亮　□灭					

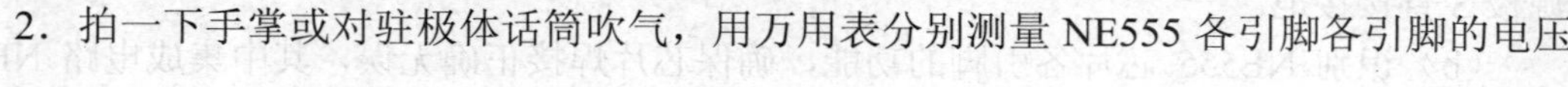

2．拍一下手掌或对驻极体话筒吹气，用万用表分别测量 NE555 各引脚各引脚的电压

值，记录在表 2-3-4 中。

表 2–3–4

引脚编号	电压值（V）	电平（高 1\低 0）	引脚编号	电压值（V）	电平（高 1\低 0）
1			5		
2			6		
3			7		
4			8		
照明灯 DS1：□亮　□灭					

四、任务检测与评估

序号	检测项目	考核内容	配分	评分标准	评估结果		
					个人	小组	教师
1	元器件的识别与检测	电容地识读；驻极体话筒判别；发光二极管引脚判别；芯片 NE555 识别	15	一个元器件识别检测错误扣 2 分，两个错误扣 5 分，三个错误扣 10 分			
2	元器件的插装工艺	将驻极体话筒、电阻、发光二极管和 NE555 正确插装到电路板中	5	一个元器件工艺不合格扣 1 分			
3	焊接工艺	焊盘之间无虚焊、漏焊；光芯线连接横平竖直；每三个焊盘进行固定焊接	20	一个焊点不合格扣 1 分，超过三个焊盘无固定一次扣 2 分			
4	电路原理	叙述声控电路、555 集成电路的工作原理；叙述声控延时楼梯灯电路的工作原理	20	逻辑功能或电路原理叙述不完整每项扣 10 分			
5	电路调试	分别在发声前后对芯片 NE555 各个引脚利用万用表测量并记录各电压值	20	发出声音前测量 10 分，发出声音后测量 10 分			
6	安全操作	遵守安全操作规程，正确使用仪器设备	10	因违规操作，损坏元器件或工具仪器设备等，扣 10 分			
7	现场管理	实施任务前后，严格按照要求整理工作现场	10	未按要求进行清洁整理工作现场，扣 10 分			
分数合计			100				
综合评估结果							

任务 2.4　制作闪光报讯灯

学习目标

1. 与非门集成电路、触发器集成电路器件的识别与检测；
2. 多谐振荡电路原理分析及电路布线图设计；
3. 单元电路的制作与调试（脉冲产生电路、D 触发器电路、放大电路、LED 指示灯）；

4. 完成闪光报讯灯电路的实物作品；
5. 测试并记录电路的相关参数。

做什么？

一、任务描述

闪光报讯灯是由四-二与非门 CD4011 和双 D 触发器 CD4013 组成的多谐振荡器电路，在时钟脉冲上升沿时触发，D 触发器的输出端 Q 和 $\overline{Q}$ 的高低电平交替出现，从而使电路实现两灯闪烁的效果。

二、任务分析

1. 闪光报讯灯电路分析；
2. 与非门集成电路、触发器集成电路的认识与测试；
3. 闪光报讯灯电路布线图绘制；
4. 闪光报讯灯实物的焊接与调试；
5. 闪光报讯灯电路的参数测量。

学什么？

三、任务实施

（一）闪光报讯灯电路分析

闪光报讯灯的电路如图 2-4-1 所示。

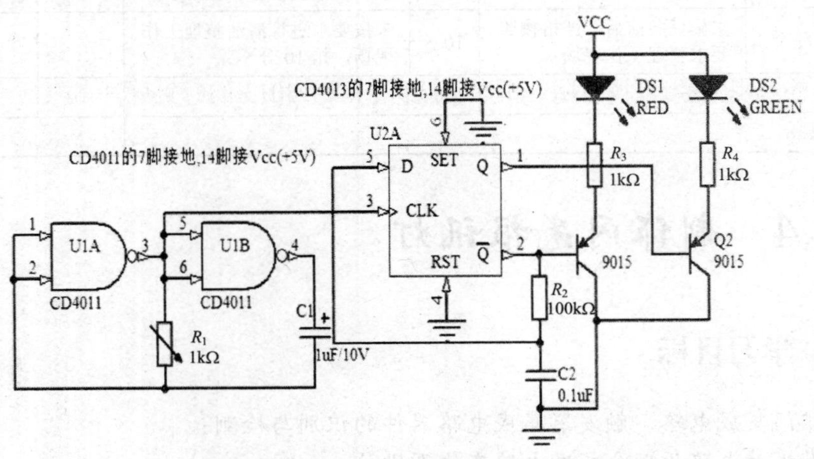

图 2-4-1　闪光报讯灯的电路的电路图

它由两块集成电路及部分阻容元件构成，CD4011 是四二输入与非门，CD4013 是双 D 触发器。CD4011 和 R_1、C_1 组成一个多谐振荡器，它向 CD4013 提供时钟脉冲。CD4013 触发器能够在频率可变的高频脉冲作用下产生低频脉冲信号。CD4013 触发器输出端 $\overline{Q}$ 和 Q 上分别接 Q_1、Q_2，对输出信号进行放大，以足够的电流驱动发光二极管交替发光。因为 Q 和 $\overline{Q}$ 相位相反，所以两个发光二极管交替发光。

1. 脉冲产生电路

脉冲产生电路如图 2-4-2 所示。

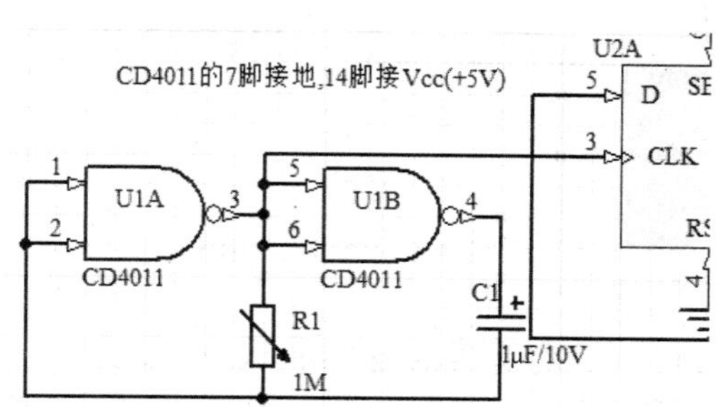

图 2-4-2　脉冲产生电路

该与非门 U1A 的输入端 1、2 脚为高电平，则输出端 3 脚为低电平，即 5、6 脚为低电平，同时 CD4013 的 3 脚为低电平，时钟脉冲不能触发。再经过与非门 U1B，4 脚输出为高电平。此时，4 脚高电平向电容 C1 充电，使 5、6 脚的电位逐渐上升。在 5、6 脚电平没有达到与非门电路阀值电平时，4 脚电平不会变化，但这只是一个暂稳态状态，当 5、6 脚电平上升到与非门电路开门电平时，门电路翻转，4 脚突变为低电平，同时 CD4013 的 3 脚为高电平，时钟脉冲触发，这又是一个暂稳态状态，电容 C_1 经过电阻 R_1 放电，使与非门 U1B 的输入端 5、6 脚电位下降，当 5、6 脚电平下降到与非门电路开门电平时，与非门 U1B 电路翻转，电路又回复到初始状态，4 脚高电平又向电容 C_1 充电……如此反复翻转，电路形成振荡，CD4013 的 3 脚时钟脉冲间隔触发。

该振荡器的振荡频率可近似用公式：

$$f=\frac{1}{2.2R_1C}$$

电路中的电阻 R_1 为可调电阻，调节 R_1 可调节 CD4013 的时钟脉冲触发频率。

2. D 触发器电路

D 触发器电路如图 2-4-3 所示。

CD4013 的 3 脚为高电平时，时钟脉冲 CLK 触发，D 触发器上升沿有效，5 脚为低电平时，Q 输出为低电平，$\overline{Q}$ 输出为高电平，发光二极管 DS2 亮，DS1 灭，这只是一个暂稳态状态；2 脚为高电平时，通过电阻 R_2 向电容 C_2 充电，5 脚的电压值不断升高，但 5 脚的电平达到高电平时，在时钟脉冲的触发下，CD4013 翻转，Q 输出为高电平，$\overline{Q}$ 输出为低电平，发光二极管 DS1 亮，DS2 灭，这也是一个暂稳态状态。电容 C_2 通过电阻 R2 放电，5 脚又恢复到低电平……如此反复，D 触发器的输出端 Q 和 $\overline{Q}$ 不断反相，高低电平交替出现，实现发光二极管 DS1 和 DS2 交替发光。

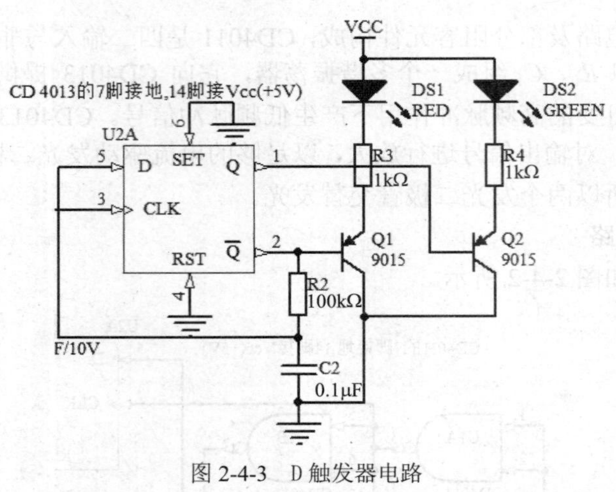

图 2-4-3　D 触发器电路

（二）与非门集成电路、触发器集成电路的认识与测试

1．与非门集成电路的认识与测试

CD4011 芯片是四二输入与非门器件，共有 4 个与非门集成在一块芯片中，另外加上芯片供电电源的 2 个引脚 VCC 和 GND，一共 14 个引脚。引脚编号示意图、芯片实物图和逻辑图，如图 2-4-4 所示。

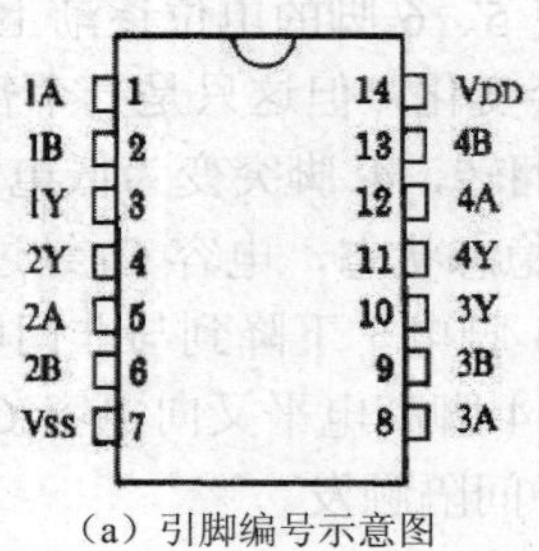

（a）引脚编号示意图

（b）芯片实物图

真值表

A	B	Y
0		1
0	1	1
1	0	1
1	1	0

（c）逻辑图

图 2-4-4　引脚编号示意图、芯片实物图和逻辑图

CD4011 是四-二输入与非门，当两输入端有一个输入为 0，输出就为 1。当输入端均为 1 时，输出为 0。当两个输入端都为 0 时，输出是 1。

在使用该芯片之前，需要对其进行检测，确保芯片的功能是正常的。检测方法请参照任务 2.1 的 74LS00 芯片。

2．触发器集成电路认识与测试

CD4013 由两个相同的、相互独立的数据型触发器构成。每个触发器有独立的数据、

置位、复位、时钟输入和 Q 及 Q 输出。

此器件可用作移位寄存器，且通过将 Q 输出连接到数据输入，可用作计数器和触发器。在时钟上升沿触发时，加在 D 输入端的逻辑电平传送到 Q 输出端。置位和复位与时钟无关，而分别由置位或复位线上的高电平完成。引脚编号示意图和芯片实物图如图 2-4-5 所示。

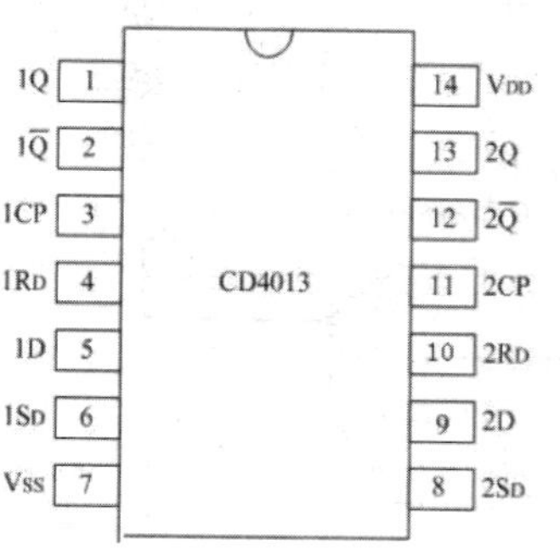

（a）引脚编号示意图

（b）芯片实物图

真值表

RD（复位端）	SD（置位端）	Q（输出端）
1	0	0
0	1	1
0	0	D
1	1	X

（c）逻辑图

图 2-4-5　引脚编号示意图、芯片实物图和逻辑图

CD4013 有两个 D 触发器，一个 D 触发器有 6 个端子：2 个输出，4 个控制。4 个控制分别是 R、S、CP、D。

（1）R 和 S 不能同时为高电平。

（2）当 R 为 1、S 为 0 时，输出 Q 一定为 0，因此 R 可称为复位端。

（3）当 S 为 1、R 为 0 时，输出 Q 一定为 1。

（4）当 R、S 均为 0 时，Q 在 CP 端有脉冲上升沿到来时动作，具体是 Q=D，即若 D 为 1 则 Q 也为 1，若 D 为 0 则 Q 也为 0。

怎样做?

（三）闪光报讯灯电路的原理图布线图绘制

1. 闪光报讯灯的电路原理图绘制

所需库文件见表 2-4-1。

表 2-4-1　库元件名称

元　　件	所 在 库
CD4011	FSC Logic Gate.IntLib
CD4013	FSC Logic Flip-Flop.IntLib
其他元件	Miscellaneous Devices.IntLib

最终完成的闪光报讯灯的原理如图 2-4-6 所示。

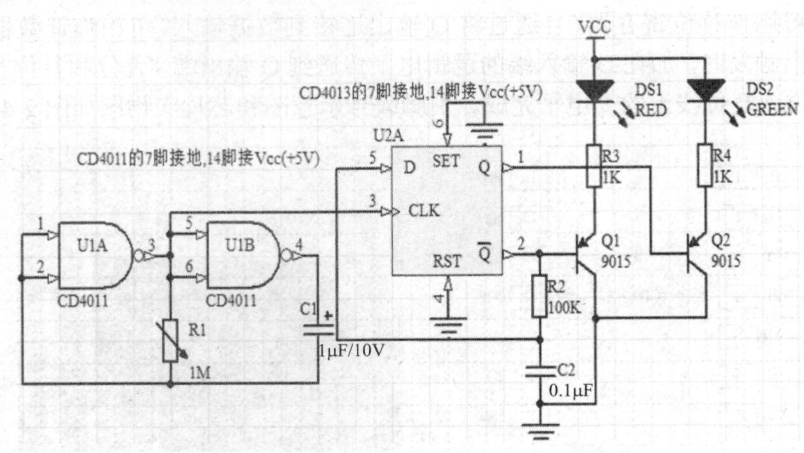

图 2-4-6　最终完成的闪光报讯灯的原理

2．闪光报讯灯的电路布线图绘制

在闪光报讯灯的灯电路进行布线时，需要注意元器件的布局，做到合理规范，同时考虑走线方便。由于本电路相对简单，故建议采用手工布线的方式或者手工在稿纸上画出其布线图。

在布线的过程中，要充分考虑所使用的电路板是 PCB 板还是万能板，一般情况下，使用万能板。因此，布线时就要认真考虑到走线的“横平竖直”，以及元器件引脚间过线的数量等问题。闪光报讯灯的电路布线图如图 2-4-7 所示。此处不再详细论述。

手工参考布线，如图 2-4-8 所示。

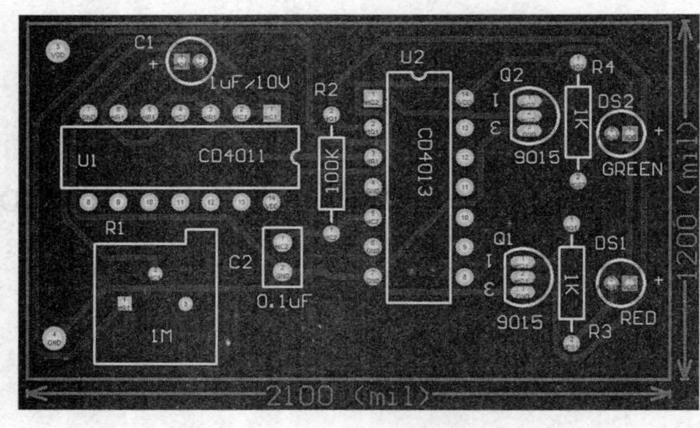

图 2-4-7　闪光报讯灯的电路布线图

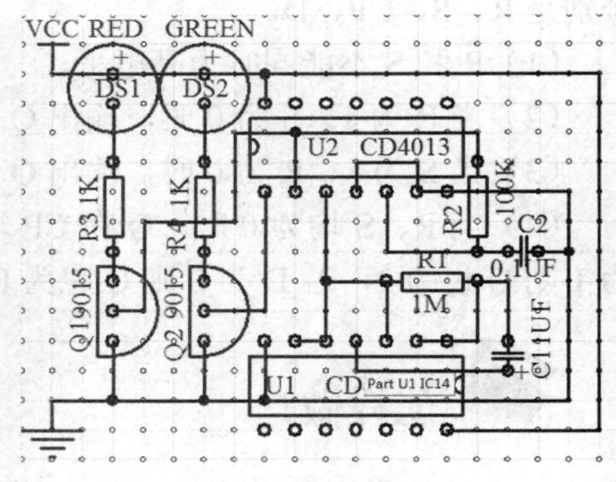

图 2-4-8　手工参考布线

（四）闪光报讯灯的焊接与调试

根据布线图和实物图，进行闪光报讯灯的实物焊接与调试。

1．电路元器件的选择

（1）学会看集成电路 CD4011 的引脚排列图，与非门的使用。

（2）学会看集成电路 CD4013 的引脚排列图，D 触发器的使用。

闪光报讯灯电路元器件的选择列表见表 2-4-2。

表 2-4-2　　闪光报讯灯电路元器件的选择列表

元件名称	代　号	元件参数	元件名称	代　号	元件参数
电阻	R_1	1MΩ	电解电容	C_1	1μF/10V
	R_2	100kΩ	涤纶电容	C_2	0.1μF
	R_3	1kΩ	三极管	Q_1、Q_2	9015
	R_4	1kΩ	四与非电路	U_1	CD4011
发光二极管	VD_1、VD_2	ϕ5（红、绿）	双 D 触发器	U_2	CD4013

2．焊接、调试注意事项

（1）按图 2-4-2 安装好元器件，注意集成电路 U_1 和 U_2 的安装方向。

（2）用万用表 R×10 挡逐个检测集成电路引脚间有无短路。

（3）通电后用示波器观察 U_1 的 3 脚、5 脚、6 脚及 U_2 的 1 脚、2 脚的信号波形，并观察 Q_1、Q_2 的闪光变化。

（4）改变 R_1、C_1 的数值，再观察 Q_1、Q_2 的闪光变化，由此可看出，当改变 R_1、C_1 的数值，Q_1、Q_2 的闪光频率就会改变。

（5）用万用表测量电压的实测数据如表 2-4-3 所示。

表 2-4-3　　用万用表测量电压的实测数据

元件名称	引　脚	实测电压	元件名称	引　脚	实测电压
U1（CD4011）	1、2 脚	1.5V	U2（CD4013）	3 脚	0（5）V
	3、5、6 脚	0V		5 脚	0.6（1）V
	4 脚	5V		1 脚	5（3）V
	7 脚	0V		2 脚	3（5）V
	14 脚	5V			

（6）CD4013 的 3 脚是 1CLK，5 脚是 1D。只有当 3 脚处于上升沿时，5 脚低电平，2 脚输出高电平，1 脚输出低电平；同样，3 脚处于上升沿时，5 脚输入高电平，1 脚输出高电平，2 脚输出低电平。说明 D 触发器的触发翻转与时钟脉冲、输入触发脉冲有关。

3．常见故障及排除方法

（1）通电后，两灯都不亮。

检查两个三极管的引脚是否接错。若没有接错，再测量 CD4013 的 1 脚和 2 脚的电平是否都是高电平，如果是，则需要检查 C_2、R_2 是否连接正确，CD4013 的引脚是否接好，有无虚焊现象。

（2）检查好电路，将电路通上电源，发现一灯点亮后，只跳动一次，就停止闪动。

由 CD4011 与 R_1、C_1 组成的多谐振荡器存在虚焊现象；或者触发一下 CD4011 的 3 脚、5 脚或 6 脚，电路就能起振。如果还是不能振荡，则把 CD4017 的 3 脚断开，再测量 CD4011 的 3 脚是否有脉冲输出，如果没有，则多谐振荡器有问题，应该再检查 CD4011 电路。

（五）闪光报讯灯的参数测量

1．在 CD4013 的 5 脚为高电平时，用万用表分别测量 CD4013 的 1、2 引脚的电压值，记录在表 2-4-4 中。

表 2-4-4

1 脚的电平（高\低）：	2 脚的电平（高\低）：
二极管 DS1（亮\灭）：	二极管 DS2（亮\灭）：

2. 在 CD4013 的 5 脚为低电平时，用万用表分别测量 CD4013 的 1、2 引脚的电压值，记录在表 2-4-5 中。

表 2-4-5

1 脚的电平（高\低）：	2 脚的电平（高\低）：
二极管 DS1（亮\灭）：	二极管 DS2（亮\灭）：

四、任务检测与评估

序号	检测项目	考核内容	配分	评分标准	评估结果		
					个人	小组	教师
1	元器件的识别与检测	电阻、电容的读数，三极管管脚的检测，集成电路的使用	15	一个元器件识别检测错误扣 2 分，两个错误扣 5 分，三个错误扣 10 分			
2	元器件的插装工艺	将 CD4011、电阻、发光二极管和 CD4013 正确插装到电路板中	5	一个元器件工艺不合格扣 1 分			
3	焊接工艺	焊盘之间无虚焊、漏焊；光芯线连接横平竖直；每三个焊盘进行固定焊接	20	一个焊点不合格扣 1 分，超过三个焊盘无固定一次扣 2 分			
4	电路原理	叙述脉冲产生电路、D 触发器集成电路的工作原理；叙述闪光报讯灯电路的工作原理	20	逻辑功能或电路原理叙述不完整每项扣 10 分			
5	电路调试	分别在 CD4013 的 5 脚为高低电平时，利用万用表测量 CD4013 的 1、2 脚的电平	20	5 脚为高电平测量 10 分，5 脚为低电平测量 10 分			
6	安全操作	遵守安全操作规程，正确使用仪器设备	10	因违规操作，损坏元器件或工具仪器设备等，扣 10 分			
7	现场管理	实施任务前后，严格按照要求整理工作现场	10	未按要求进行清洁整理工作现场，扣 10 分			
分数合计			100				
综合评估结果							

任务 2.5　制作八路防盗声光报警器

学习目标

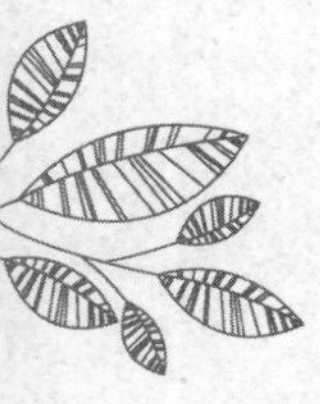

1. 学会 8 位优先编码器 CC4532 的使用；
2. 加深对 CD4511、CD4069 和 NE555 集成电路的使用；

3. 知道电路的工作原理；
4. 制作电路，并实现电路功能。

做什么？

一、任务描述

制作八路声光报警器电路，能实现声光报警的功能。八路输入开关中的任意一路开路，显示器即显示该路号，发出数码光报警。同时，优先编码器 CD4532 的 GS 端输出高电平，使开关三极管 VT_1 饱和导通，启动声报警电路工作。制作过程出现电路故障，能够把故障排除。

二、任务分析

1. 声光报警器电路分析；
2. 集成电路器件、优先编码器、译码显示功能的认识；
3. 八路防盗声光报警器的电路原理图和布线图绘制；
4. 八路防盗声光报警器的焊接与调试。

学什么？

三、任务实施

（一）八路防盗声光报警器电路分析

8 位优先编码器 CD4532 将输入 D0～D7 的八路开关量译成 3 位 BCD 码，由 $Q_0Q_1Q_2$ 输出，经 BCD 锁存/七段译码/驱动器 CD4511 译码，驱动共阴极数码管 DS1 显示警报路号 0～7。八路输入开关中的任一路开路，显示器即显示该路信号，发出数码显示光报警；同时，优先编码器 CD4532 的 GS 端输出高电平，使开关三极管 Q_1 饱和导通，启动声报警电路工作。为了减少功耗或防止误显，将 CD4532 允许输出端 E_O 的输出信号反相后，加至 CD4511 的消隐端 BI，使数码管在不报警状态下“熄灭”。当二路以上开路时，优先编码器 CD4532 就优先显示数值较大的路号。

八路声光报警器电路原理如图 2-5-1 所示。

声报警电路由时基集成电路 NE555 和六反相器 CD4069 组成。NE555 和 R_{17}、R_{18}、C_1 构成多谐振荡器，③脚输出周期为 60s（即高电平 30s、低电平 30s）的方波。（可通过改变 R_{18} 的阻值进行调节方波周期）③脚输出低电平期间，CD4069 中的 U_{4E}、U_{4F} 与 R_{20}、R_{21}、C_3 构成的低频多谐振荡器停振；③脚输出高电平期间，低频多谐振荡器工作。当低频振荡器输出为高电平期间由 U_{4B}、U_{4C} 与 R_{23}、R_{24}、C_4 构成的高频多谐振荡器工作，输出信号由 Q_2 缓冲放大后，推动扬声器，发出类似寻呼机应答声的报警声。电路所使用的集成电路引脚排列如图。

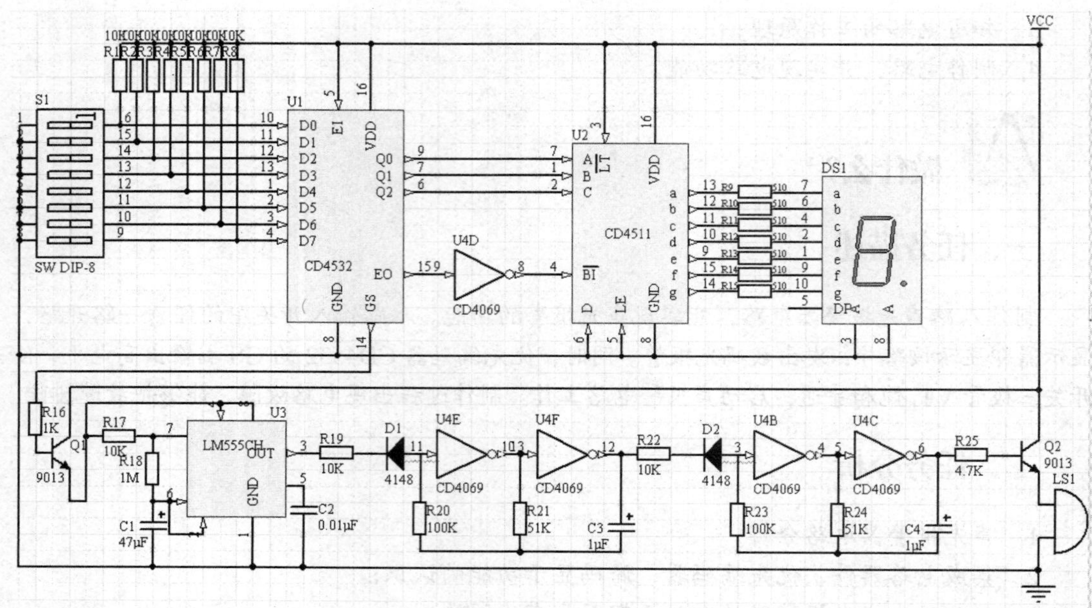

图 2-5-1　八路声光报警器电路原理

CD4069、CD4532、CD4511 和 NE555 引脚排列，如图 2-5-2 所示。

CD4069 左	CD4069 右	CD4532 左	CD4532 右	CD4511 左	CD4511 右	NE555 左	NE555 右
1A	VCC	D4	VCC	B	VCC	GND	VCC
1Y	6A	D5	EO	C	f	TR\	DIS
2A	6Y	D6	GS	LT	g	Vo	TH
2Y	5A	D7	D3	BI	a	Rd\	Vco
3A	5Y	EI	D2	LE	b		
3Y	4A	Q2	D1	D	c		
GND	4Y	Q1	D0	A	d		
		GND	Q0	GND	e		

图 2-5-2　CD4069、CD4532、CD4511 和 NE555 引脚排列

1. 各个子电路原理

IC1（CD4532）为八位优先编码器，它的八路输入控制线分别接有 K_0～K_7 八个开关，当因某种情况有一个输入控制线被断开时，则相应输入为高电平，编码器便编出相应的 3 位二进制地址码。若同时有二路以上输入控制线被断开，则编码器将优先响应其中较高一级的那条控制线。CD4532 的优先级顺序从高到低依次为 D_7-D_6-D_5-……-D_0。CD4511 为共阴极数码显示译码器，其对前面 CD4532 输出的三位地址进行译码，并驱动 LED 数码管显示出相应的共阴极数码管显示的码值（十进制数）。如 K_6、K_5、K_3 同时断开，编码器编出 K_6 所对应的二进制码 110，数码管显示“6”。

图 2-5-3 中 CD4532 的 15 脚 EO 反相后接到 4511 的消隐端 BI，对应 4511 将不译码，从而可防止误显示。另外，555 和 R、C 组成单稳定时电路，定时时间为 td=1.1*RC*。555 定时器后的为放大电路，使产生的信号通过三极管放大，最后接到一个喇叭，使喇叭发出报警声 。

图 2-5-3 中，8 位优先编码器 CD4532 将输入 D_0～D_7 的八路开关量译成 3 位 BCD 码，由 $Q_0Q_1Q_2$ 输出，经 BCD 锁存/七段译码/驱动器 CD4511 译码，驱动共阴极数码管 C501SR 显示警报路号 0～7。八路输入开关中的任意一路开路，显示器即显示该路信号，发出数码

显示光报警；同时，优先编码器 CD4532 的 GS 端输出高电平，使开关三极管 Q_1 饱和导通，启动声报警电路工作。

2．译码电路

译码电路如图 2-5-4 所示。

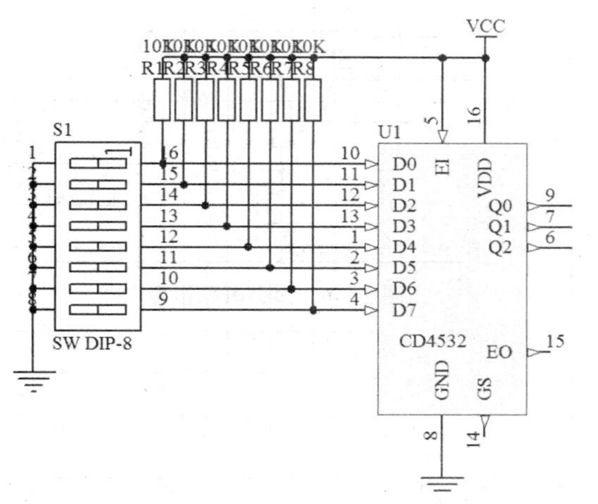

图 2-5-3　CD4532 引脚排列

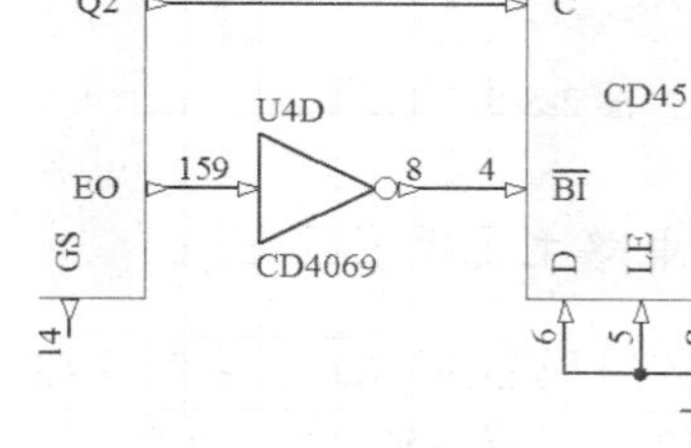

图 2-5-4　译码电路

以上是 CD4511 译码器，其对前面编出的三位地址进行译码，并驱动 LED 数码管显示出相应的码值（十进制数）。如 K_6、K_5、K_3 同时断开，编码器编出 K_6 所对应的二进制码 110，数码管显示“6”。

3．显示电路

通常所说的 LED 显示器如图 2-5-5 所示，由 7 个发光二极管组成，因此也称之为七段 LED 显示器。此外，显示器中还有一个圆点型发光二极管（在图中以 DP 表示），用于显示小数点。通过七个发光二极管亮暗的不同组合，可以显示多种数字、字母以及其他符号。

（1）a、b、c、d、e、f、g、DP 是数码管的输入端；

（2）3、8 脚是接高电平，因为是共阴数码管。

七段发光二极管，再加上一个数点位，共计八段。因此提供给 LED 显示器的字形代码正好一个字节。各代码位的对应关系见表 2-5-1。

表 2–5–1

代码位	1Q	2Q	3Q	4Q	5Q	6Q	7Q	8Q
显示段	A	B	C	d	e	f	g	DP

4．多谐振荡报警电路

多谐振荡报警电路如图 2-5-6 所示。

NE555 和 R_{17}、R_{18}、C_1 构成多谐振荡器，3 脚输出周期为 60s（即高电平 30s、低电平 30s）的方波。（可通过改变 R_{18} 的阻值进行调节方波周期）3 脚输出低电平期间，CD4069 中的 U_{4E}、U_{4F} 与 R_{20}、R_{21}、C_3 构成的低频多谐振荡器停振；3 脚输出高电平期间，低频多谐振荡器工作。当低频振荡器输出为高电平期间由 U_{4B}、U_{4C} 与 R_{23}、R_{24}、C_4 构成的高频多谐振荡器工作，输出信号由 Q_2 缓冲放大后，推动扬声器，发出类似寻呼机应答声的报警声。

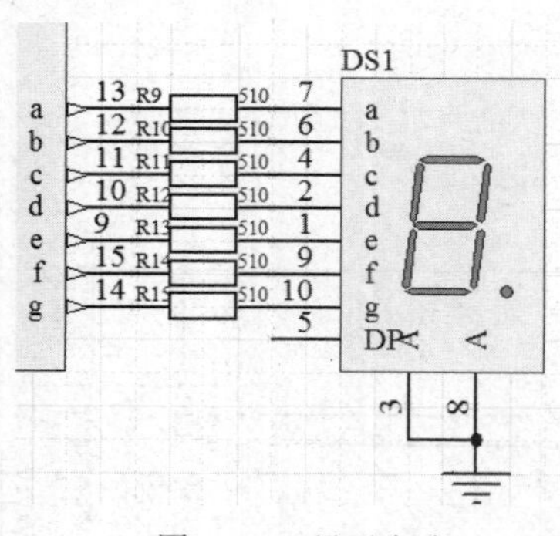

图 2-5-5　显示电路

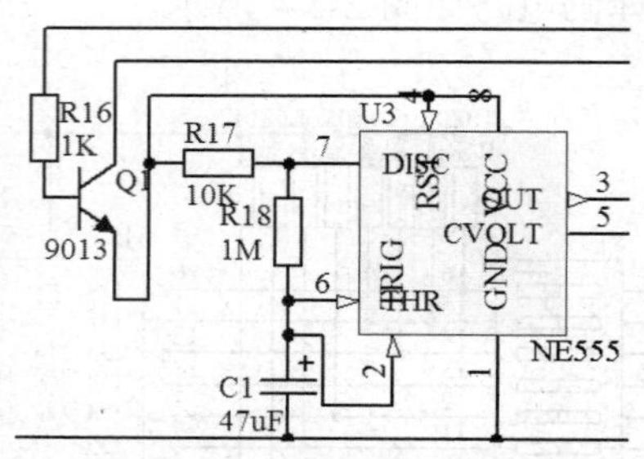

图 2-5-6　多谐振荡报警电路

（二）电路主要元器件介绍

1. 优先编码芯片 CD4532 的介绍

CD4532 芯片可以通过高低电平在 Q_0 Q_1 Q_2 三个引脚反映出 8 个输入引脚的输入状态，如图 2-5-7 所示。即，利用这个芯片的三个引脚与单片机的三个引脚相连，可以通过单片机三个引脚的输入高低电平识别出八个按键中是否有按键被按下。

图 2-5-7　CD4532 编码芯片实物图及引脚仿真分布图

CD4532 编码芯片引脚仿真分布图（GND 为第 8 脚）。

EI 引脚为高电平时，D_0～D_7 输入相应的电平信号时 Q_0～Q_2 可以输出不同的二进制数据，同时 EO 输出低电平，GS 输出高电平。

CD4532 的真值表如表 2-5-2 所示。

表 2-5-2　　真值表

输入端									输出端				
EI	D7	D6	D5	D4	D3	D2	D1	D0	GS	Q2	Q1	Q0	EO
0	×	×	×	×	×	×	×	×	0	0	0	0	0
1	0	0	0	0	0	0	0	0	0	0	0	0	1
1	1	×	×	×	×	×	×	×	1	1	1	1	0
1	0	1	×	×	×	×	×	×	1	1	1	0	0

续表

输入端									输出端				
EI	D7	D6	D5	D4	D3	D2	D1	D0	GS	Q2	Q1	Q0	EO
1	0	0	1	×	×	×	×	×	1	1	0	1	0
1	0	0	0	1	×	×	×	×	1	1	0	0	0
1	0	0	0	0	1	×	×	×	1	0	1	1	0
1	0	0	0	0	0	1	×	×	1	0	1	0	0
1	0	0	0	0	0	0	1	×	1	0	0	1	0
1	0	0	0	0	0	0	0	1	1	0	0	0	0

2．编码芯片 CD4511 的介绍

CD4511 是一片 CMOS BCD—锁存/7 段译码/驱动器，如图 2-5-8 所示。用于驱动共阴极 LED（数码管）显示器的 BCD 码—七段码译码器。具有 BCD 转换、消隐和锁存控制、七段译码及驱动功能的 CMOS 电路能提供较大的拉电流。可直接驱动共阴 LED 数码管。

- A_0～A_3：二进制数据输入端
- /BI：输出消隐控制端
- LE：数据锁定控制端
- /LT：灯测试端
- Ya～Yg：数据输出端
- V_{DD}：电源正
- V_{SS}：电源负

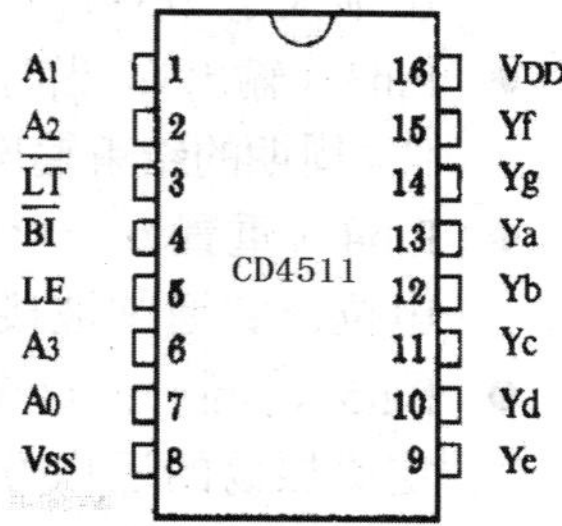

图 2-5-8 CD4511 引脚排列

使用方法是：其中 a、b、c、d 为 BCD 码输入，a 为最低位。LT 为灯测试端，加高电平时，显示器正常显示，加低电平时，显示器一直显示数码“8”，各笔段都被点亮，以检查显示器是否有故障。BI 为消隐功能端，低电平时使所有笔段均消隐，正常显示时，BI 端应加高电平。

另外 CD4511 有拒绝伪码的特点，当输入数据越过十进制数 9（1001）时，显示字形也自行消隐。LE 是锁存控制端，高电平时锁存，低电平时传输数据。a～g 是 7 段输出，可驱动共阴 LED 数码管。

图 2-5-9 是 CD4511 和 CD4518 配合而成一位计数显示电路，若要多位计数，只需将计数器级联，每级输出接一只 CD4511 和 LED 数码管即可。所谓共阴 LED 数码管是指 7 段 LED 的阴极是连在一起的，在应用中应接地。限流电阻要根据电源电压来选取，电源电压 5V 时可使用 300Ω 的限流电阻。

3．编码芯片 NE555 的介绍

NE555 是属于 555 系列的计时 IC 的其中的一种型号，如图 2-5-10 所示。555 系列 IC 的接脚功能及运用都是相容的，只是型号不同的因其价格不同其稳定度、省电、可产生的振荡频率也不大相同；而 555 是一个用途很广且相当普遍的计时 IC，只需少数的电阻和电容，便可产生数位电路所需的各种不同频率之脉波信号。

- Pin1（接地）：地线（或共同接地），通常被连接到电路共同接地。

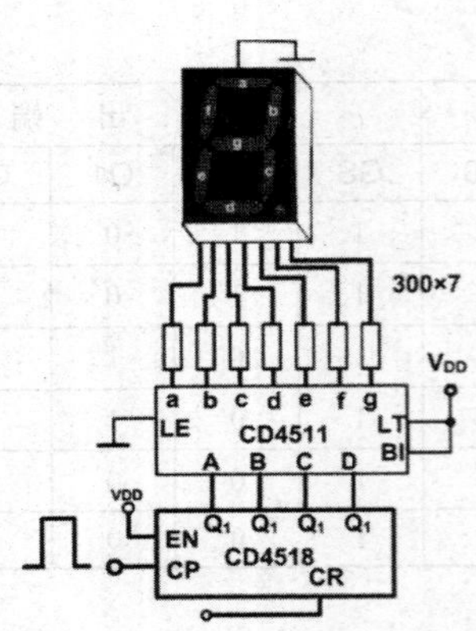

图 2-5-9 CD4511 和 CD4518 配合而成一位计数显示电路

图 2-5-10 NE555 内部功能框图

- Pin2（触发点）：这个脚位是触发 NE555 使其启动它的时间周期。触发信号上缘电压须大于 $2/3V_{CC}$，下缘须低于 $1/3V_{CC}$。
- Pin3（输出）：当时间周期开始 555 的输出输出脚位，移至比电源电压少 1.7V 的高电位。周期的结束输出回到 0V 左右的低电位。于高电位时的最大输出电流大约 200mA。
- Pin4（重置）：一个低逻辑电位送至这个脚位时会重置定时器和使输出回到一个低电位。它通常被接到正电源或忽略不用。
- Pin5（控制）：这个接脚准许由外部电压改变触发和闸限电压。当计时器经营在稳定或振荡的运作方式下，这个输入能用来改变或调整输出频率。
- Pin6（重置锁定）：Pin6 重置锁定并使输出呈低态。当这个接脚的电压从 $1/3V_{CC}$ 电压以下移至 $2/3V_{CC}$ 以上时启动这个动作。
- Pin7（放电）：这个接脚和主要的输出接脚有相同的电流输出能力，当输出为 ON 时为 LOW，对地为低阻抗，当输出为 OFF 时为 HIGH，对地为高阻抗。
- Pin8（V+）：这是 555 个计时器 IC 的正电源电压端。供应电压的范围是+4.5V（最小值）至+16V（最大值）。

4. 拨码开关的介绍

拨码开关是一款用来操作控制的地址开关，如图 2-5-11 所示。采用的是 0/1 的二进制编码原理。拨开关（拨码开关）广泛使用于数据处理、通信、遥控和防盗自动警铃系统等需要手动程式编制的产品上，是一款能用手拨动的微型的开关，由此也有指拨开关的命名。

图 2-5-11 拨码开关实物图

拨动开关是通过拨动开关柄使电路接通或断开，从而达到切换电路的目的的。

常用的品种有单极双位、单极三位、双极双位以及双极三位等，它一般用于低压电路，具有滑块动作灵活、性能稳定可靠的特点。

拨动开关主要由以下部件通过相应的工艺处理后装配而成：

（1）铁壳（材质：一般为铁；处理工艺：通过电镀镍或者煲黑工艺处理，从而防止其氧化）

（2）塑胶手柄（材材：一般为 POM 料，如有防火阻燃耐高温要求，则常选用 PA 尼龙料；处理工艺：注塑成型）

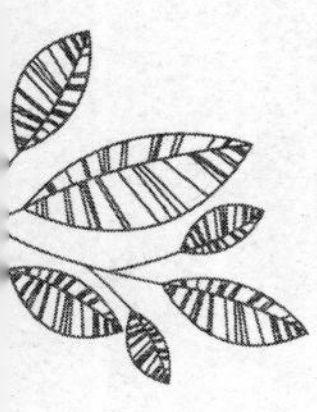

（3）端子（材质：一般为磷铜；处理工艺：电镀银）

（4）绝缘底板（材质：电木板；处理工艺：冲压成型）

（5）接触码片（材质：一般为磷铜；处理工艺：电镀银）

（6）圆形波珠（材质：一般为不锈钢；处理工艺：电镀镍）

（7）弹弓（材质：青铜；　处理工艺：冲压成型）

（8）装饰油（材质：红油或者绿油（化工油的一种，涂抹在端子与底板的接触部位，起装饰作用。一般要求无毒，环保））

怎样做?

（三）八路防盗声光报警器电路的原理图布线图绘制

1. 八路防盗声光报警器的电路原理图绘制

所需库元件见表 2-5-3。

表 2-5-3　　库元件名称

主要元件	所在库
CD4532	Motorola Logic Multiplexer.IntLib
CD4511	FSC Interface Display Driver.IntLib
CD4069	FSC Logic Gate.IntLib
NE555	NSC Analog Timer Circuit.SchLib
其他元件	Miscellaneous Devices.IntLib

根据之前所学知识，进行八路声光报警器电路原理图的设计，最终完成的八路声光报警器电路原理，如图 2-5-12 所示。

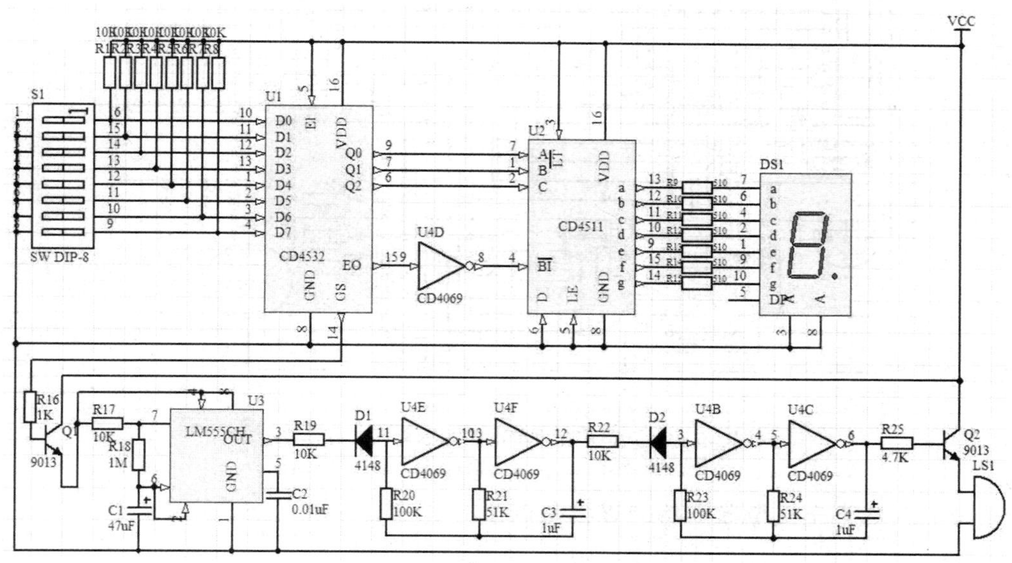

图 2-5-12　八路声光报警器电路原理

2. 八路防盗声光报警器的电路布线图绘制

本电路可以采用电子 EDA 软件进行 PCB 布线图的绘制，也可以采用手工布线的方式绘制万能电路板的布线图。在绘制布线图的过程中，尽量根据电路的原理图进行元件的布局，在布线有一定难度时，可考虑适当调整各元件的方向、位置，使布线更加美观、简洁。具体布线过程在此省略。最终完成的参考布线如图 2-5-13 所示。

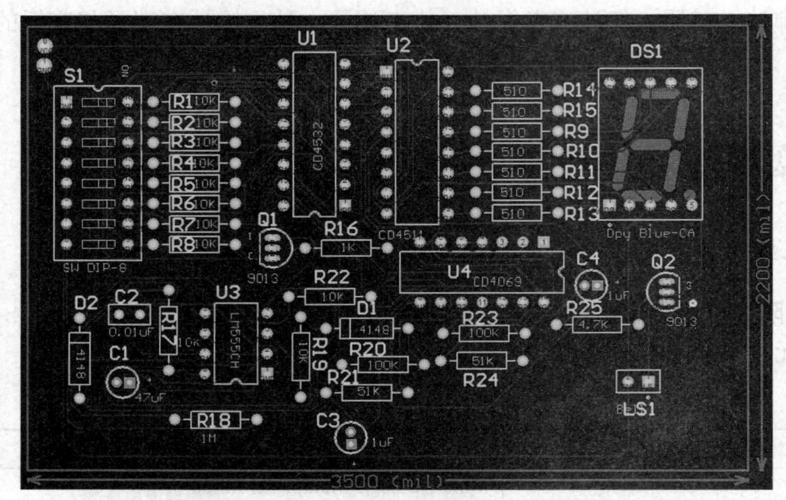

图 2-5-13　最终完成的参考布线

八路声光报警电路的参考手工布线装配如图 2-5-14 所示。

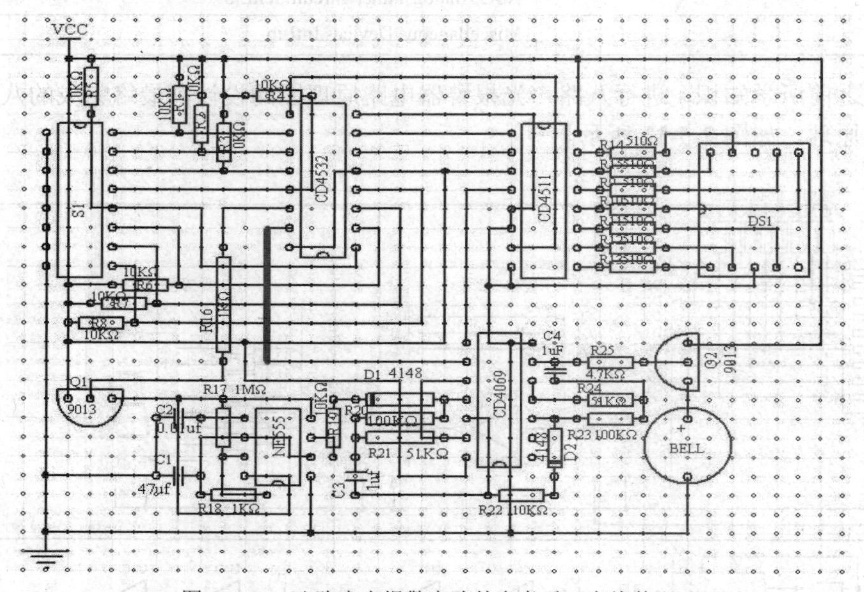

图 2-5-14　八路声光报警电路的参考手工布线装配

（四）八路声光报警器电路的焊接与调试

根据八路声光报警器电路的原理图和布线图，进行实物的焊接、调试。

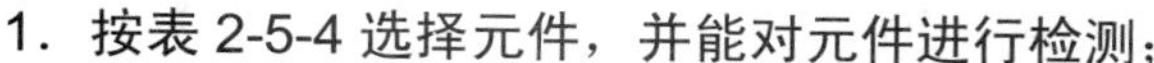

1．按表 2-5-4 选择元件，并能对元件进行检测；

（1）学看集成电路引脚排列图；

（2）加深对 CD4511、CD4069 和 NE555 集成电路的使用；

（3）加深对数码管的使用。

表 2–5–4　　　　元器件名称明细表

元件名称	代　号	元件参数	元件名称	代　号	元件参数
集成电路	IC_1	CD4532	电阻	R_1～R_8	10kΩ
	IC_2	CD4511		R_9～R_{15}	510Ω
	IC_3	NE555		R_{16}	1kΩ
	IC_4	CD4069		R_{17}、R_{19}、R_{22}	10kΩ
电解电容	C_1	47μF/16V		R_{18}	1MΩ
涤纶电容	C_2	0.01μF		R_{20}、R_{23}	100kΩ
电解电容	C_3、C_4	1μF/25V		R_{21}、R_{24}	51kΩ
三极管	Q_1、Q_2	9013		R_{25}	4.7kΩ
二极管	VD_1、VD_2	1N4148	扬声器	LS_1	Φ57、8Ω
数码管	C501SR（一位 共阴极）		指拨开关	S_1	SW dip-8

2．焊接、调试注意事项

（1）焊接完成后，检查电路，确定无误后，接上+5V 电源。检测整机电流，正常时一般不大于 10mA；

（2）若电流符合要求，将指拨开关（K0-K7）全部连通，应无光、声报警；

（3）脱开任意一组开关（如“K3”）则数码管显示“3”，同时听到 30s 声报警、停止 30s，再声报警 30s，停止 30s……；

（4）同时脱开几组开关（如“K3”、“K0”、“K5”）则光报警数码管显示最大路号“5”，同时发出声报警；

（5）实际应用中，将八路指拨开关换成八路连着但很容易扯断的导线，隐藏在八个出入口处，当有非法人员经过这些出入口，就会碰断这些导线，在监控中心的管理人员就能迅速发现是哪处出入口有非法人员进入，及时进行跟踪排查处理。

（五）常见故障与排除方法

1．无声报警

此时如将 6V 电源直接碰触 Q_1 发射极，如过能听到半分钟间隔的报警声，则说明报警电路正常。可检测输入开关信号是否正常，U_1（14）脚有无高电平输出，Q_1 是否损坏，R_{16} 是否开路等。如 Q_1 发射极接入高电平仍无声，可将高电平直接接到 R_{19} 任意一端。此时如有报警声，则证明 R_{19} 后的振荡器正常；如无报警声，则可检测振荡器、Q_2 及扬声器等。

2．无光报警数字显示

可首先检测 CD4532 的 Q2Q1Q0 输出的 BCD 码与输入路号是否对应。例如，输入路号是“K3”，则“K3”为高电平，BCD 码输出应为 $Q_2Q_1Q_0$=011。如正确，可检测 CD4511；

否则应检测输入电路或 CD4532。

3．无输入时数码管仍不消隐

正常情况下，检测 CD4532 的 15 脚应为低电平，CD4511 的 4 脚应为高电平。若 CD4532 的 15 脚和 CD4511 的 4 脚均为高电平，则可检测 CD4069 的 G_3 门，5、6 脚间是否击穿损坏。如 CD4511 的 4 脚输入为低电平，但仍不消隐，则 CD4511 损坏的可能性较大。

4．无输入时声报警

检测 CD4532 的 14 脚，无输入时该脚应为低电平。如出现高电平则 CD4532 损坏。若 CD4532 的 14 脚为低电平，而 Q_1 发射极却为高电平，则 Q_1 的 c、e 极间击穿、短路。

四、电路参数测量与记录

1．将 K_0～K_7 分别接通或断开时，用万用表检测 CD4532 的输入端电平和编码输出电平，将测量到的数据填入表 2-5-5 中，并与 CD4532 真值表比较，以检验其正确性。

表 2-5-5　　测量 CD4532 数据记录表

内容 / 开关状态		CD4532										
		输　入								输　出		
		D_0	D_1	D_2	D_3	D_4	D_5	D_6	D_7	Q_0	Q_1	Q_2
K_0	×											
K_1	×											
K_2	×											
K_3	×											
K_4	×											
K_5	×											
K_6	×											
K_7	×											

2．用万用表检测 CD4511 的输入，输出及对应数码管的电平情况，将测量到的数据填入表 2-5-6 中，并与相关真值表对照比较。

表 2-5-6　　测量 CD4511 数据记录表

内容 / 开关状态		CD4511											
		输　入				输　出							数码管显示数
		D	C	B	A	a	b	c	d	e	f	g	
K_0	×												
K_1	×												
K_2	×												
K_3	×												
K_4	×												
K_5	×												
K_6	×												
K_7	×												

五、任务检测与评估

声光报警器电路的安装与调试

序号	作业项目	考核内容	配分	评分标准	评分记录	扣分	得分
1	元器件的检测	电阻、电容的读数，集成电路、数码管的使用	15	每个元件读错扣1分，不能正确使用集成电路、数码管扣5分			
2	制作电路	制作完成声光报警器电路	40	电路焊点不好，工艺不好扣10分			
				电路无制作完成扣30分			
3	电路原理	叙述电路的基本工作原理	15	电路原理叙述不完整每点扣5分			
4	检测电路	使用示波器对信号进行测量及故障检测	20	示波器使用不当扣10分			
				不会测量信号及进行故障排除的扣10分			
5	安全文明生产	遵守安全操作规程，正确使用仪器设备，操作现场整洁	10	每项扣5分，扣完为止			
		安全用电，防火、无人身、设备事故		因违规操作发生重大人身和设备事故，此题按0分计			
6	分数合计		100				

任务2.6 制作流水广告灯

学习目标

1. 知道电路的工作原理；
2. 学会移位寄存器74164器件的使用；
3. 熟悉单元电路的制作与调试（脉冲产生电路、串并行转换电路）；
4. 制作电路，并实现电路功能。

做什么？

一、任务描述

使用555时基电路产生矩形波信号，此信号作为移位寄存器74LS164的时钟脉冲输入信号，在时钟脉冲信号的作用下，将移位数据输入端的信号以一定方式输出，在输出端接若干个LED灯，从而实现流水广告灯的功能。

二、任务分析

1. 流水广告灯的电路分析；
2. 555 集成电路、移位寄存器 74164 器件的识别与检测；
3. 使用软件绘制流水广告灯电路的原理图和布线图；
4. 掌握流水广告灯电路的焊接工艺、调试及故障排除的方法；
5. 测试移位寄存器 74164 各引脚的电平。

三、任务实施

（一）流水广告灯的电路分析

流水广告灯主要由脉冲产生电路和数据移位显示电路两个子电路组成，随着时钟脉冲上升沿的到来，74LS164 的 A、B 输入端数据相与后的数据状态依次由 Q_0 移向 Q_7，从而形成 8 个 LED 灯逐一点亮的广告灯效果。流水广告灯电路原理如图 2-6-1 所示。

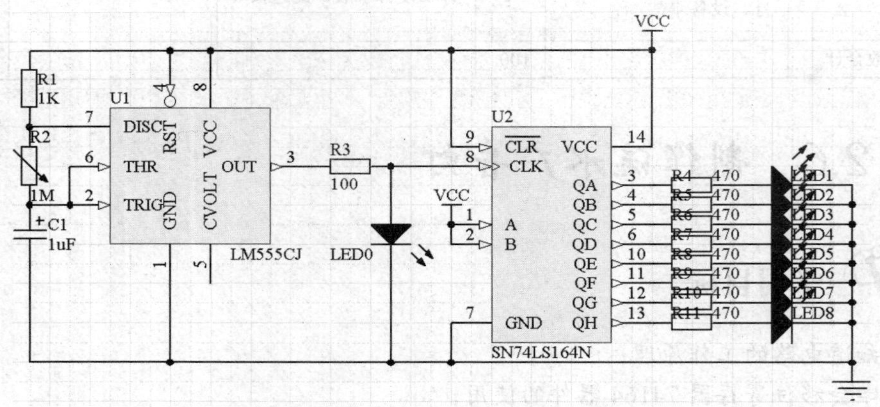

图 2-6-1　流水广告灯电路原理图

1．时钟脉冲产生电路

时钟脉冲产生电路如图 2-6-2 所示。

时钟脉冲产生电路主要由集成芯片 555 及其外围电路构成。将 555 时基发生器连接成一个多谐振荡器，接通电源时，2 脚和 6 脚的电压小于 1/3Vcc，3 脚输出高电平。之后 Vcc 通过 R_1、R_2 对电容器 C_1 充电，2 脚电压 Uc 上升，当 Uc 升到 2/3Vcc 时，555 时基发生器的 3 脚输出低电平。然后电容器 C_1 通过 R_2 和放电管（555 的 7 脚）放电，Uc 下降。当 Uc 下降到 1/3Vcc 时，555 时基发生器的 3 脚又跳为高电平。如此周而复始就形成了脉冲振荡。电容充、放电时间 Tw_1、Tw_2 近似可用以下公式计算：

充电时间：$Tw_1=0.7\times(R_1+R_2)\times C_1$

放电时间：$Tw_2=0.7\times R_2\times C_1$

所以 555 时基电路输出的矩形波频率为：f=1/（Tw_1+Tw_2）。电路制作完成后，555 时基电路产生的矩形波可通过 LED0 发光二极管闪烁表现出来。

时基集成电路 555 并不是一种通用型的集成电路，但它却可以组成几百种实用的电路，可谓变化无穷。555 时基电路具有以下几个特点：

（1）555 时基电路，是一种将模拟电路和数字电路巧妙结合在一起的电路；

（2）555 时基电路可以采用 4.5～15V 的单独电源，也可以和其他的运算放大器和 TTL 电路共用电源；

（3）一个单独的 555 时基电路，可以提供近 15 分钟的较准确的定时时间；

（4）555 时基电路具有一定的输出功率，最大输出电流达 200mA，可直接驱动继电器、小电动机、指示灯及喇叭等负载。

因此，555 时基电路可用作：脉冲发生器、方波发生器、单稳态多谐振荡器、双稳态多谐振荡器、自由振荡器、内振荡器、定时电路、延时电路、脉冲调制电路、仪器仪表的各种控制电路及民用电子产品、电子琴、电子玩具等。

2．数据移位显示电路

数据移位显示电路如图 2-6-3 所示。

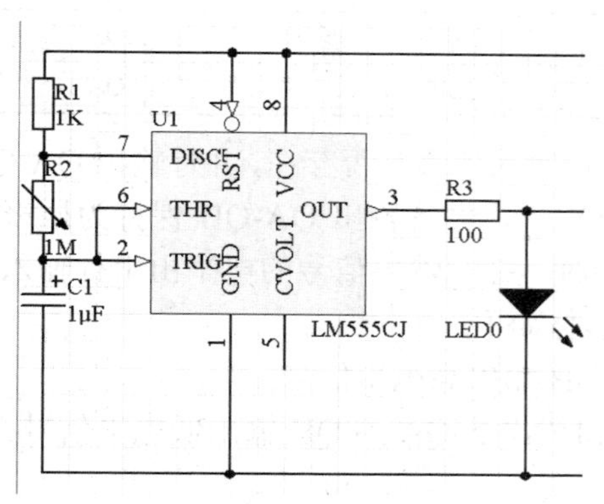

图 2-6-2 时钟脉冲产生电路

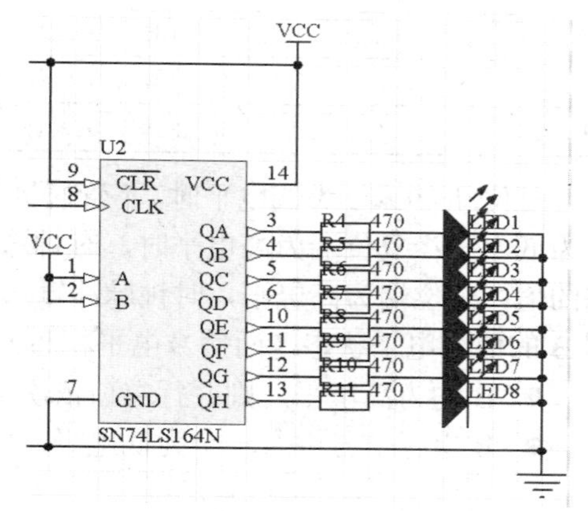

图 2-6-3 数据移位显示电路

利用 74LA164 移位寄存器，在时钟脉冲的上升沿的作用下，将输入端的数据（A 端和 B 端）进行逻辑相与后逐一从输出端 QA 移位到输出端 QH。本电路中，由于输入端的数据均为高电平“1”，相与后结果为高电平“1”，此高电平在时钟脉冲上升沿的作用下，逐步从 QA 端移到 QH 端，从而实现 8 个 LED 灯逐一点亮的流水广告灯效果。

（二）电路主要元器件介绍

移位寄存器 74LS164 的介绍

74LS164 是 8 位移位寄存器，串行输入、并行输出，并带有清除端。器件的引脚功能如下：

- CLOCK：时钟输入端；
- $\overline{MR}$（或 CLEAR）：同步清除输入端（低电平有效）；
- A、B：串行数据输入端；

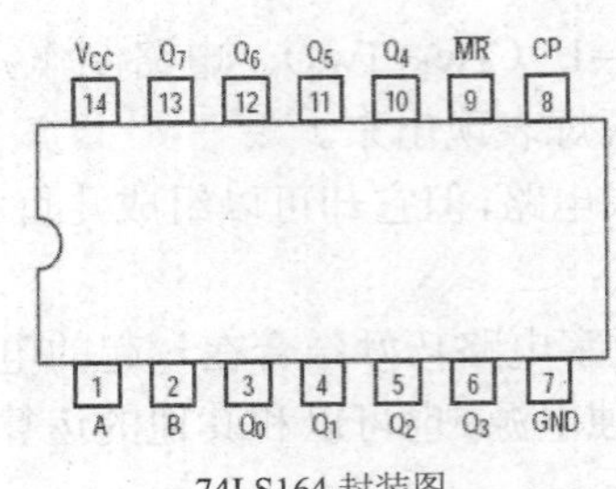

74LS164 封装图

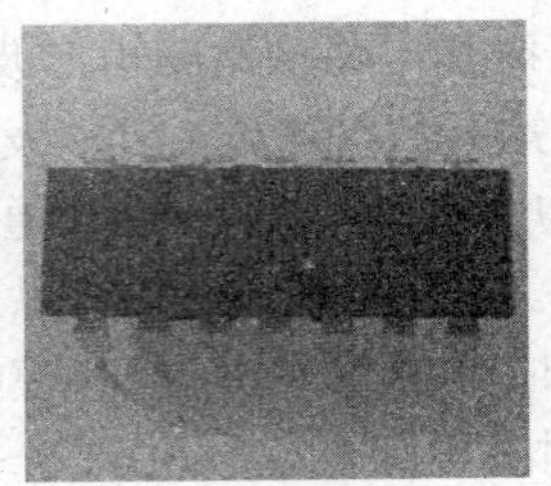
74LS164 实物图

图 2-6-4　74LS164 的封装图和实物图

- QA-QH：输出端；

74LS164 真值表见表 2-6-1。

表 2-6-1　真值表

Inputs				Outputs			
Clear	Clock	A	B	Q_A	Q_B	…	Q_H
L	X	X	X	L	L	…	L
H	L	X	X	Q_{A0}	Q_{B0}	…	Q_{H0}
H	↑	H	H	H	Q_{An}	…	Q_{Gn}
H	↑	L	X	L	Q_{An}	…	Q_{Gn}
H	↑	X	L	L	Q_{An}	…	Q_{Gn}

复位端（9 脚）为低电平时，不管时钟脉冲和串行输入信号是否存在，并行输出 QA-QH 全为低电平；复位端为高电平时，时钟脉冲输入低电平，并行输出 QA-QH 保持为原来状态的值；复位端为高电平，时钟脉冲输入为上升沿时，并行输出信号的电平由串行输入 A 和 B 的信号电平状态（两信号电平相与）决定，具体如下：

- B 均为高电平，则并行端口依次从 QA 到 QH 输出高电平信号；
- B 串行信号中有一个为低电平，则并行端口依次从 QA 到 QH 输出低电平信号。

怎样做？

（三）流水广告灯电路的原理图布线图绘制

1. 流水广告灯的电路原理图绘制

所需库元件见表 2-6-2。

表 2-6-2　库元件名称

元　件	所 在 库
LM555CH	NSC Analog Timer Circuit.IntLib
SN74LS164N	ON Semi Logic Register.IntLib
其他元件	Miscellaneous Devices.IntLib

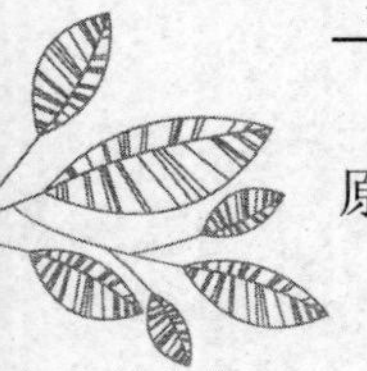

根据之前所学知识，进行流水广告灯电路原理图的设计，最终完成的流水广告灯电路原理如图 2-6-5 所示。

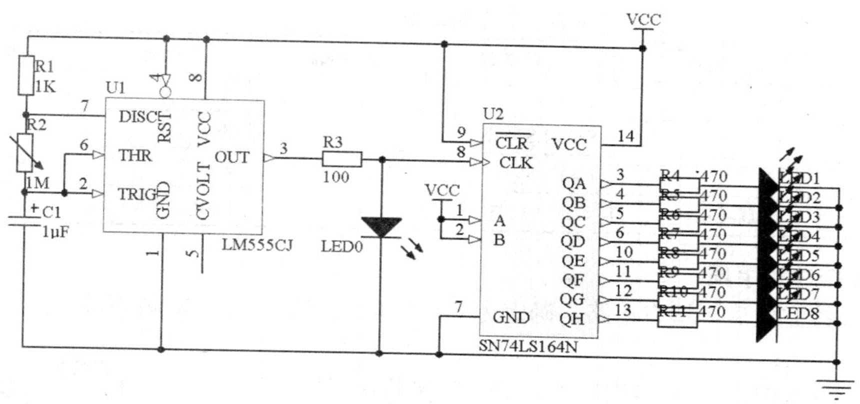

图 2-6-5 流水广告灯电路原理

2．流水广告灯的电路布线图绘制

在对流水广告灯电路进行布线时，需要注意元器件的布局，做到合理规范，同时考虑走线方便。在布线的过程中，要充分考虑所使用的电路板是 PCB 板还是万能板，一般情况下，使用万能板。因此，布线时就要认真考虑到走线的“横平竖直”，以及元器件引脚间过线的数量等问题。

流水广告灯的电路布线装配图如图 2-6-6 所示。

流水广告灯的手工布线装配图如图 2-6-7 所示。

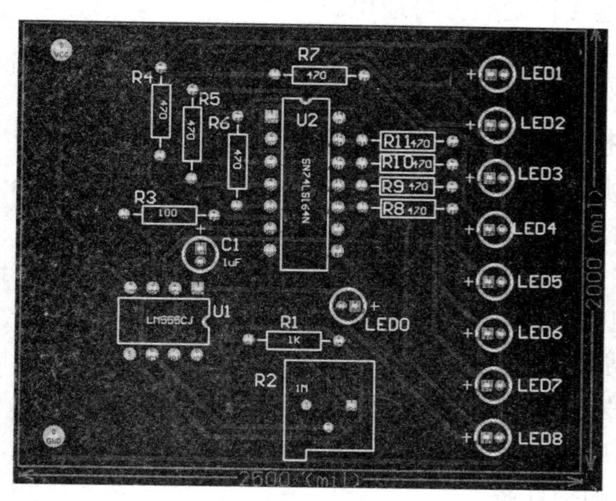

图 2-6-6 流水广告灯的电路布线装配图

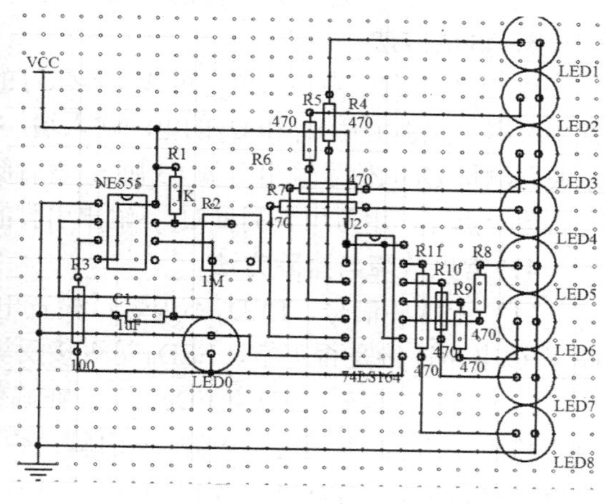

图 2-6-7 流水广告灯的手工布线装配图

（四）流水广告灯电路的焊接与调试

根据流水广告灯电路的原理图和布线图，进行实物的焊接、调试。

1．按表 2-6-3 选择元件，并能对元件进行检测

（1）学会识别集成电路引脚排列图；

（2）学习 555 集成电路、74164 移位寄存器电路的使用。

表 2-6-3　　元器件名称明细表

元件名称	代号	元件参数	元件名称	代号	元件参数
集成电路	U_1	NE555	电阻	R_1	1kΩ
	U_2	SN74LS164N		R_2	1MΩ
电解电容	C_1	1μF/16V		R_3	100Ω
发光二极管	LED_0-LED_8	ϕ5		R_4-R_{11}	470Ω

2．焊接注意事项

（1）焊接完成后，检查电路，确定无误后，接上+5V 电源。检测整机电流，正常时一般不大于 10mA；

（2）识别 NE555 芯片各引脚的功能，确保芯片焊接正确无误，其中集成电路 NE555 的引脚如图 2-6-8 所示。

芯片焊接时，电烙铁不能长时间接触芯片引脚，以防烧坏芯片；

1．地 GND；2．触发；3．输出；4．复位；5．控制电压；6．门限（阈值）；7．放电；8．电源电压 Vcc

图 2-6-8　集成电路 NE555 的引脚

（3）所有的元件要在断开电源的情况下焊接；

（4）在使用万能板焊接时，所有元件的放置安插要符合相关工艺要标准；任何二个不相邻的元件引脚之间的连接均需使用光芯线，且要确保光芯线连接的“横平竖直”原则；

（5）电路所有元件焊接完成后，要再次检查线路的连接是否正确，特别是电源和地的连接，电路连接正确后方可通电。

3．调试方法

改变 R_2 可调电阻的数值，可改变流水灯的移位速度。电路装配完成后，接通+5V 电源，使用万用表分别测量 U_1 和 U_2 的电源输入端，检测是否存在电源；观察 LED_0 灯是否闪烁；用示波器测量 U_1 的信号输出引脚（3 脚），查看脉冲波形的幅度、频率等参数；观察 LED_1-LED_8 是否逐一点亮，用万用表测量 U_2 各输出引脚的电压值和 LED_1-LED_8 两端的电压值是否正常。

4．常见故障与排除方法

（1）无脉冲信号，LED_0 不闪烁：检查电源连接是否正常，各元器件是否虚焊、损坏，U_1 周边电路连接是否正常，LED_0 是否接反等。

（2）发光二极管 LED_1-LED_8 不亮：在确保 LED_0 在闪烁的前提下，LED_1-LED_8 均不亮，重点检查 U_2 是否正确连接电源，各引脚是否存在漏焊、虚焊，U_2 是否损坏，限流电阻 R_4-R_{11} 阻值是否过大、是否损坏，LED 灯是否接反和损坏等。

（3）发光二极管亮度太弱或个别不亮：适当降低限流电阻 R_4-R_{11} 的数值，个别不亮最大可能是该 LED 接反或者损坏，经认真检查可排除故障。

四、电路参数测量与记录

用示波器观察 74LS164 的 Q_0～Q_7 的输出脉冲波形，或用万用表测量 Q_0～Q_7 电压值，根据观察及测量结果，结合学习资料，当复位信号 CLEAR（9 脚）为高电平、时钟脉冲信号 CP（8 脚）为上升沿、串行输入数据 A、B（1、2 脚）为高电平时，请将前 8 个时钟上升沿到来时，并行输出各引脚的电平状态填写在表 2-6-4 中（设初始状态输出全为 0）。

表 2-6-4

输入端					输出端							
序号	CLEAR（9 脚）	CP（8 脚）	A	B	Q0	Q1	Q2	Q3	Q4	Q5	Q6	Q7
0					0	0	0	0	0	0	0	0
1	1	↑	1	1	0	0	0	0	0	0	0	0
2	1	↑	1	1								
3	1	↑	1	1								
4	1	↑	1	1								
5	1	↑	1	1								
6	1	↑	1	1								
7	1	↑	1	1								
8	1	↑	1	1								

五、任务检测与评估

流水广告灯电路的安装与调试

序号	作业项目	考核内容	配分	评分标准	评分记录	扣分	得分
1	元器件的检测	电阻、电容的读数，集成电路、二极管的使用	15	每个元件读错扣 1 分，不能正确使用集成电路、数码管扣 5 分			
2	制作电路	制作完成流水广告电路	40	电路焊点不好，工艺不好扣 10 分			
				电路无制作完成扣 30 分			
3	电路原理	叙述电路的基本工作原理	15	电路原理叙述不完整每点扣 5 分			
4	检测电路	使用示波器或万用表对信号进行测量及故障检测	20	仪器使用不当扣 10 分			
				不会测量信号及进行故障排除的扣 10 分			
5	安全文明生产	遵守安全操作规程，正确使用仪器设备，操作现场整洁	10	每项扣 5 分，扣完为止			
		安全用电，防火、无人身、设备事故		因违规操作发生重大人身和设备事故，此题按 0 分计			
6	分数合计		100				

知识链接与延伸

六、技能拓展

（一）循环流水广告灯

上述流水灯电路在 LED_1-LED_8 逐一点亮之后，时钟脉冲 CP 端（8 脚）继续输入信号，

LED_1-LED_8 均处于常亮状态，即只能实现一次流水灯的效果。根据移位寄存器 74LS164 的真值表，可以对电路进行适当的调整，使其实现循环流水效果，具体的电路原理如图 2-6-9 所示。

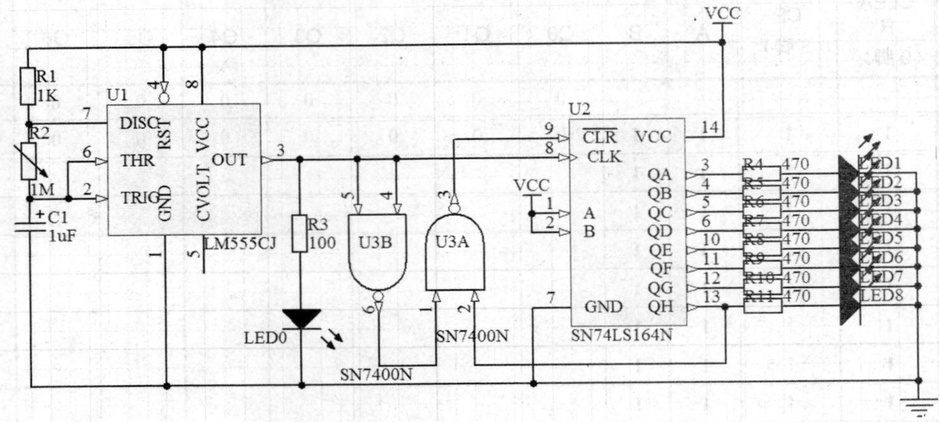

图 2-6-9　循环流水广告灯电路原理

1．电路原理分析

本电路在原来流水广告灯电路的基础上，增加了一片与非门集成芯片 74LS00，把其中的一个与非门（U_3B）接成非门，将时钟脉冲信号进行逻辑非运算之后送入另一个与非门（U_3A）的一个输入端（1 脚），与非门（U_3A）的另一路输入信号取自移位寄存器 74LA164 的 QH 端（13 脚），将这二路信号进行逻辑与非运算后得到的信号，控制 74LS164 的复位端（9 脚），这样当 QH 输出高电平 1 时（即 LED_8 点亮），由于 U_3B 对时钟脉冲信号的缓冲作用（往后延时半个时钟周期，即脉冲从高电平变为低电平时，U_3B 的 6 脚才输出高电平 1），U_3A 与非门的输入信号 1 脚和 2 脚才满足同时达到高电平，根据与非逻辑关系可知，U_3A 输出低电平（3 脚），此低电平用来控制移位寄存器 74LS164 的复位端（9 脚），使其并行输出端（3-6 脚，10-13 脚）全为低电平，LED_1-LED_8 全部熄灭。由于 13 脚为低电平，此低电平送到与非门 U_3A 的输入端（2 脚），根据与非逻辑运算可知，不管另一输入端（1 脚）电平如何，U_3A 的输出端（3 脚）输出高电平，使复位失效，此时，移位寄存器 74LS164 又根据串行输入数据相与的结果进行输出，从而实现循环不断的流水灯效果。

需要提醒的是，如果只将 QH 端的信号取出进行逻辑非运算后送到复位端，则最后一个灯 LED8 将不会点亮，请同学们自行分析原因。

2．电路的装配调试

电路的手工参考布线如图 2-6-10 所示。

请同学们自行进行装配，并逐一将故障排除，实现电路功能。

（二）花样循环流水广告灯

本电路可以实现 8 个 LED 灯逐一点亮之后再逐一熄灭，不断循环，实现花样流水灯的效果。电路原理图如图 2-6-11 所示。

1．电路原理分析

将移位寄存器 74LS164 并行输出端 QH（13 脚）取出信号，经过一个非门（将 74LS00 的其中一个与非门接成非门）后送入其中一个串行输入数据端（1 脚或 2 脚均可）。

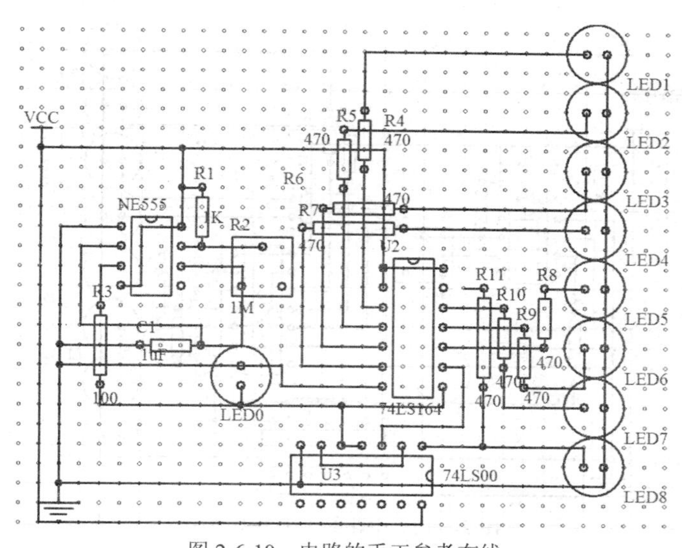

图 2-6-10　电路的手工参考布线

当 LED_1-LED_8 逐一点亮到 LED8 时，QH 输出高电平，经过非门后变为低电平，此低电平经过 U3A 的 3 脚送入串行输入数据端（2 脚），根据移位寄存器 74LS164 的真值表可知，串行输入数据的状态为 A 和 B 相与的结果（即 1 和 0 相与，结果为 0 或低电平），在下一个时钟上升沿到来时，并行输出端逐一输出串行数据端 A 和 B 相与后的信号（此时为低电平信号），从而使 LED_1-LED_8 逐一熄灭。

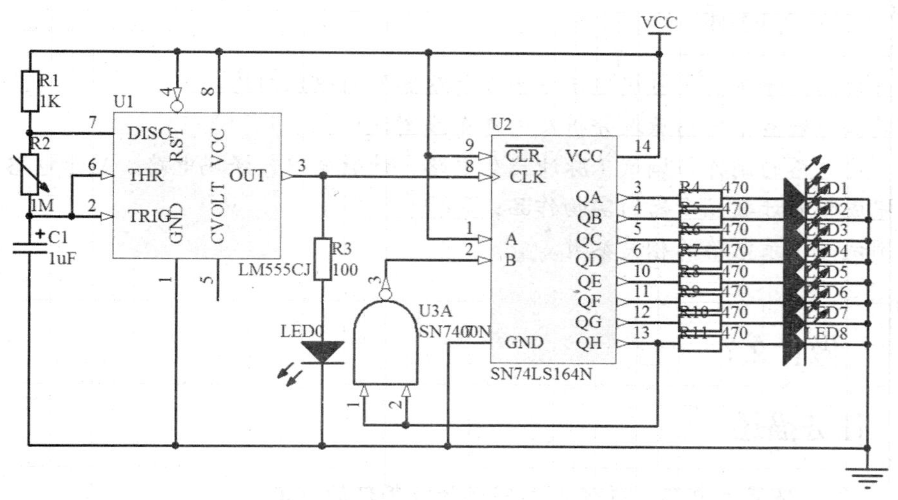

图 2-6-11　花样循环流水广告灯电路原理图

当 LED_8 熄灭时，QH 输出的低电平信号经过非门后变为高电平，此高电平经过 U_3A 的 3 脚送入串行数据端，此时串行数据端相与的结果信号变为高电平，在下一个时钟上升沿到来时，并行输出端逐一输出的信号变为高电平信号，从而使 LED_1-LED_8 逐一点亮，从而实现循环花样流水灯的效果。

2．电路的装配调试

电路的手工参考布线如图 2-6-12 所示。

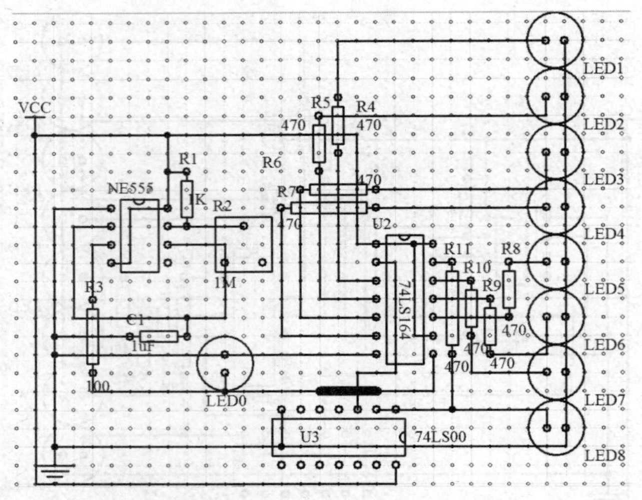

图 2-6-12　电路的手工参考布线

请同学们自行进行装配，并逐一将故障排除，实现电路功能。

任务 2.7　制作数码计数显示器

学习目标

1. 计数器、译码器、数码显示等集成电路器件的识别与检测；
2. 数码计数显示器的原理分析及电路布线图设计；
3. 单元电路的制作与调试（脉冲产生电路、计数电路、译码电路、显示电路）；
4. 完成数码计数显示器的实物作品；
5. 测试并记录电路的相关参数。

做什么?

一、任务描述

制作计数循环显示电路，并使电路实现计数循环的效果。

二、任务分析

1. 数码计数显示器电路分析；
2. 数码计数显示器电路布线图绘制；
3. 数码计数显示器实物的焊接与调试；
4. 数码计数显示器电路的参数测量。

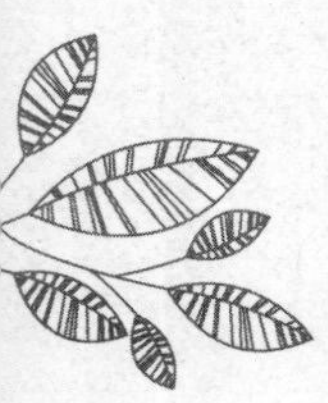

三、任务实施

（一）数码计数显示器电路分析

数码计数显示器的电路原理图如图 2-7-1 所示。

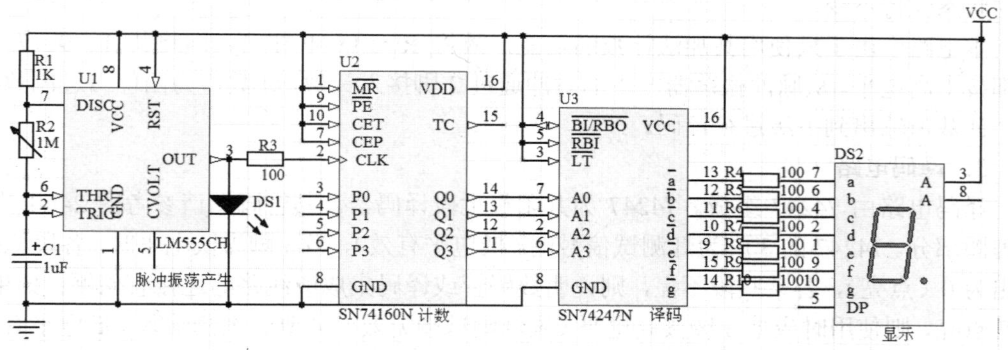

图 2-7-1　数码计数显示器的电路原理图

本电路由脉冲振荡器、十进制计数器、译码和显示电路组成。该电路制作成功后，接上+5V 电源，适当调整 R_2，使发光二极管 DS_1 闪烁在同时，数码管重复循环显示 0-9。

1．脉冲振荡产生

将 555 时基发生器连接成一个多谐振荡器。多谐振荡器电路的原理请参阅前面所学相关知识，自行分析。电路制作完成后，555 时基电路产生的矩形波可通过 DS_1 发光二极管闪烁表现出来。

2．计数电路

计数电路由 74LS160 组成，所需元件见表 2-7-1。74LS160 是可预置同步十进制计数器。它具有清零、预置数码、十进制计数和保持原态四种功能。计数为上升沿有效。74160 的引脚定义如图 2-7-2 所示。

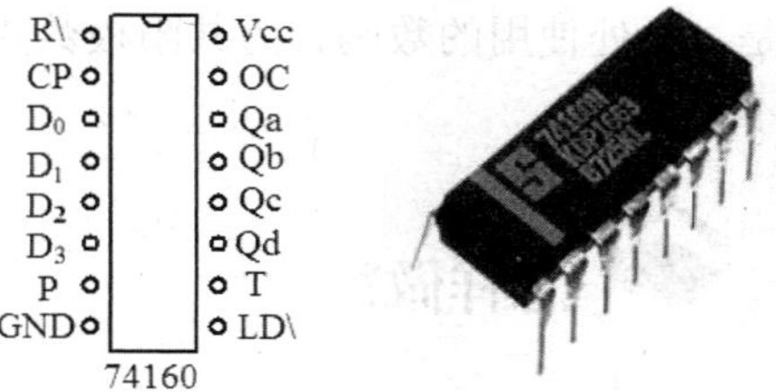

图 2-7-2　74LS160 的引脚定义图

表 2-7-1　　74LS160 功能表

输入									输出
R\	LD\	P	T	CP	D	C	B	A	Q_d Q_c Q_b Q_a
0	X	X	X	X	X	X	X	X	0 0 0 0
1	0	X	X	上升沿	D_3	D_2	D_1	D_0	D_3 D_2 D_1 D_0
1	1	1	1	上升沿	X	X	X	X	加法计数
1	1	0	X	X	X	X	X	X	保持
1	1	X	0	X	X	X	X	X	保持

说明如下：

（1）当 R\=0，计数器清零，即 QdQcQbQa=0000。

（2）当 R\=1，LD\=0，完成预置数码功能。预置数据从输入端 DCBA 输入，在脉冲的上升沿作用下，数据并行存入，达到预置数据的目的。

（3）当 R\=LD\=1，P=T=1 时，计数器执行加法计数功能。计数满十，从 CT 端（15 脚）输出正跳变进位脉冲。

（4）当 R\=LD\=1，只要 P 或 T 有一个处于低电平 0，不论其余各端的状态如何，计数器的状态保持不变。

本电路中由于只使用其加法计数的功能，故将 R\=LD\=P=T=1，即将其 1、9、7、10 脚都接上高电平。从脉冲振荡器产生的脉冲通过 2 脚接入计数，计数值为四位二进制数据，这个计数值输出到下级进行译码。

3．译码电路

译码电路由 74247 组成。74247 为共阳极七段译码器。其管脚图请参考图 2-7-1 电路原理图部分。74247 的 3 脚为灯测试信号端（低电平有效），当 3 脚为低电平时，各段（a-g）输出为 0（点亮），若某些段不亮，则说明数码管或译码集成或线路的连接有问题；如果是正常点亮，则使用时应把 3 脚接高电平（置灯测试端无效）。4 脚为消隐输入（低电平有效）/脉冲消隐输出（低电平有效）当 4 脚为低电平时，各段（a-g）熄灭（a-g 端全为 1）。5 脚为脉冲消隐输入端（低电平有效），当此端为低电平时，各段（a-g）熄灭（a-g 端全为 1）。6、2、1、7 脚为 8421BCD 码输入端，其中 6 脚为最高位，7 脚为最低位。9-15 脚为七段输出，其对应关系在电路原理图中已标示。

本电路中，将译码器的 3、4、5 三个脚均设置为无效（接上高电平）。

4．显示电路

显示电路由一个数码管及相关限流电阻构成。具体参阅前面章节所学内容。需要注意的是，此处使用的数码管为共阳极数码管，使用的数码管类型不同，相对应的数码译码器也不同。

怎样做?

（二）数码计数显示器电路的原理图布线图绘制

1．数码计数显示器的电路原理图绘制

所需库元件见表 2-7-2。

表 2–7–2　库元件名称

元　件	所 在 库
LM555CH	NSC Analog Timer Circuit.IntLib
SN74160N	TI Logic Counter.IntLib
SN74247N	TI Interface Display Driver.IntLib
其他元件	Miscellaneous Devices.IntLib

最终完成的数码计数显示器的原理如图 2-7-3 所示。

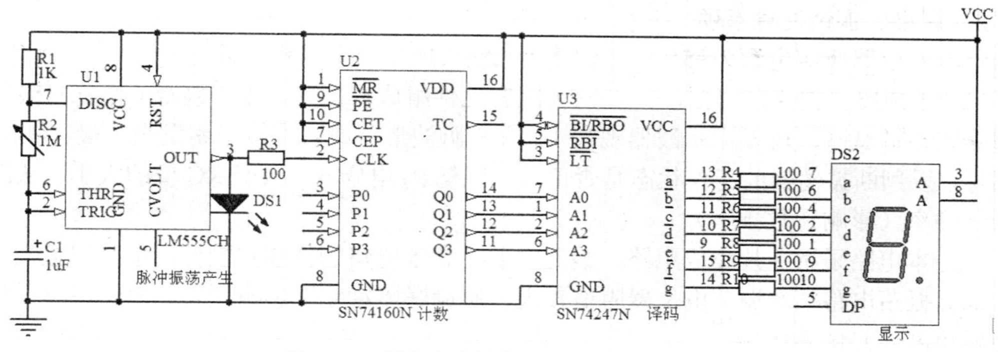

图 2-7-3 最终完成的数码计数显示器的原理

2. 数码计数显示器的电路布线图绘制

数码计数显示器电路进行布线时，需要注意元器件的布局，做到合理规范，同时考虑走线方便。由于本电路相对简单，故建议采用手工布线的方式或者手工直接在稿纸上画出其布线图。在布线的过程中，要充分考虑所使用的电路板是 PCB 板还是万能板，一般情况下，使用万能板，因此，布线时就要认真考虑到走线的“横平竖直”，以及元器件引脚间过线的数量等问题。数码计数显示器的电路布线图请同学们自行使用软件进行设计，此处不再详细论述。数码计数显示器的手工布线装配图如图 2-7-4 所示。

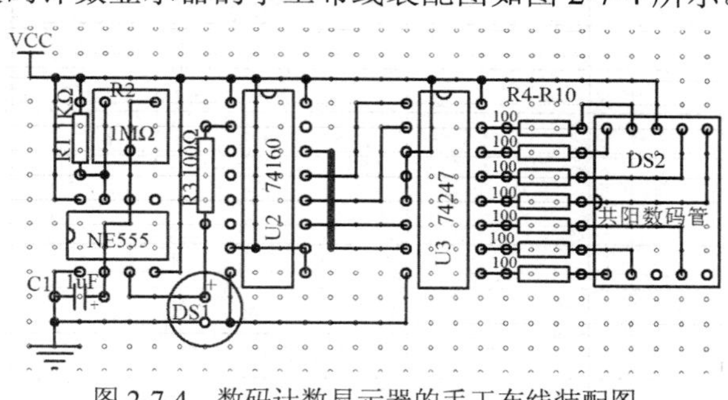

图 2-7-4 数码计数显示器的手工布线装配图

（三）数码计数显示器的焊接与调试

根据布线图和实物图，进行数码计数显示器的实物焊接与调试。

1. 按表 2-7-3 选择元件，并能对元件进行检测。

（1）学会看集成电路 74160 的引脚图及其使用。

（2）学会看集成电路 74247 的引脚图及其使用。

（3）学会看数码管引脚图及其使用。

表 2–7–3 数码计数显示器电路元器件的选择列表

元件名称	代号	元件参数	元件名称	代号	元件参数
时基电路	U_1	NE555	电阻	R_1	1kΩ
计数器	U_2	74LS160		R_3	470Ω
译码器	U_3	74LS247		R_4～R_{10}	470Ω
发光二极管	DS_1		可调电阻	R_2	1MΩ
电解电容	C_1	1μF/10V	共阳数码管	DS_2	

2．焊接、调试注意事项

（1）本电路所接电源为+5V，安装时注意集成电路的型号和引脚排列。

（2）由电路工作原理可知，U_1及有关阻容元件组成振荡器，要计数器工作首先振荡器要起振。在调试时，可以用示波器观察U_1的3脚波形，或者直接观察发光二极管DS_1是否闪烁，以判断振荡器的工作状态是否正常。调整R_2电位器，改变RC值的大小，从而改变振荡频率（影响计数频率）。

（3）本电路采用3片集成电路，装配时要注意各电路的位置和极性，细心焊接。

（4）振荡电路频率调节电位器阻值较大，质量好坏对频率影响很大，因此在改变频率时旋转角度要慢慢变化。

（四）数码计数显示器的参数测量

分别用万用表测量芯片74160的Q_0、Q_1、Q_2、Q_3的电平，74247的a、b、c、d、e、f、g电平并记录数码管的显示值，填入表2-7-4中。

表2–7–4

Q_0 Q_1 Q_2 Q_3的电平（高电平：1、低电平：0）	74247芯片a、b、c、d、e、f、g的电平（高电平：1、低电平：0）	数码管的显示值

四、任务检测与评估

序号	检测项目	考核内容	配分	评分标准	评估结果		
					个人	小组	教师
1	元器件的识别与检测	电阻、电容的读数，数码管的检测、集成电路的使用	15	一个元器件识别检测错误扣2分，两个错误扣5分，三个错误扣10分			
2	元器件的插装工艺	将LM555CH、SN74160N、SN74247N和数码管正确插装到电路板中	5	一个元器件工艺不合格扣1分			
3	焊接工艺	焊盘之间无虚焊、漏焊；光芯线连接横平竖直；每三个焊盘进行固定焊接	20	一个焊点不合格扣1分，超过三个焊盘无固定一次扣2分			
4	电路原理	叙述脉冲产生电路、计数电路、译码电路的工作原理；叙述流水广告灯电路的工作原理	20	逻辑功能或电路原理叙述不完整每项扣10分			

续表

序号	检测项目	考核内容	配分	评分标准	评估结果		
					个人	小组	教师
5	电路调试	分别调试 SN74160N 的 Q0、Q1、Q2、Q3，使数码管显示 0-9	20	数码管的显示值错误一个扣 2 分			
6	安全操作	遵守安全操作规程，正确使用仪器设备	10	因违规操作，损坏元器件或工具仪器设备等，扣 10 分			
7	现场管理	实施任务前后，严格按照要求整理工作现场	10	未按要求进行清洁整理工作现场，扣 10 分			
分数合计			100				
综合评估结果							

知识链接与延伸

五、技能拓展

共阴极数码管的计数循环显示电路如图 2-7-5 所示。

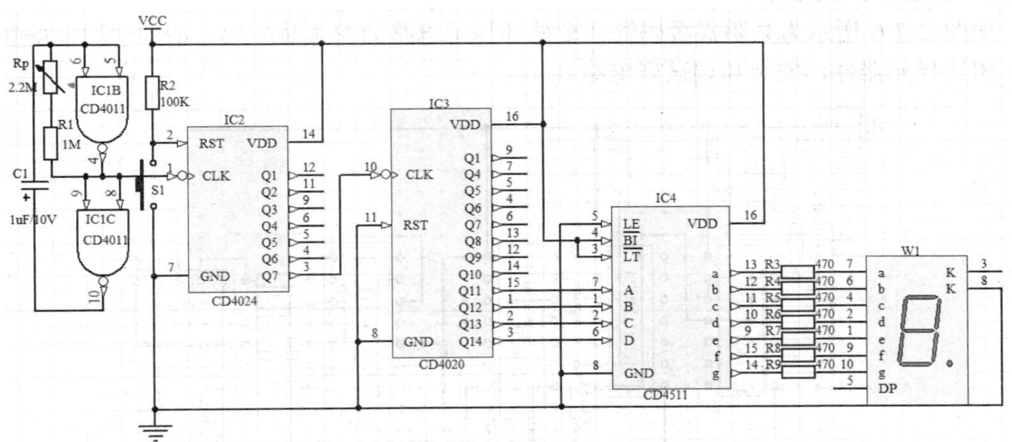

图 2-7-5 共阴极数码管的计数循环显示电路

1. 电路原理

CD4011 与非门电路中取 4、5、6 和 8、9、10 脚两个与非门构成振荡器，RP 电位器可调节振荡器频率。脉冲振荡器产生的方波送至 CD4024 集成电路 1 脚，27 分频后由 3 脚送至 CD4020 集成电路的 10 脚。

CD4020 是一片 14 位同步二进制计数器，CD4024 送来的信号至 CD4020 的 10 脚（CLK）输入。Q_1～Q_{14} 是内部计数级的输出端，其中 Q_1 是最低位，Q_{14} 是最高位。因为此电路后级只用了一位数码管，因此配以 4 位二进制计数器，若把 Q_{11}～Q_{14} 作为 4 位二进制计数输出，则前面 Q_1～Q_{10} 低位就是分频器，它把输入矩形波经 210 分频再去计数。同理若把 Q_{10}～Q_{13} 作为计数器输出，则前面就是 29 分频器，选择不同的连续的 4 级输出作为计数器，可得到不同的分频系数，计数速度不同，末级数码显示翻动的快慢也不同。

CD4511 是七段译码和显示驱动电路，前级 CD4020 输出 4 位二进制数，送到译码器 A、B、C、D 四个输入端，译码器输出经 R3～R9 直接驱动数码管相应的笔画。需要说明 CD4511 是十进制译码器，CD4020 是二进制计数器，当计数器计数到 0～9 时，数码管能相应显示 0～9，而计数器计数到 10～15 时，数码管则不亮。

2. 电路元器件的选择（表 2-7-5）

表 2–7–5　计数循环显示电路（共阴极数码管）元器件的选择列表

元件名称	代　号	元件参数	元件名称	代　号	元件参数
四 2 输入与非门	IC_1	C4011	电阻	R_1	1MΩ
7 位同步二进制计数器（串行）	IC_2	C4024		R_2	100kΩ
14 位同步二进制计数器	IC_3	C4020		R_3～R_9	470Ω
BCD-七段译码器/驱动器（锁存输出）	IC_4	C4511	电位器	RP	2.2MΩ
电解电容	C_1	1μF/10V	数码管	H_1	2TS547R
按钮开关	S_1				

3. 安装和调试电路

如图 2-7-6 所示为共阴极数码管计数循环显示电路的参考装配图。请同学们根据参考装配图选择元器件，安装和调试好电路。

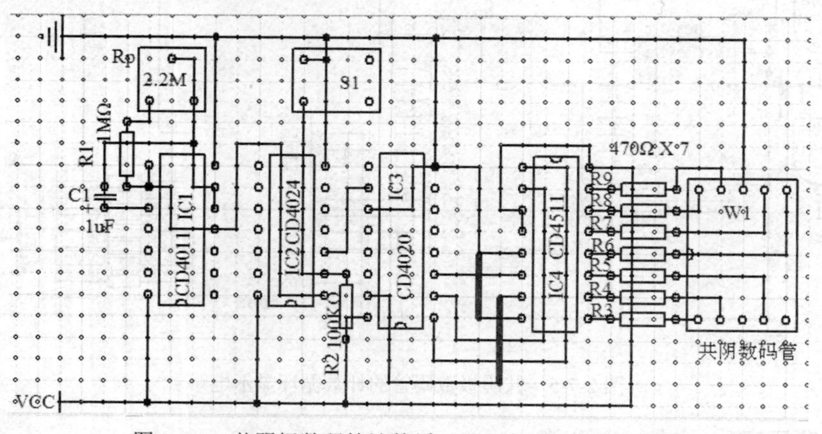

图 2-7-6　共阴极数码管计数循环显示电路的参考装配图

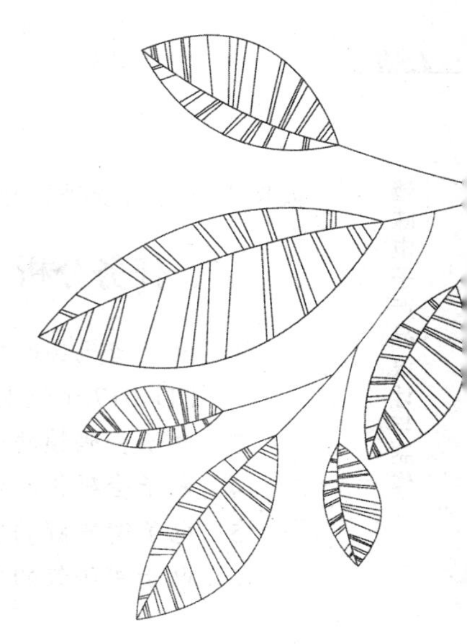

第 3 部分

提高篇

Chapter 3

任务 3.1 制作电子密码锁

学习目标

1. 电子密码锁的功能分析与实现；
2. 电子密码锁的电路设计与仿真；
3. 电子密码锁的电路布线图绘制；
4. 电子密码锁的实物焊接与调试；
5. 电子密码锁的电路改进及优化。

做什么?

一、任务描述

电子密码锁用以 CD4017 构成的数字逻辑电路作为密码锁的核心控制，共设了 10 个用户输入键，其中只有 4 个是有效的密码按键，其他的都是“伪键”，若按下伪键，键盘输入电路自动清零，原先输入的密码无效，需要重新输入；当按到伪键时电路报警，其低位电位可以保持 5 分钟，在这短时间内，如果正确按动所有的密码键，电路便可解除报警。

如果用户输入密码的时间超过 5 分钟，电路将返回停止计数状态。

二、任务分析

1. 电子密码锁的功能分析与实现；
2. CD4017 十进制计数器/脉冲分配器的认识与测试；
3. 电子密码锁的电路设计与仿真；
4. 电子密码锁的电路的原理图、布线图绘制；
5. 电子密码锁的实物焊接与调试；
6. 电子密码锁的电路改进及优化。

学什么?

三、任务实施

（一）电子密码锁的功能分析与实现

电子密码锁的电路原理如图 3-1-1 所示。

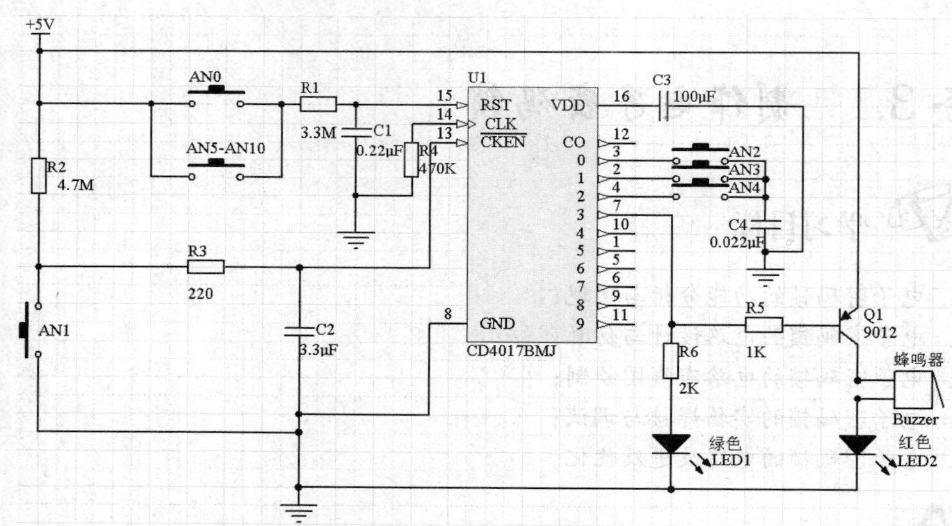

图 3-1-1　电子密码锁的电路原理

本电路由报警触发电路、声光报警电路、数字密码解除开关电路等组成。电路有两种状态：待报警状态和报警状态。电路处于待报警状态时，计数器 CD4017 的第 7 脚 Q_3 端输出高电平，三极管 9012 截止，报警器不工作，处于安全状态。这时如果按动报警器触发电路的报警按钮 AN，CD4017 的第 15 脚，复位端接收到复位信号，$Q_3Q_2Q_1Q_0$=0000，Q_3 输出低电位，三极管 9012 导通，声光报警器报警，要解除报警状态，在本电路中，必须依次按动 AN1、AN2、AN3、AN4 后，计数器 CD4017 通过加 1 计数。其第 7 脚 Q_3 输出

高电平，控制声光报警器停止工作，报警状态解除。

本电路设定的密码 4 位，分别由 AN1、AN2、AN3、AN4 来输入密码。当电路处于报警状态时，如果尚未按动任何密码键，时钟选通控制端（$\overline{CKEN}$）的积分电路充电，使它保持高电平，这时，无论按动其他任何按钮（包括 AN2、AN3、AN4），计数器 CD4017 都不能计数，当按下 AN_1 键后，$\overline{CKEN}$ 端（第 13 脚）电位变低且 Q_0=1；此时再按动 AN_2 连通 Q0 端和 CP 端，CD4017 做加 1 计数；其结果是 Q_0 端变为低电平，而 Q_1 变为高电平。继续依次按动 AN3、AN4 最后的结果是 CD4017 的 Q_3 端输出高电位，声光报警电路就会解除报警状态。

由于首先要按动的是 AN1，它使得 $\overline{CKEN}$ 端电位变低，但当 AN_1 松开后，该端的积分电路 R_3，C_2 就会继续充电，导致该端点位升高，其低电位可以保持约 5 分钟。如果在这段时间内，正确按动所有的密码键，电路便可解除报警。如果超过 5 分钟时间，电路就会返回停止计数状态，这时按任何键，声光报警状态都不能解除。

1. 密码修改电路

密码修改电路（见图 3-1-2）由 AN_0～AN_{10}，密码的设置可以用改变按钮 AN1.AN2.AN3.AN4 的位置来实现。也可以使用 10 个按钮开关，从 AN1～AN10 分别表示 0、1、2……9，在 0～9 这 10 个数字键中，选定密码键分布在不同的数字，就组成了不同的密码。

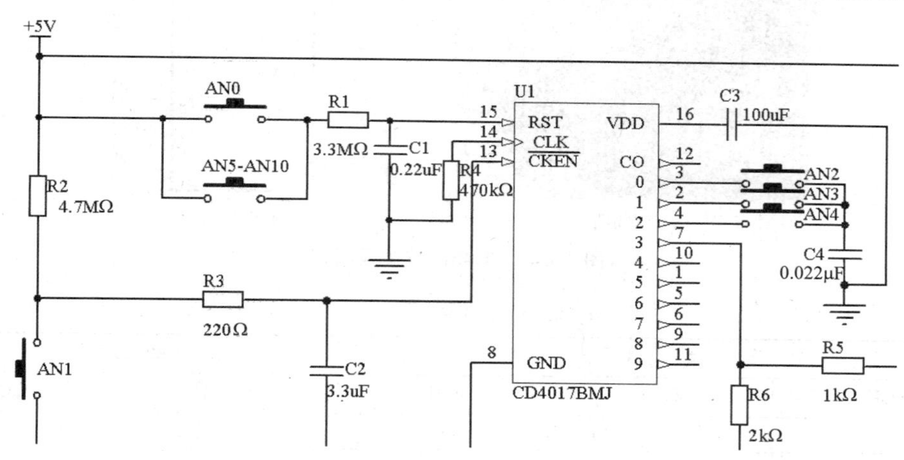

图 3-1-2 密码修改电路

2. 报警电路

报警电路实现的功能（图 3-1-3）是：当按动 AN_0，AN_5～AN_{10} 伪键时，电路报警，防止他人恶意开锁。电路分为两种工作状态：待报警状态和报警状态。

（1）处于待报警状态时，计数器 CD4017 的第 7 脚 Q_3 端输出高电平，三极管 2N3906 截止，报警器不工作。

（2）处于安全状态时，如果按动报警器触发电路的报警按钮 AN 三极管 2N3906 导通，声光报警器报警，要解除报警状态，在本电路中，必须依次

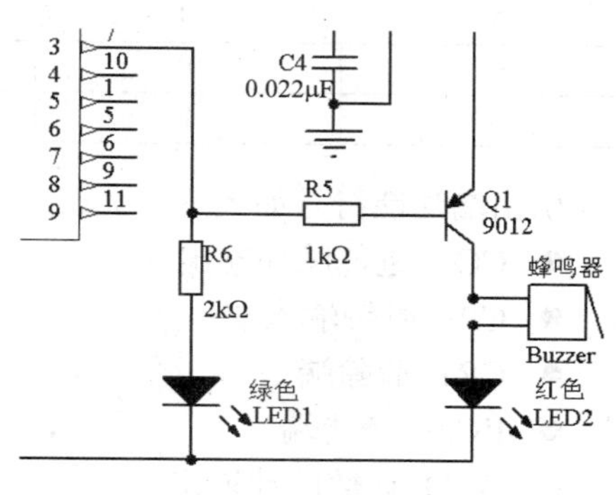

图 3-1-3 报警电路

按动 AN1、AN2、AN3 和 AN4。

（二）CD4017 十进制计数器/脉冲分配器的认识与测试

CD4017 是 5 位 Johnson 计数器，具有 10 个译码输出端，CP、CR、INH 输入端。时钟输入端的斯密特触发器具有脉冲整形功能，对输入时钟脉冲上升和下降时间无限制。INH 为低电平时，计数器在时钟上升沿计数；反之，计数功能无效。CR 为高电平时，计数器清零。

Johnson 计数器，提供了快速操作、2 输入译码选通和无毛刺译码输出。防锁选通，保证了正确的计数顺序。一般译码输出为低电平，只有在对应时钟周期内保持高电平。在每 10 个时钟输入周期 CO 信号完成一次进位，并用作多级计数链的下级脉动时钟。

CD4017 提供了 16 引线多层陶瓷双列直插（D）、熔封陶瓷双列直插（J）、塑料双列直插（P）和陶瓷片状载体（C）4 种封装形式。

（a）实物图

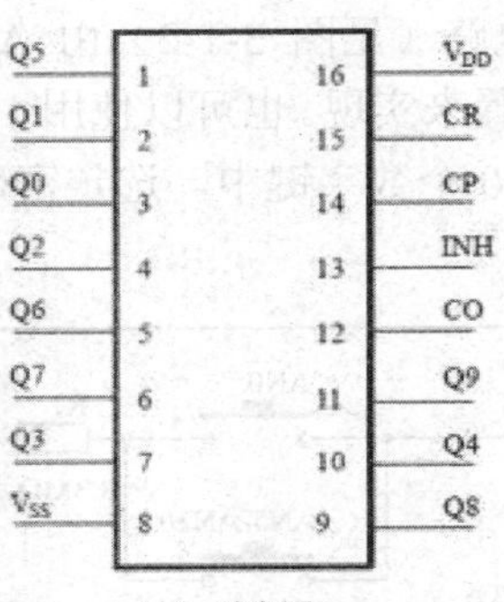

（b）引脚图

图 3-1-4　CD4017 实物及引脚图

表 3–1–1　　CD4017 真值表

输　入			输　出	
CP	CR	INH	Q_0～Q_9	CO
X	X	H	Q_0	计数脉冲为 Q_0～Q_4 时：CO=H
↑	L	L	计数	
H	↓	L		
L	X	L	保持	计数脉冲为 Q_5～Q_9 时：CO=L
X	H	L		
↓	X	L		
X	↑	L		

引出端功能符号如下：

- CO：进位脉冲输出
- CP：时钟输入端
- CR：清除端
- INH：禁止端
- Q_0-Q_9 计数脉冲输出端

- V_{DD}：正电源
- V_{SS}：地

怎样做?

（三）电子密码锁的电路设计与仿真

1. 新建仿真文件

打开仿真设计软件protues，单击工具栏的“新建文件”按钮，新建一个仿真文件，然后单击左上侧工具条上的“元件模式”，如图3-1-5所示。

2. 从元件库中选取器件

单击字母“P”从库中选取元器件（见图3-1-6），在弹出的“选取器件”对话框的关键字处，输入所需查找的元器件名称，比如按钮button，即可在右侧的西方世界栏中显示所查找到的器件，如图3-1-7所示。

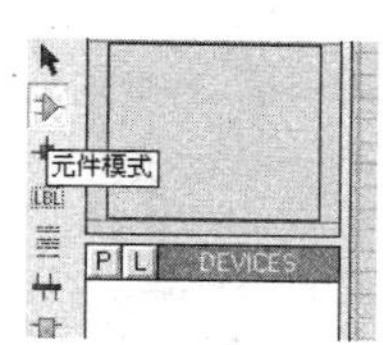

图3-1-5 单击 “元件模式”

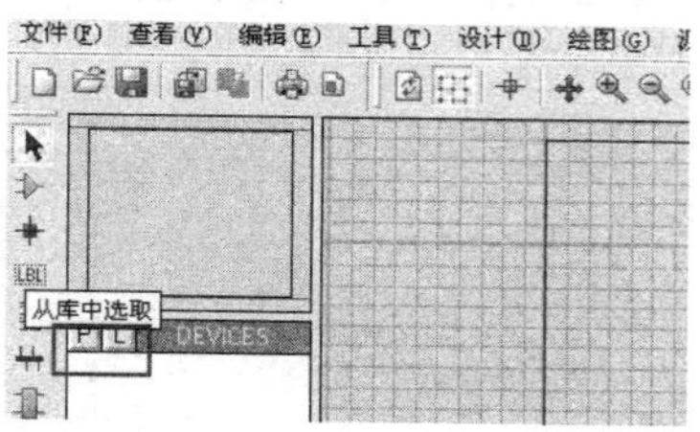

图3-1-6 选取元器件

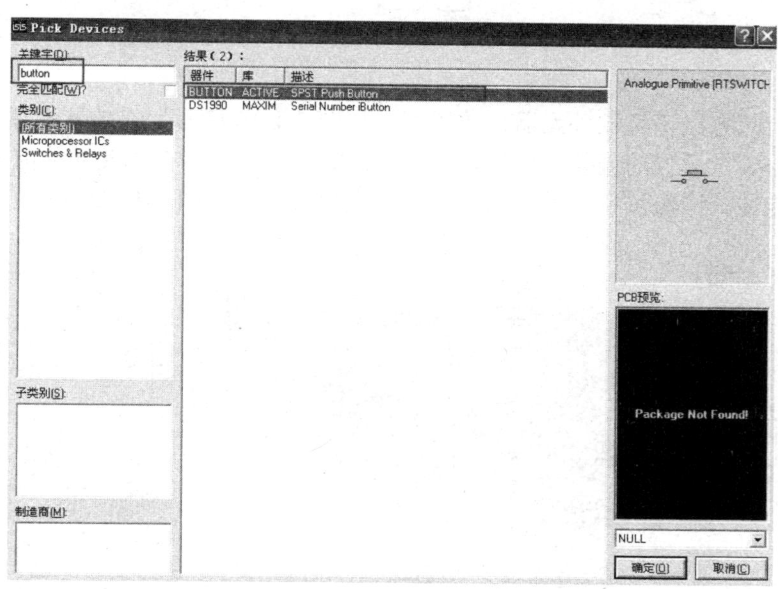

图3-1-7 显示所查找到的器件

电子密码锁所需的元器件列表如图3-1-7所示，在图中的器件选择对话框中，依次查找所需器件，在结果栏中双击所需的元器件，即可将其添加到器件列表中，如图3-1-8所示。

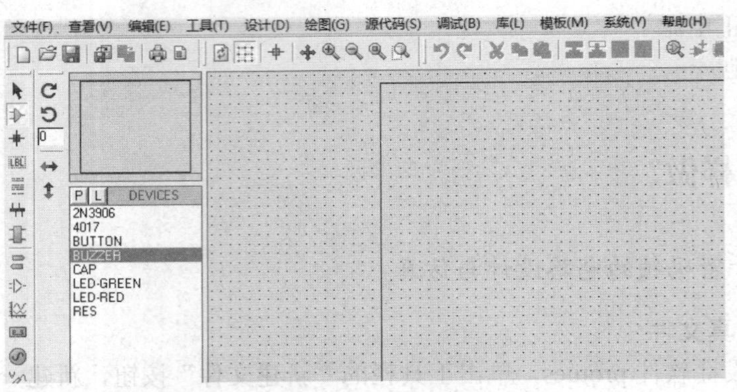

图 3-1-8 添加器件

3. 放置元器件

在元器件列表栏中，单击需要放置的元器件，比如按钮 button，将鼠标移到元器件放置处单击，将显示元器件的轮廓，再次单击，即可完成元器件放置操作。也可以将鼠标移动到放置处，双击鼠标左键即可放置。放置好的按键和 4017 等元器件如图 3-1-9 所示。

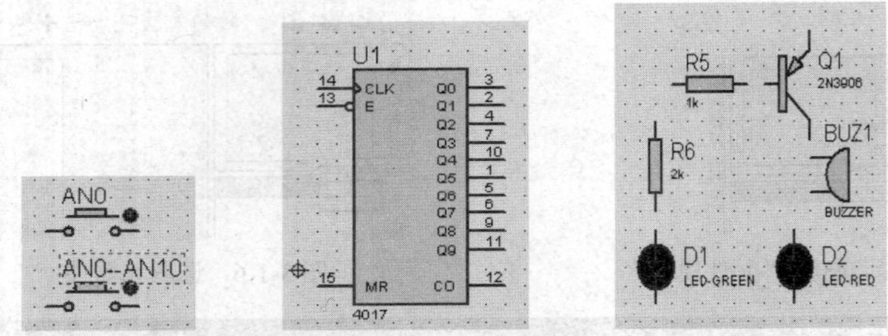

图 3-1-9 放置好的按键和 4017 等元件

根据以上的方法，将相关元器件放置好，如图 3-1-10 所示。在放置元器件的过程中，有些元器件需要做适当的调整，比如旋转、镜像等，此时，可在放置元件前单击左侧工具条最下端的旋转、镜像按钮，使元器件的放置更加合理，如图 3-1-11 所示。

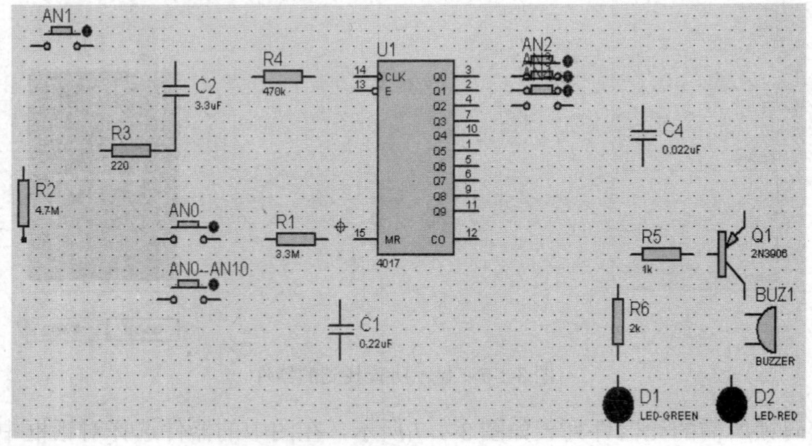

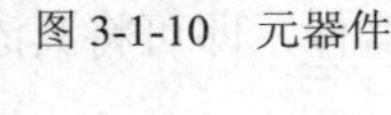
图 3-1-10 元器件

4. 放置电源端口

单击软件左侧工具条上的“终端模式”按钮，在终端列表栏中分别找到POWER（电源正极）和GROUND（电源负极），按照放置元器件的方法放置电源端口，如图3-1-12所示。

图3-1-11　单击旋转、镜像按钮

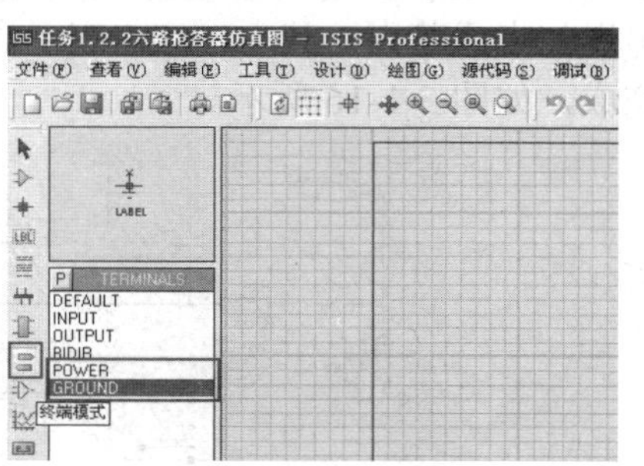

图3-1-12　放置电源端口

5. 电路连线

Protues仿真软件的电路连线功能相当智能化，只需要将鼠标移动到器件的引脚处，即会显示一个虚线的四方形，如图3-1-13所示。此时单击鼠标，移动鼠标到连线的终端处，再次单击鼠标，即完成连线操作，如图3-1-14所示。

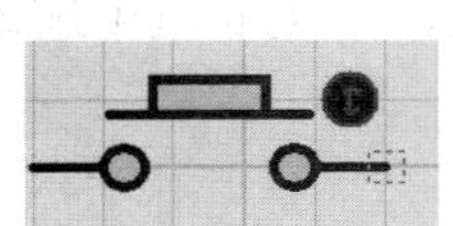

图3-1-13　会显示一个虚线的四方

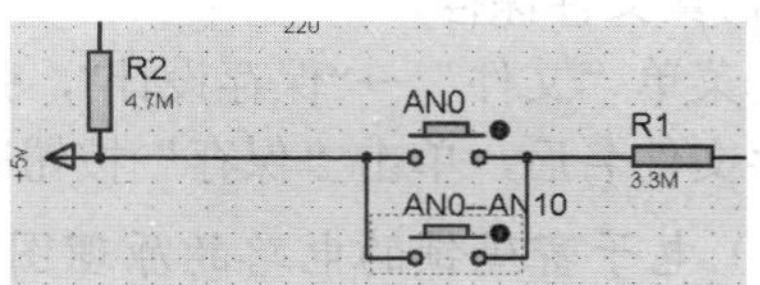

图3-1-14　完成连线操作

在进行连线的过程中，某些元器件因为位置原因，使得连线比较混乱，此时，需要适当调整元件的位置和方向等，方法是用鼠标选中需要移动的元器件，拖动鼠标到目的地，松开鼠标即可。

另外，在连线时可能因为粗心将连线接错，此时，只需要对接错的线双击鼠标右键即可删除，删除后重新进行正确连线即可。

最终连接完成的电子密码锁电路如图3-1-15所示。

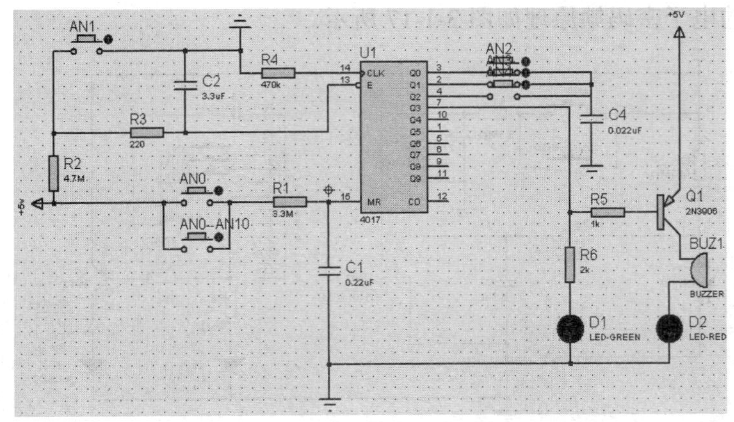

图3-1-15　最终连接完成的电子密码锁电路

6. 电路仿真

电路接线完成后，需要进一步检查有无遗漏，确保线路的连接正确后，单击窗口左下方处的仿真按钮 ▶ ▷ ‖ ■，即可启动电路仿真。在仿真时，元器件的引脚会出现红点或蓝点，其中，红点表示高电平，蓝点表示低电平，至此，电子密码锁电路仿真完成，如图 3-1-16 所示。

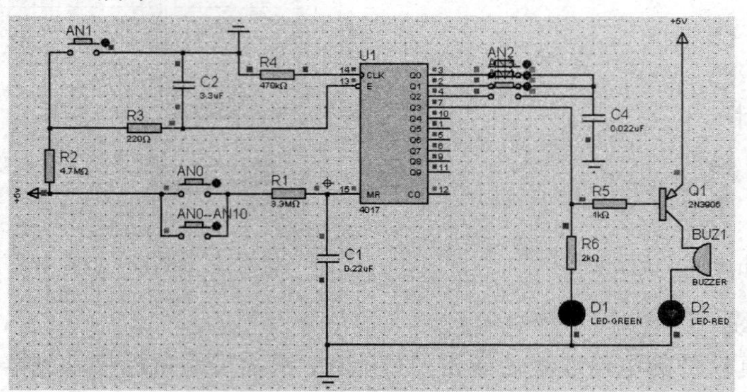

图 3-1-16　电子密码锁电路仿真完成

7. 仿真文件保存

单击菜单“文件”→“保存设计”，弹出仿真文件保存对话框，在对话框中选择保存路径、保存文件名后，单击“保存”按钮即可。

（四）电子密码锁的电路的原理图、布线图绘制

1. 电子密码锁电路原理图绘制

所需库元件见表 3-1-2。

表 3–1–2　　库元件名称

元　　件	所 在 库
CD4017	NSC Logic Counter.IntLib
蜂鸣器	Miscellaneous Devices.IntLib
其他元件	Miscellaneous Devices.IntLib

最终完成的电子密码锁原理如图 3-1-17 所示。

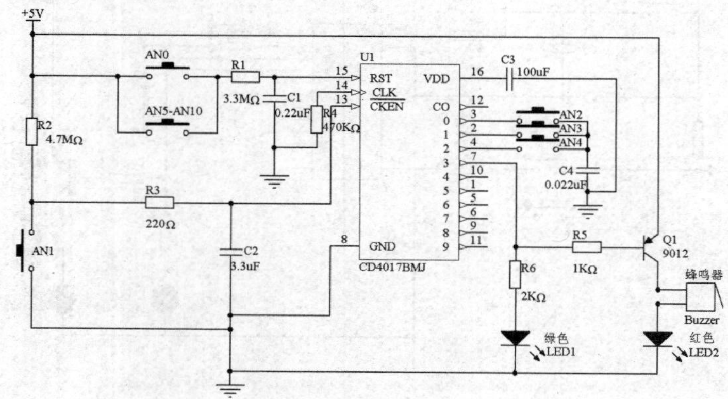

图 3-1-17　最终完成的电子密码锁原理图

2．电子密码锁电路布线图绘制

电子密码锁的电路布线图参考如图 3-1-18 所示，此处不再详细论述。

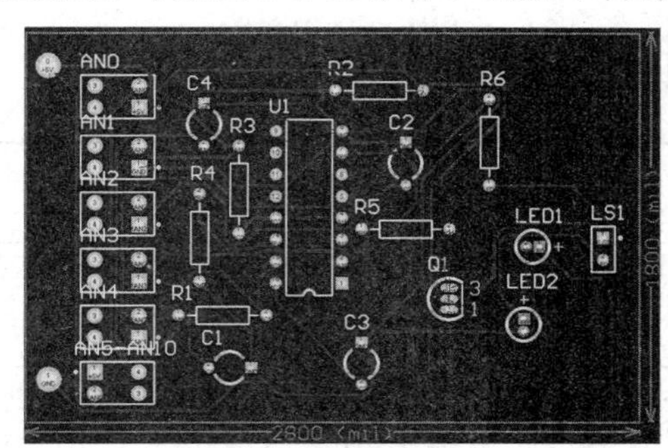

图 3-1-18　电子密码锁的电路布线图

电子密码锁的手工布线图请同学们根据之前学习的知识，自行绘制，经教师检查无误后方可进行实物焊接。

（五）电子密码锁的实物焊接与调试

根据布线图和实物图，进行电子密码锁的实物焊接与调试。

1．电路元器件的选择

所需库元件见表 3-1-3。

表 3-1-3　　电子密码锁电路的元器件列表

元件名称	代　　号	元件参数	元件名称	代　　号	元件参数
电阻	R_1	3.3MΩ	按钮	AN_0～AN_{10}	SW-PB
	R_2	4.7MΩ	三极管	9012	PNP
	R_3	220Ω	蜂鸣器	Buzzer	
	R_4	470kΩ	CD4017	CD4017BMJ	
	R_5	1kΩ	发光二极管	LED_1	绿色
	R_6	2kΩ		LED_2	红色

2．焊接与调试

（1）焊接注意事项

焊接集成芯片时，一定要焊接 IC 插座，不要直接把集成芯片直接焊接到电路上；在安装发光二极管、三极管和蜂鸣器时，要注意极性引脚，不要装错；在安装按钮时，注意区别四个引脚的连接关系，必要时使用万用表检测一下。

（2）调试方法

在按下按钮前，用万用表测量 CD4017 的 3 脚和 7 脚是否为高电平，然后按下按钮 AN_1（按完立即松开），再用万用表测量 CD4017 的 3 脚是否变为低电平，5 分钟后，再次测量 3 脚是否恢复为高电平。按下 AN_0 或 AN_5-AN_{10}，测量 7 脚是否输出低电平。

（六）电子密码锁的电路改进及优化

电子密码锁电路的优化，主要从密码的复杂性进行考虑。比如可考虑增加“伪键”的数量，以增加密码不被“猜中”的机率；可修改电路，设定错误密码输入的次数，达到错误密码输入次数时，将密码输入键锁定，防止继续输入；可考虑改善声光报警部分电路等。请同学们根据相关提示查阅资料，对密码锁电路进行优化及改进。

四、任务检测与评估

序号	检测项目	考核内容	配分	评分标准	评估结果		
					个人	小组	教师
1	元器件的识别与检测	电阻、电容的读数，三极管管脚的检测，集成电路的使用	15	一个元器件识别检测错误扣2分，两个错误扣5分，三个错误扣10分			
2	元器件的插装工艺	将CD4017、电阻、发光二极管正确插装到电路板中	5	一个元器件工艺不合格扣1分			
3	焊接工艺	焊盘之间无虚焊、漏焊；光芯线连接横平竖直；每三个焊盘进行固定焊接	20	一个焊点不合格扣1分，超过三个焊盘无固定一次扣2分			
4	电路原理	叙述计数电路、脉冲分配器电路的工作原理；叙述电子密码锁电路的工作原理	20	逻辑功能或电路原理叙述不完整每项扣10分			
5	电路调试	在CD4017的正常计数时，利用万用表或示波器测量其输出引脚的电平波形	20	不能正确使用设备扣10分，波形记录不完整扣10分			
6	安全操作	遵守安全操作规程，正确使用仪器设备	10	因违规操作，损坏元器件或工具仪器设备等，扣10分			
7	现场管理	实施任务前后，严格按照要求整理工作现场	10	未按要求进行清洁整理工作现场，扣10分			
分数合计			100				
综合评估结果							

任务3.2　制作可调光台灯

学习目标

1. 可调光台灯的功能分析与实现；
2. 可调光台灯的电路设计与仿真；
3. 可调光台灯的电路布线图绘制；
4. 可调光台灯的实物焊接与调试；
5. 可调光台灯的电路改进及优化。

做什么？

一、任务描述

制作可调光台灯电路，通过改变可调电阻的阻值调节灯的亮度，从而实现台灯的调光功能。

二、任务分析

1. 可调光台灯的功能分析与实现；
2. 单结晶体管和单向晶闸管的认识与测试；
3. 可调光台灯的电路设计与仿真；
4. 可调光台灯的电路的原理图、布线图绘制；
5. 可调光台灯的实物焊接与调试；
6. 可调光台灯的电路改进及优化。

学什么？

三、任务实施

（一）可调光台灯的功能分析与实现

可调光台灯的电路原理图如图 3-2-1 所示。

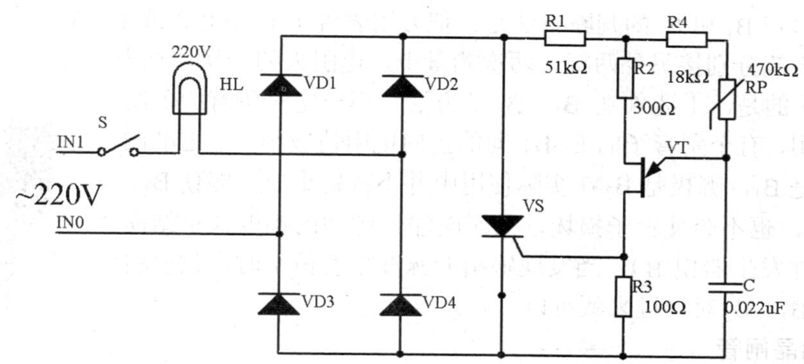

图 3-2-1 可调光台灯的电路原理图

本电路中 VT、R_2、R_3、R_4、R_P、C 组成单结晶体管张弛振荡器。接通电源前，电容 C 上电压为零。接通电源后，电容经由 R_4、R_P 充电，电压 Ve 逐渐升高。当达到峰点电压时，e-b1 间导通，电容上电压经 e-b1 向电阻 R_3 放电。当电容上的电压降到谷点电压时，单结晶体管恢复阻断状态。此后，电容又重新充电，重复上述过程，结果在电容上形成锯齿状电压，在 R_3 上则形成脉冲电压。此脉冲电压作为可控硅 VS 的触发信号。调节 R_P 的阻值，可改变触发脉冲的相位，控制晶闸管 VS 的导通角，调节灯的亮度。

（二）单结晶体管和单向晶闸管的认识与测试

1. 单结晶体管

单结晶体管有两个基极，仅有一个 PN 结，故称双基极二极管或单结晶体管，如图 3-2-2

所示。图 3-2-3 所示是单结晶体管的图形符号，发射极箭头倾斜指向 b1，表示经 PN 结的电流只流向 b1 极。国产单结晶体管有 BT31、BT32、BT33、BT35 等型号。

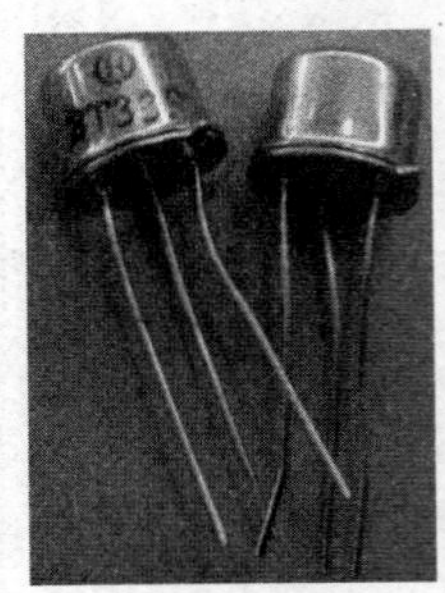

图 3-2-2　单结晶体管

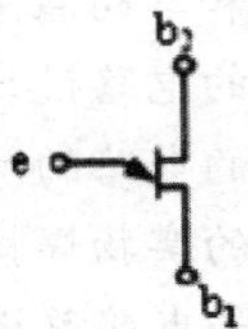

图 3-2-3　单结晶体管的图形符号

单结晶体管在一定条件下具有负阻特性，即当发射极电流 Ie 增加时，发射极电压 Ve 反而减小。利用单结晶体管的负阻特性和 RC 充放电电路，可制作脉冲振荡器。

单结晶体管的主要参数有基极直流电阻 Rbb 和分压比 η。Rbb 是射极开路时 b1、b2 间的直流电阻，约 2k～10kΩ，Rbb 阻值过大或过小均不宜使用。η 是 b1、b2 间的分压比，其大小由管内工艺结构决定，一般为 0.3～0.8。

判断单结晶体管发射极 E 的方法是：把万用表置于 R×100 挡或 R×1k 挡，黑表笔接假设的发射极，红表笔接另外两极，当出现两次低电阻时，黑表笔接的就是单结晶体管的发射极。

单结晶体管 B_1 和 B_2 的判断方法是：把万用表置于 R×100 挡或 R×1k 挡，用黑表笔接发射极，红表笔分别接另外两极，两次测量中，电阻大的一次，红表笔接的就是 B_1 极。

应当说明的是，上述判别 B_1、B_2 的方法，不一定对所有的单结晶体管都适用，有个别管子的 E--B1 间的正向电阻值较小。不过准确地判断哪极是 B_1，哪极是 B_2 在实际使用中并不特别重要。即使 B_1、B_2 用颠倒了，也不会使管子损坏，只影响输出脉冲的幅度（单结晶体管多作脉冲发生器使用），当发现输出的脉冲幅度偏小时，只要将原来假定的 B_1、B_2 对调过来就可以了。

图 3-2-4　晶闸管流管

2. 单向晶闸管

晶闸管流管又名可控硅，简称晶闸管，如图 3-2-4 所示。广泛应用于无触点开关电路及\可控整流设备。晶闸管有三个电极：阳极 A、阴极 K 和控制极 G。

单向晶闸管有以下三个工作特点。

（1）晶闸管导通必须具备两个条件：一是晶闸管阳极 A 与阴极 K 间必须接正向电压，二是控制极与阴极之间也要接正向电压。

（2）晶闸管一旦导通后，降低或去掉控制极电压，晶闸管仍然导通。

（3）晶闸管导通后要关断时，必须减小其阳极电流使其小于晶闸管的导通维持电流。

晶闸管的控制电压 V_G 和电流 I_G 都较小，电压仅几伏，电流只有几十至几百毫安，但被控制的电压或电流却可以很大，可达数千伏、几百安培。可见晶闸管是一种可控单向导电开关，常用于弱电控制强电的各类电路。

对可控硅的引脚区分，有的可从外形封装加以判别，如外壳就为阳极，阴极引线比控制极引线长。从外形无法判断的可控硅，可用万用表 R×100 挡或 R×1K 挡，测量可控硅任

意两管脚间的正反向电阻，当万用表指示低阻值（几百欧至几千欧的范围）时，黑表笔所接的是控制极 G，红表笔所接的是阴极 K，余下的一只管脚为阳极 A。

怎样做?

（三）可调光台灯的电路设计与仿真

可调光台灯电路使用软件 Protues 进行仿真，放置元件等操作步骤请参考任务 3.1 电子密码锁。

1. 可调光台灯所需的元器件列表如图 3-2-5 所示，在图中的器件选择对话框中，依次查找所需器件，在结果栏中双击所需的元器件，即可将其添加到器件列表中。

2. 放置交流电源 220V

单击软件左侧工具条上的“激励源模式”按钮（），在激励源列表栏中找到正弦波信号 SINE，按照放置元器件的方法放置交流电源，如图 3-2-6 所示。

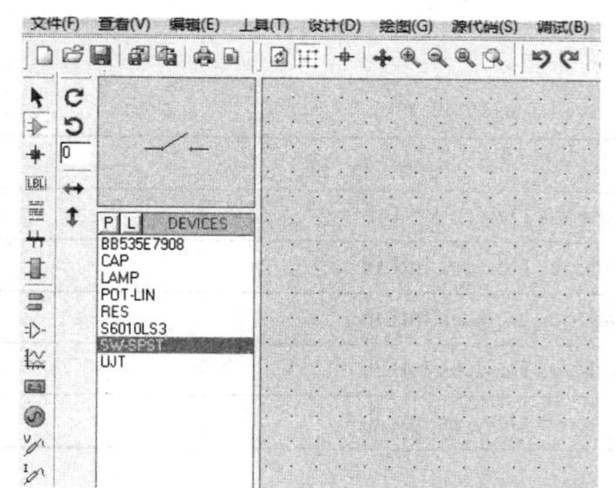

图 3-2-5 可调光台灯所需的元器件列表

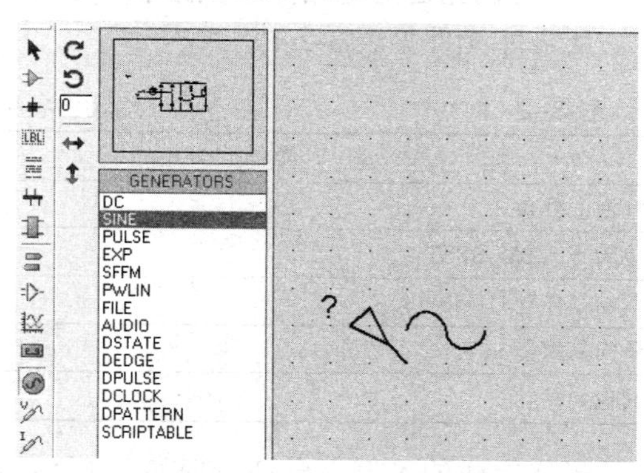

图 3-2-6 按照放置元器件的方法放置交流电源

然后双击元件，设置有效值为 220，振幅为 50Hz，完成交流电源 220V 的设置，如图 3-2-7 所示。

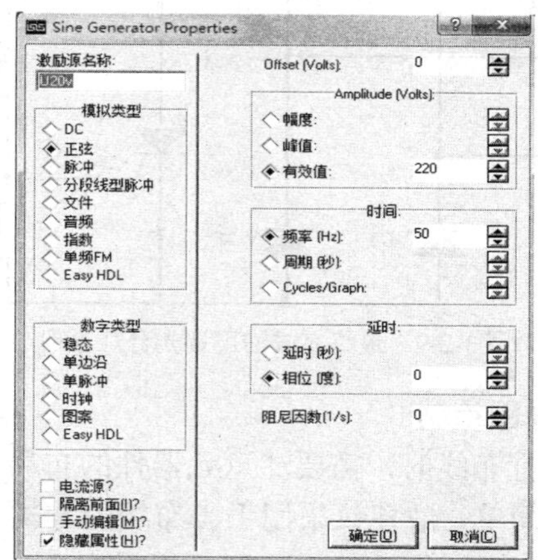

图 3-2-7 设置激励源

3. 最终连接完成的可调光台灯

最终连接完成的可调光台灯电路如图 3-2-8 所示。

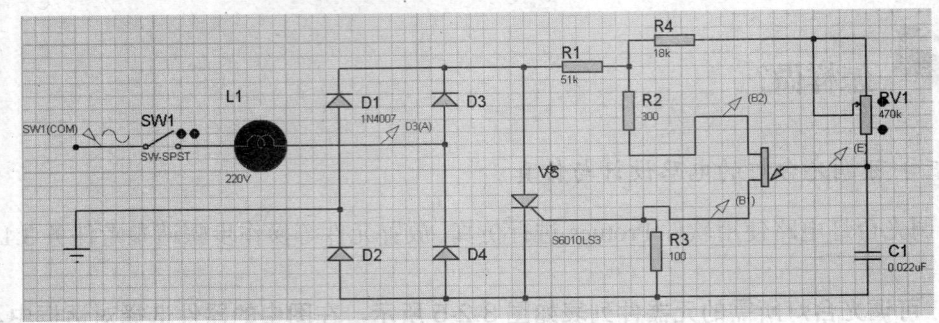

图 3-2-8　最终连接完成的可调光台灯电路

（四）可调光台灯的电路的原理图、布线图绘制

1. 可调光台灯电路原理图绘制

所需库元件见表 3-2-1。

表 3–2–1　　库元件名称

元　件	所 在 库
灯泡 LAMP	Miscellaneous Devices.IntLib
单向开关 SW-SPST	Miscellaneous Devices.IntLib
单结晶体管 UJT-N	Miscellaneous Devices.IntLib
单向晶闸管 SCR	Miscellaneous Devices.IntLib
其他元件	Miscellaneous Devices.IntLib

最终完成的可调光台灯原理如图 3-2-9 所示。

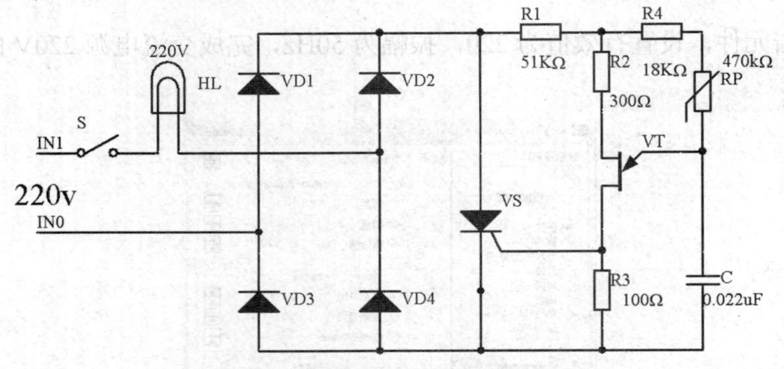

图 3-2-9　最终完成的可调光台灯原理

2. 可调光台灯电路布线图绘制

在对可调光台灯电路进行布线时，需要注意元器件的布局，做到合理规范，同时考虑走线方便。由于本电路相对简单，故建议采用手工布线的方式或者直接用手工在稿纸上画出其布线图。

在布线的过程中，要充分考虑所使用的电路板是 PCB 板还是万能板，一般情况下，使用万能板，因此，布线时就要认真考虑到走线的“横平竖直”，以及元器件引脚间过线的数量等问题。可调光台灯的电路布线图和手工布线图参考如图 3-2-10 和图 3-2-11 所示，此处不再详细论述。

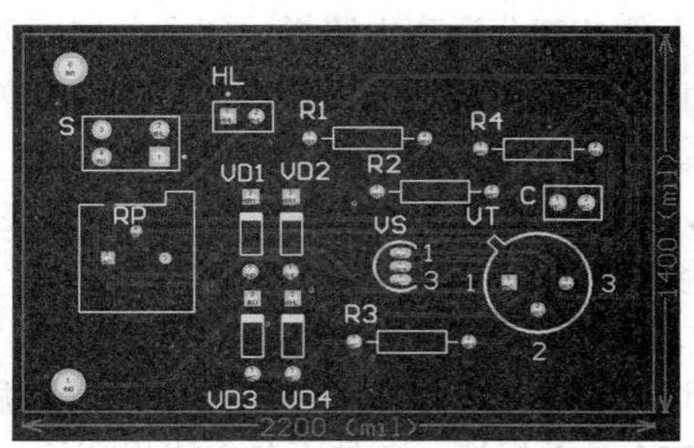

图 3-2-10　可调光台灯的电路布线图

请学生参考上述布线图，自行画出手工布线图，如图 3-2-11 所示。

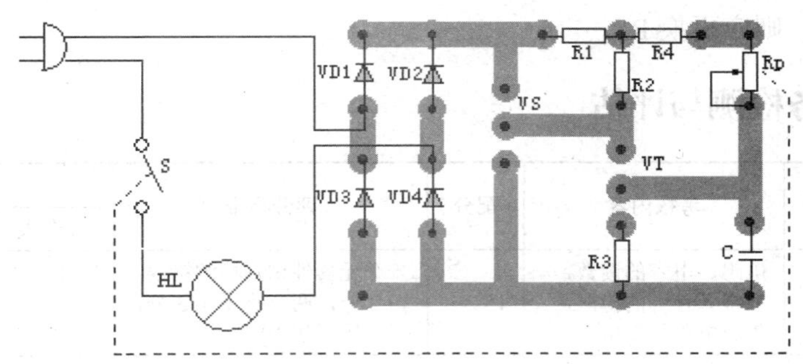

图 3-2-11　手工布线图

（五）可调光台灯的实物焊接与调试

根据布线图和实物图，进行可调光台灯的实物焊接与调试。

1．电路元器件的选择

所需器件见表 3-2-2。

表 3-2-2　可调光台灯电路元器件列表

元件名称	代　号	元件参数	元件名称	代　号	元件参数
电阻	R_1	51kΩ	涤纶电容器	C	0.022μF/63V
	R_2	300Ω	二极管	VD_1～VD_4	1N4007
	R_3	100Ω	晶闸管	VS	3CT
	R_4	18kΩ	单结晶体管	VT	BT33
带开关电位器	R_P	470kΩ	灯泡	HL	220V，25W

2．焊接与调试

（1）焊接注意事项

在焊接单结晶体管时，要使用万用表测出发射机 e，还有 b_1，b_2 级；焊接单向晶闸管，要区分阳极 A，阴极 K，控制级 G；在安装二极管时，要注意极性引脚，不要装错。

（2）调试方法

（a）由于电路直接与市电相连，调试时应注意安全，防止触电。调试前认真、仔细核查各元器件安装是否正确可靠，最后插上灯泡，进行调试。

（b）插上电源插头，人体各部分远离电路板，闭合单向闸刀开关前，先把可调电阻的阻值调到最大阻值处，防止电流过大烧坏元器件；然后闭合开关，缓慢调节可调电阻的阻值，观察灯泡的亮度变化。

（c）右旋电位器把柄，灯泡应逐渐变亮，右旋到头灯泡最亮；反之，左旋电位器把柄，灯泡应逐渐变暗，左旋到头灯光熄灭。

（3）常见故障与排除方法

（a）灯泡不亮，不可调光由 BT33 组成的单结晶体管张弛振荡器停振，可造成灯泡不亮，不可调光。可检测 BT33 是否损坏，C 是否漏电或损坏等。

（b）电位器顺时针旋转时，灯泡逐渐变暗，这是电位器中心轴头接错位置所致。

（c）调节电位器 R_P 至最小位置时，灯泡突然熄灭，可检测 R_4 的阻值，若 R_4 的实际阻值太小或短路，则应更换 R_4。

四、任务检测与评估

序号	检测项目	考核内容	配分	评分标准	评估结果		
					个人	小组	教师
1	元器件的识别与检测	电阻、电容的读数，三极管管脚的检测，集成电路的使用	15	一个元器件识别检测错误扣 2 分，两个错误扣 5 分，三个错误扣 10 分			
2	元器件的插装工艺	将单结晶体管、电阻、发光二极管正确插装到电路板中	5	一个元器件工艺不合格扣 1 分			
3	焊接工艺	焊盘之间无虚焊、漏焊；光芯线连接横平竖直；每三个焊盘进行固定焊接	20	一个焊点不合格扣 1 分，超过三个焊盘无固定一次扣 2 分			
4	电路原理	叙述计单结晶体管的工作原理；叙述可调光台灯电路的工作原理	20	逻辑功能或电路原理叙述不完整每项扣 10 分			
5	电路调试	通电测试，并对故障进行排除，使电路正常工作	20	不能正确使用设备扣 10 分，电路功能不完整扣 10 分			
6	安全操作	遵守安全操作规程，正确使用仪器设备	10	因违规操作，损坏元器件或工具仪器设备等，扣 10 分			
7	现场管理	实施任务前后，严格按照要求整理工作现场	10	未按要求进行清洁整理工作现场，扣 10 分			
分数合计			100				
综合评估结果							

任务3.3 制作触摸、声控双延时灯

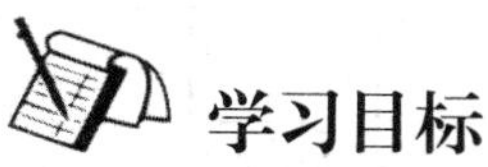

1. 触摸、声控双延时灯的功能分析与实现；
2. 触摸、声控双延时灯的电路设计与仿真；
3. 触摸、声控双延时灯的电路布线图绘制；
4. 触摸、声控双延时灯的实物焊接与调试；
5. 触摸、声控双延时灯的电路改进及优化。

做什么？

一、任务描述

制作触摸、声控双延时灯电路，可以通过压电陶瓷片接收声波信号或者通过人体触摸金属片实现照明灯的开灯功能，并可根据实际需要设置灯泡点亮的时间。

二、任务分析

1. 触摸、声控双延时灯的功能分析与实现；
2. 555集成电路的认识与测试；
3. 触摸、声控双延时灯的电路设计与仿真；
4. 触摸、声控双延时灯的电路的原理图、布线图绘制；
5. 触摸、声控双延时灯的实物焊接与调试；
6. 触摸、声控双延时灯的电路改进及优化。

三、任务实施

（一）触摸、声控双延时灯的功能分析与实现

触摸、声控双延时灯的电路原理图如图3-3-1所示。

该电路用于控制过道、洗手间等照明灯的开关。

单向可控硅SCR（MCR100-8）组成电灯主回路，SCR导通与否取决于555时基电路输出端3脚电平的高低。555时基电路工作在单稳态模式，平时在稳定态，输出端3脚输出为低电平，单向可控硅SCR截止，电灯不亮。

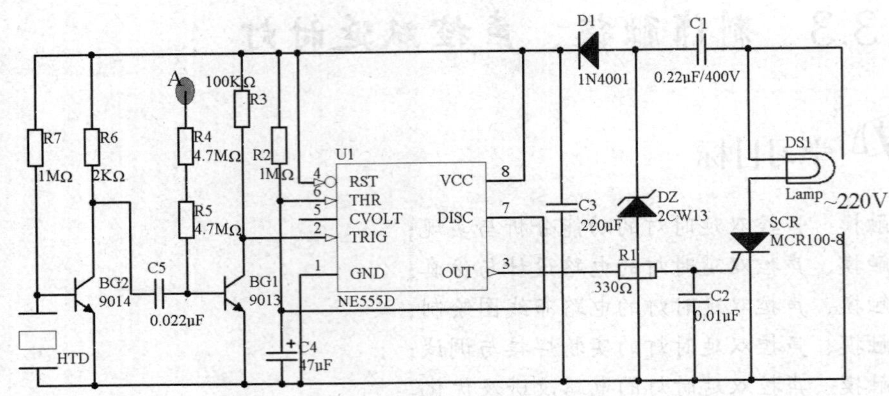

图 3-3-1　触摸、声控双延时灯的电路原理图

当拍一下手掌，压电陶瓷片 HTD 感受到声波信号，该声波信号经过三极管 BG2 放大、电容 C_5 耦合、输入到三极管 BG_1 基极，使 BG_1 集电极电位瞬间下降。如果不拍手，而是用手触摸一下金属片 A，人体感应的交流杂波信号经电阻 R_4、R_5 加在三极管 BG_1 的基极，信号正半周足以使 BG_1 导通，所以 BG_1 集电极电位也随之下降。

555 时基电路触发端 2 脚呈低电平，电路发生翻转而进入暂态，其输出端 3 脚输出高电平，单向可控硅 SCR 由电阻 R_1 获得触发电流而导通，电灯点亮。同时，555 时基电路内部放电管截止，电容 C_4 通过电阻 R_2 开始充电，使阀值端 6 脚电位上升，当 6 脚电位上升到 $2/3V_{CC}$ 时，555 时基电路暂态结束，电路返回稳定态，输出端 3 脚输出低电平，单向可控硅 SCR 失去触发电压而截止，电源关断，电灯熄灭。电灯每次点亮时间即是 555 时基电路暂态时间，即：$T=1.1\times R2\times C4$。

实际时间较计算值大，这是因为电容漏电因素和电容正误差偏多缘故。按图 3-3-1 中参数，电灯点亮时间约为 60 秒，若想点亮时间长些，只要加大电阻 R_2 阻值或电容 C_4 容量。

电容 C_2 的作用是抗干扰，防止电网电压波动或开关其他家用电器造成干扰脉冲对本开关误触发。电阻 R_4、R_5 为两个高阻串联，确保触摸者人体绝对安全。

（二）触摸、声控双延时灯的认识与测试

1．555 集成电路

555 集成电路芯片的有关内容请参阅基础篇的相关内容。

2．可控硅 SCR

可控硅（SCR）国际通用名称为 Thyyistoy，中文简称晶闸管。它能在高电压、大电流条件下工作，具有耐压高、容量大、体积小等优点，它是大功率开关型半导体器件，广泛应用在电力、电子线路中。

（1）可控硅的特性

可控硅分单向可控硅、双向可控硅。单向可控硅有阳极 A、阴极 K、控制极 G 三个引出脚。双向可控硅有第一阳极 A_1（T_1），第二阳极 A_2（T_2）、控制极 G 三个引出脚。

只有当单向可控硅阳极 A 与阴极 K 之间加有正向电压，同时控制极 G 与阴极间加上所需的正向触发电压时，方可被触发导通。此时 A、K 间呈低阻导通状态，阳极 A 与阴极

K间压降约1V。单向可控硅导通后，控制器G即使失去触发电压，只要阳极A和阴极K之间仍保持正向电压，单向可控硅继续处于低阻导通状态。只有把阳极A电压拆除或阳极A、阴极K间电压极性发生改变（交流过零）时，单向可控硅才由低阻导通状态转换为高阻截止状态。单向可控硅一旦截止，即使阳极A和阴极K间又重新加上正向电压，仍需在控制极G和阴极K间又重新加上正向触发电压方可导通。单向可控硅的导通与截止状态相当于开关的闭合与断开状态，用它可制成无触点开关。

双向可控硅第一阳极A_1与第二阳极A_2间，无论所加电压极性是正向还是反向，只要控制极G和第一阳极A_1间加有正负极性不同的触发电压，就可触发导通呈低阻状态。此时A_1、A_2间压降也约为1V。双向可控硅一旦导通，即使失去触发电压，也能继续保持导通状态。只有当第一阳极A_1、第二阳极A_2电流减小，小于维持电流或A_1、A_2间当电压极性改变且没有触发电压时，双向可控硅才截断，此时只有重新加触发电压方可导通。

（2）单向可控硅的检测

万用表选电阻R×1Ω挡，用红、黑两表笔分别测任意两引脚间正反向电阻直至找出读数为数十欧的一对引脚，此时黑表笔的引脚为控制极G，红表笔的引脚为阴极K，另一空脚为阳极A。此时将黑表笔接已判断了的阳极A，红表笔仍接阴极K。此时万用表指针应不动。用短线瞬间短接阳极A和控制极G，此时万用表电阻挡指针应向右偏转，阻值读数为10Ω左右。如阳极A接黑表笔，阴极K接红表笔时，万用表指针发生偏转，说明该单向可控硅已击穿损坏。

（3）双向可控硅的检测

用万用表电阻R×1Ω挡，用红、黑两表笔分别测任意两引脚间正反向电阻，结果其中两组读数为无穷大。若一组为数十欧时，该组红、黑表所接的两引脚为第一阳极A_1和控制极G，另一空脚即为第二阳极A_2。确定A_1、G极后，再仔细测量A_1、G极间正、反向电阻，读数相对较小的那次测量的黑表笔所接的引脚为第一阳极A_1，红表笔所接引脚为控制极G。将黑表笔接已确定的第二阳极A_2，红表笔接第一阳极A_1，此时万用表指针不应发生偏转，阻值为无穷大。再用短接线将A_2、G极瞬间短接，给G极加上正向触发电压，A_2、A_1间阻值约10Ω左右。随后断开A_2、G间短接线，万用表读数应保持10Ω左右。互换红、黑表笔接线，红表笔接第二阳极A_2，黑表笔接第一阳极A_1。同样万用表指针应不发生偏转，阻值为无穷大。用短接线将A_2、G极间再次瞬间短接，给G极加上负的触发电压，A_1、A_2间的阻值也是10Ω左右。随后断开A_2、G极间短接线，万用表读数应不变，保持在10Ω左右。符合以上规律，说明被测双向可控硅未损坏且三个引脚极性判断正确。

检测较大功率可控硅时，需要在万用表黑笔中串接一节1.5V干电池，以提高触发电压。

（4）晶闸管（可控硅）的管脚判别

晶闸管管脚的判别可用下述方法：

（a）先用万用表R×1k挡测量三脚之间的阻值，阻值小的两脚分别为控制极和阴极，所剩的一脚为阳极。

（b）再将万用表置于R×10k挡，用手指捏住阳极和另一脚，且不让两脚接触，黑表笔接阳极，红表笔接剩下的一脚，见表针向右摆动，说明红表笔所接为阴极，不摆动则为控制极。

3. 稳压管 DZ

稳压二极管（又叫齐纳二极管）是一种硅材料制成的面接触型晶体二极管，简称稳压管。此二极管是一种直到临界反向击穿电压前都具有很高电阻的半导体器件。稳压管在反向击穿时，在一定的电流范围内（或者说在一定功率损耗范围内），端电压几乎不变，表现出稳压特性，因而广泛应用于稳压电源与限幅电路之中。

稳压二极管是根据击穿电压来分挡的，因为这种特性，稳压管主要被作为稳压器或电压基准元件使用。稳压二极管可以串联起来以便在较高的电压上使用，通过串联就可获得更多的稳定电压。

（1）稳压管的主要参数

稳定电压 Uz：稳定电压就是稳压二极管在反向击穿区时的工作电压，管子两端的电压值。这个数值随工作电流和温度的不同略有改变，即使同一型号的稳压二极管，稳定电压值也有一定的分散性，例如 2CW14 硅稳压二极管的稳定电压为 6～7.5V。

（a）耗散功率 Pz：反向电流通过稳压二极管的 PN 结时，要产生一定的功率损耗，PN 结的温度也将升高。根据允许的 PN 结工作温度决定出管子的耗散功率。通常小功率管约为几百毫瓦至几瓦。最大耗散功率 P_{ZM}：是稳压管的最大功率损耗取决于 PN 结的面积和散热等条件。反向工作时，PN 结的功率损耗为：$P_Z=V_Z\times I_Z$，由 PZM 和 V_Z 可以决定 I_{Zmax}。

（b）稳定电流 I_z：最小稳定电流 I_{zmin}、最大稳定电流 I_{zmax} 稳定电流：工作电压等于稳定电压时的反向电流；最小稳定电流：稳压二极管工作于稳定电压时所需的最小反向电流；最大稳定电流：稳压二极管允许通过的最大反向电流。

（c）动态电阻 R_z：其概念与一般二极管的动态电阻相同，只不过稳压二极管的动态电阻是从它的反向特性上求取的。R_Z 越小，反映稳压管的击穿特性越陡。$R_Z=\triangle V_Z/\triangle I_Z$

（d）稳定电压温度系数：温度的变化将使 V_Z 改变，在稳压管中，当$|V_Z|>7V$ 时，V_Z 具有正温度系数，反向击穿是雪崩击穿。当$|V_Z|<4V$ 时，V_Z 具有负温度系数，反向击穿是齐纳击穿。当 $4V<|V_Z|<7V$ 时，稳压管可以获得接近零的温度系数。这样的稳压二极管可以作为标准稳压管使用。

（2）稳压管的识别

方法一

稳压二极管在电路中常用“ZD”加数字表示，如：ZD5 表示编号为 5 的稳压管。

（a）稳压二极管的稳压原理：稳压二极管的特点就是击穿后，其两端的电压基本保持不变。稳压管这样，当把稳压管接入电路以后，若由于电源电压发生波动，或其他原因造成电路中各点电压变动时，负载两端的电压将基本保持不变。

（b）故障特点：稳压二极管的故障主要表现在开路、短路和稳压值不稳定。在这 3 种故障中，前一种故障表现出电源电压升高；后两种故障表现为电源电压变低到零伏或输出不稳定。

常用稳压二极管的型号及稳压值见表 3-3-1。

表 3-3-1　　常用稳压二极管的型号及稳压值

型　号	1N4728	1N4729	1N4730	1N4732	1N4733	1N4734	1N4735	1N4744	1N4750	1N4751	1N4761
稳压值	3.3V	3.6V	3.9V	4.7V	5.1V	5.6V	6.2V	15V	27V	30V	75V

（c）二极管和稳压管的区分

根据二者反向击穿电压在数值上的差异及稳定性，可以区分标记不清楚的稳压管和普通二极管。利用兆欧表提供合适的反向击穿电压，将被测管反向击穿。选择万用表的10VDC挡或50VDV挡测出反向击穿电压值，数值在40V以上的是二极管，低于40V的稳压管。

注意，这也有例外情况。例如2AP21的反向击穿电压低于15V，2AP8的反向击穿电压最小值为20V。此外，2DW130～2DW143型稳压管的Vz值为50～200V，2CW362～2CW378的Vz值是43～200V（以上均为标称值）。遇到这类情况也不难区分。同样都按额定转速摇兆欧表，由于二极管反向击穿区域的动态 电阻较大，曲线不陡，因此电压表指针的摆动幅度就比较大。而稳压管的Rz很小，曲线很小，曲线很陡，表针摆动很小。

实例：测量一只型2AP5锗二极管，按额定转速摇兆欧表时，反向击穿电压在110～130V之间变化，表针摇摆不稳（手册中规定反向击穿电压V（BR）≥110V）。另测一只2CW136型稳压管时表针基本稳定，指在115V位置（手册中仅给出2DW136的工作电压范围是100～120V，但具体到某只稳压管，其工作电压基本为一确定值）。

方法二

利用万用表的电阻挡也可以区分稳压管与半导体二极管。具体方法是，首先用R×1k挡测量正、反向电阻，确定被测管的正、负极。然后将万用表拨于R×10k挡，黑表笔接负极，红表笔接正极，由表内9～15V叠层电池提供反向电压。其中，电阻读数较小的是稳压管，电阻为无穷大的二极管。

注意：此方法只能测量反向击电压比R×10k挡电池电压低的稳压管。

4．压电陶瓷片HTD

压电陶瓷片是一种电子发音元件，在两片铜制圆形电极中间放入压电陶瓷介质材料，当在两片电极上面接通交流音频信号时，压电片会根据信号的大小频率发生震动而产生相应的声音来。

当电压作用于压电陶瓷时，就会随电压和频率的变化产生机械变形。另一方面，当振动压电陶瓷时，则会产生一个电荷。

利用这一原理，当给由两片压电陶瓷或一片压电陶瓷和一个金属片构成的振动器，所谓叫双压电晶片元件，施加一个电信号时，就会因弯曲振动发射出超声波。相反，当向双压电晶片元件施加超声振动时，就会产生一个电信号。基于以上作用，便可以将压电陶瓷用作超声波传感器。

怎样做?

（三）触摸、声控双延时灯的电路设计与仿真

触摸、声控双延时灯电路使用软件Protues进行仿真，放置元件等操作步骤请参考前面相关内容。

1．触摸、声控双延时灯所需的元器件列表如图 3-3-2 所示。在图 3-3-2 的器件选择对话框中，依次查找所需器件，在结果栏中双击所需的元器件，即可将其添加到器件列表中。

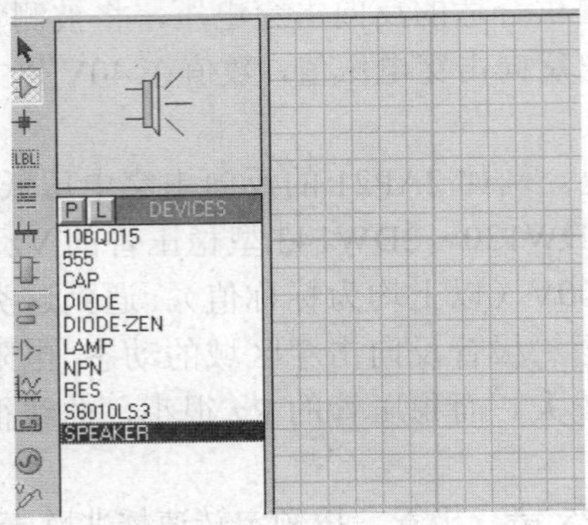

图 3-3-2　触摸、声控双延时灯所需的元器件列表

2．最终连接完成的触摸、声控双延时灯电路如图 3-3-3 所示。

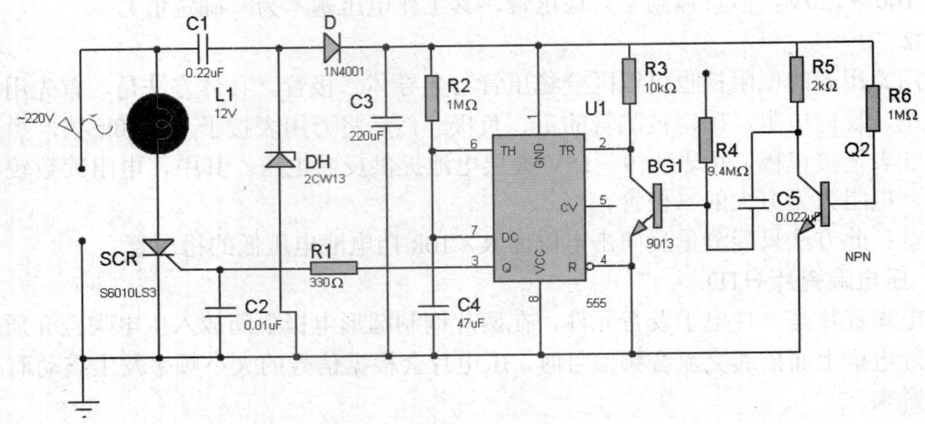

图 3-3-3　连接完成的触摸、声控双延时灯电路

（四）触摸、声控双延时灯的电路的原理图、布线图绘制

1．触摸、声控双延时灯电路原理图绘制

所需库元件见表 3-3-2。

表 3–3–2　库元件名称

元　件	所 在 库
NE555D	TI Analog Timer Circuit.IntLib
单向晶闸管 SCR	Miscellaneous Devices.IntLib
压电陶瓷片 HTD	要自己制作元件库
其他元件	Miscellaneous Devices.IntLib

最终完成的触摸、声控双延时灯原理如图 3-3-4 所示。

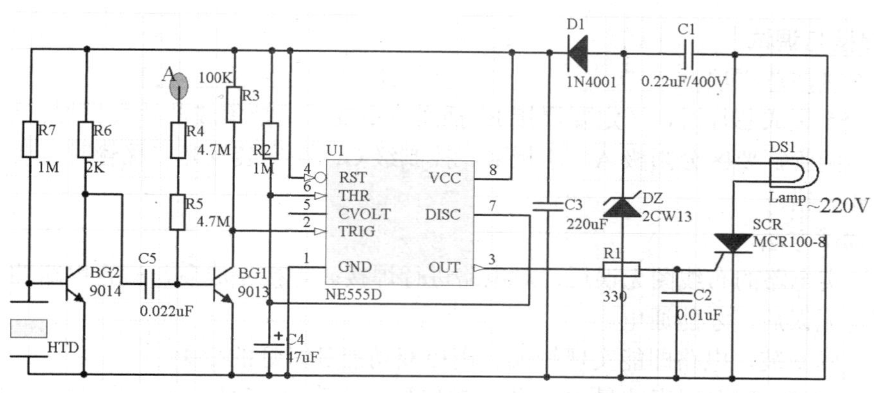

图 3-3-4 最终完成的触摸、声控双延时灯原理

2. 触摸、声控双延时灯电路布线图绘制

触摸、声控双延时灯的参考电路布线如图 3-3-5 所示。

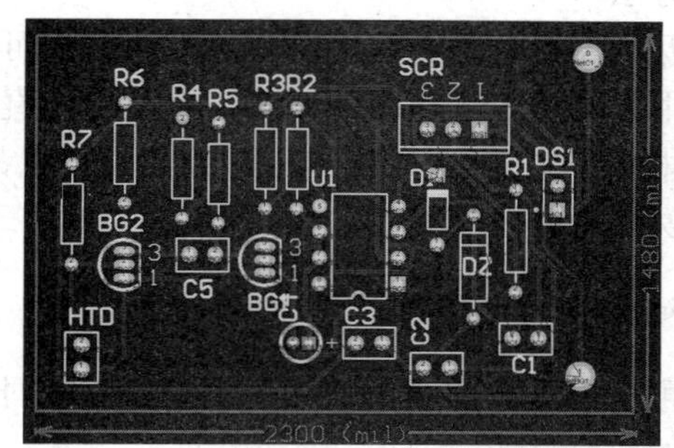

图 3-3-5 触摸、声控双延时灯的参考电路布线

触摸、声控双延时灯的参考手工布线图略。

（五）触摸、声控双延时灯的实物焊接与调试

根据布线图和实物图，进行触摸、声控双延时灯的实物焊接与调试。

1. 电路元器件的选择

所需元器件见表 3-3-3。

表 3–3–3 触摸、声控双延时灯电路元器件的选择列表

元件名称	代 号	元件参数	元件名称	代 号	元件参数
时基集成电路	IC_1	NE555	电阻	R_1	330Ω
三极管	BG_1	9013		R_2	1MΩ
	BG_2	9014		R_3	100kΩ
电容	C_1	0.22μF/400V		R_4	9.4MΩ
电容	C_2	0.01μF		R_6	2kΩ
电解电容	C_3	220μF		R_7	1MΩ
电解电容	C_4	47μF	压电陶瓷片	HTD	
电容	C_5	0.022μF	稳压二极管	DH	2CW13
晶闸管	SCR	MCR100-8	整流二极管	D	1N4001
螺口电灯泡		15W	带盖接线盒		

2．焊接与调试

（1）焊接注意事项

焊接 555 集成芯片时，一定要焊接 IC 插座，不要直接把集成芯片直接焊接到电路上；焊接单向晶闸管，要区分阳极 A，阴极 K，控制级 G；在安装发光二极管时，要注意极性引脚，不要装错。

（2）调试方法

（a）核实电路的布线图无误后，对电路进行焊接。焊接完成后，检查电路的焊接是否有误，确定无误后，才能通电。

（b）正确安装，电路即能实现触摸、声控双功能延时灯的效果。

（c）调试时，用万用表测量 BG_2 集电极电位，应为 2～3V 左右，若 BG_2 集电极电位过低，可增加 R_7 阻值；反之，减小 R_7 阻值。电阻 R_3 的阻值大小，直接影响声控灵敏度，R_3 阻值大，灵敏度高，反之就低。

（3）常见故障与排除方法

（a）电灯不亮。使用万用表检查是否有电源，然后再检查可控硅的引脚有无接错。

（b）电灯长亮。用万用表测量 555 电路的 2 脚，看是否一直是低电平，如果是，则检查 BG_1 和 BG_2 三极管。再检查可控硅的 G 极电压，看是否一直都是高电平。

（c）电灯不能进行触摸控制或声控控制。检查 BG_1 和 BG_2 三极管电路。

（六）触摸、声控双延时灯的电路改进及优化

本电路的改进与优化可从以下方面考虑：如何调整延时的时间，如何提高触摸、声控的灵敏度，如何提高触摸的安全性等。

知识链接与延伸

四、技能拓展

1．声控流水彩灯的电路

声控流水彩灯的电路如图 3-3-6 所示。电路由电源整流、音频放大器、压控振荡驱动器和晶闸管可控输出器等四大部分组成。

电源整流由 R_1、R_2、VD_1、VD_2 和 C_1 组成，它是一个简单的电阻降压半波整流稳压电路，接通电源后，C_1 两端即输出 12V 左右的直流电供其他部分使用。

VT_1、VT_2 等元件组成两级音频电压放大器，压电陶瓷片 HTD 拾取室内声波信号即输出相应音频电压送到 VT_1 的基极，经两级放大后由 VT_2 的集电极输出，经 C_6 耦合到 IC 的输入端 5 脚。

压控振荡驱动器主要由 IC 担任，如图 3-3-7 所示是该 IC 内部功能框图，由图可见它内含整流放大器、压控振荡器、环形计数分配器和三个开漏极声援效应输出器。压控振荡器输出振荡脉冲经环形计数分配器依次分配给三个开漏极场效应输出管，使它们的漏极 A、B、C 即 IC 的 1、2 和 7 脚依次出现高电平。IC3 脚是压控振荡器外接振荡电阻和电容端 RC，原理图中的 R_4 和 C_2 即为压控振荡器的外接振荡电阻和电容，其数值大小决定压控振

荡器的起始振荡频率。整流放大器的作用是将输入端 IN 即 5 脚输入的音频信号进行整流和直流放大去控制压控振荡器的振荡频率，所以当压电陶瓷片 HTD 接收到的声波信号越强，IC 内整流放大器输出直流控制信号就越强，压控振荡频率就越高，1 脚、2 脚和 7 脚依次出现高电平的循环速率就越快。6 脚是输出时序控制端 CON，当 6 脚悬空或接地时，输出时序（即高电平循环方向）为 A-→B-→C-→A-→...；6 脚接 V_{CC} 时，输出时序为 C-→B-→A-→C-→...，即循环方向相反。

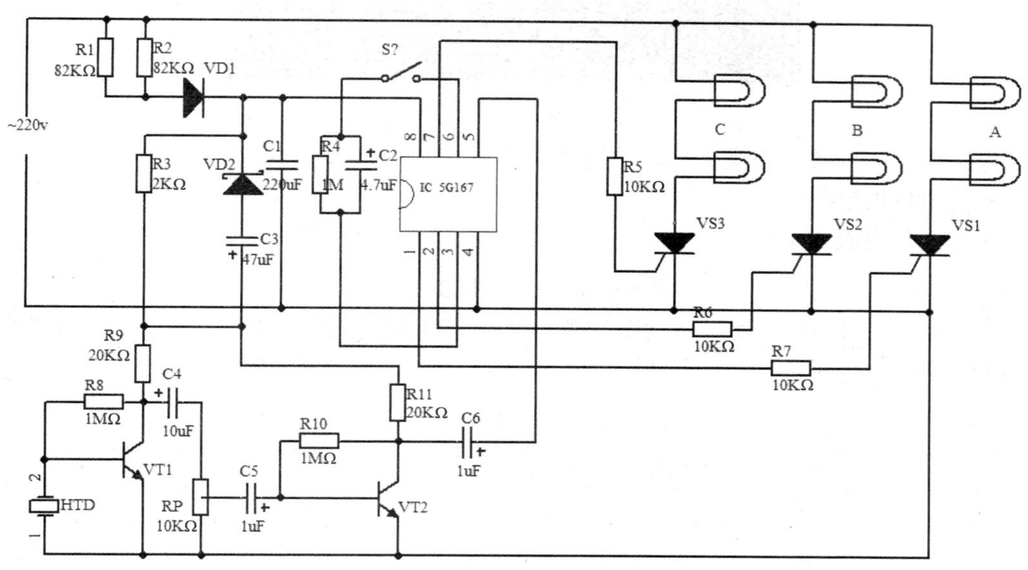

图 3-3-6　声控流水彩灯的电路

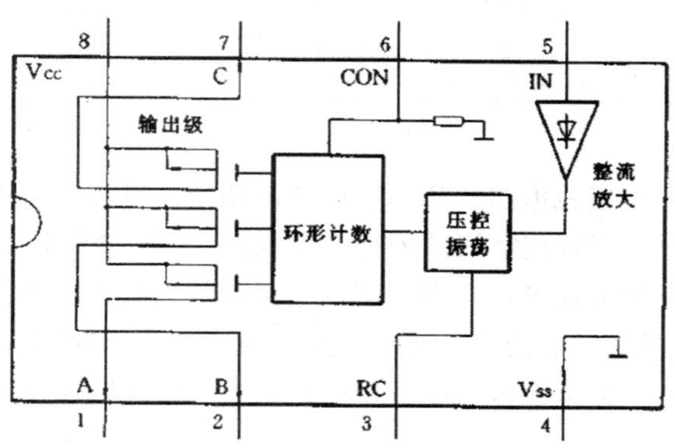

图 3-3-7　IC 内部功能框图

VS_1～VS_3 组成可控输出电路，当 IC 的 1 脚、2 脚和 7 脚依次出现高电平时，此高电平分别通过 R_5、R_6 和 R_7 加到它们的门极，使 VS_1～VS_3 依次轮流导通。只要将三组彩灯 A、B、C 在空间按一定方式排列，就能形成流动感或放射感。R_P 调节音频电压放大器的增益，能改变声控灵敏度，使彩灯循环速率按音乐声的强弱而改变。

2. 电路的参考布线

电路的参考布线如图 3-3-8 所示。

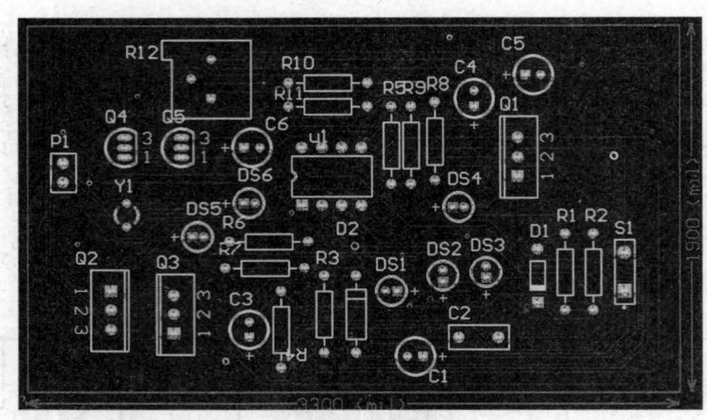

图 3-3-8　电路的参考布线

电路的手工布线图由学生自行绘制。

3. 元件的选择

所需元件见表 3-3-4。

表 3–3–4　　声控流水彩灯的元件选择表

元件名称	代　　号	元件参数	元件名称	代　　号	元件参数
驱动集成电路	IC_1	5G167	电阻	R_1、R_2	82KΩ
三极管	BG_1	9013		R_3	2KΩ
	BG_2	9013		R_4	1MΩ
硅整流二极管	VD_1	1N4004		R_5、R_6、R_7	10KΩ
稳压二极管	VD_2	2CW19		R_8	1MΩ
单向晶闸管	VS_1-VS_3	2N6565		R_{10}	1MΩ
压电陶瓷片	HTD	HTD27A-1	可调电阻	R_9	20KΩ
点解电容	C_1	220μF	电解电容	C_4	10μF
	C_2	4.7μF		C_5	1μF
	C_3	47μF		C_6	1μF

4. 电路说明

此电路由于采用专用集成电路，故不需作任何调试，只要安装正确就可投入使用，且工作稳定可靠。使用时，彩灯在空间排列有一定的技巧，读者可以开动脑筋将它们排列成圆圈形、星形、放射形或梅花形，以形成流水效果或放射效果。根据室内音乐声的响度，适当调节电位器 R_P 就能使彩灯的流水速度或放射速度随音乐的起伏而变化。S 为流动方向开关，S 打开时，流动方向为 A-B-C-A…；S 闭合时，流动方向相反 A-C-B-A-…。

五、任务检测与评估

序号	检测项目	考核内容	配分	评分标准	评估结果		
					个人	小组	教师
1	元器件的识别与检测	电阻、电容的读数，三极管、压电陶瓷片、二极管管脚的检测，集成电路的使用	15	一个元器件识别检测错误扣 2 分，两个错误扣 5 分，三个错误扣 10 分			
2	元器件的插装工艺	将 555、电阻、二极管、三极管、发光二极管正确插装到电路板中	5	一个元器件工艺不合格扣 1 分			

续表

序号	检测项目	考核内容	配分	评分标准	评估结果		
					个人	小组	教师
3	焊接工艺	焊盘之间无虚焊、漏焊；光芯线连接横平竖直；每三个焊盘进行固定焊接	20	一个焊点不合格扣1分，超过三个焊盘无固定一次扣2分			
4	电路原理	叙述555电路和单结晶体管电路的工作原理；叙述触摸、声控双延时灯电路的工作原理	20	逻辑功能或电路原理叙述不完整每项扣10分			
5	电路调试	利用万用表或示波器测量555集成块输出引脚的电平或波形	20	不能正确使用设备扣10分，电平或波形记录不完整扣10分			
6	安全操作	遵守安全操作规程，正确使用仪器设备	10	因违规操作，损坏元器件或工具仪器设备等，扣10分			
7	现场管理	实施任务前后，严格按照要求整理工作现场	10	未按要求进行清洁整理工作现场，扣10分			
分数合计			100				
综合评估结果							

任务3.4 制作红外遥控开关

学习目标

1. 红外遥控开关的功能分析与实现；
2. 红外遥控开关的电路设计与仿真；
3. 红外遥控开关的电路布线图绘制；
4. 红外遥控开关的实物焊接与调试；
5. 红外遥控开关的电路改进及优化。

做什么?

一、任务描述

红外线遥控目前已被广泛应用于电视机、DVD 机和智能家居产品中，这里介绍一种简单的红外线遥控开关，可遥控台灯、风扇、电视等普通的家用电器的“开”和“关”。

二、任务分析

1. 红外遥控开关的功能分析与实现；
2. μPC1373 放大集成电路的认识与测试；
3. 红外遥控开关的电路设计与仿真；

4. 红外遥控开关的电路的原理图、布线图绘制；
5. 红外遥控开关的实物焊接与调试；
6. 红外遥控开关的电路改进及优化。

学什么?

三、任务实施

（一）红外遥控开关的功能分析与实现

红外线遥控开关分红外线发射器和红外线接收机两大部分。

1. 红外线发射器电路

红外线发射器电路如图 3-4-1 所示。

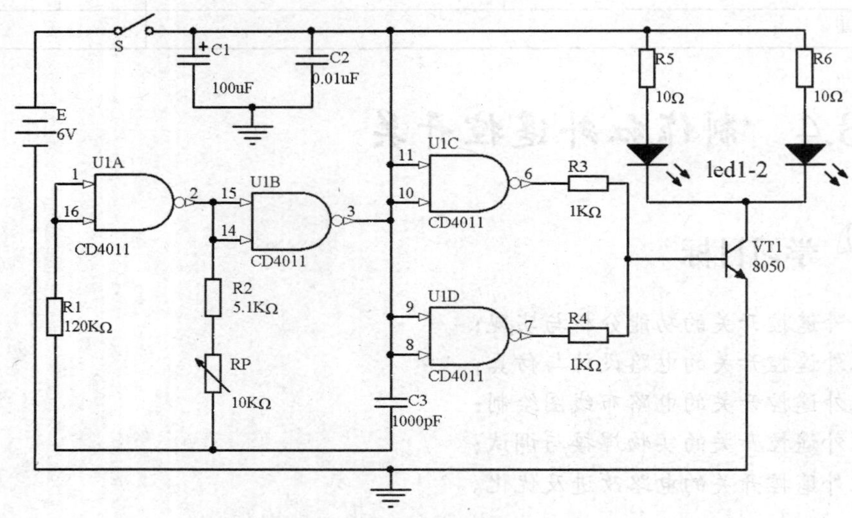

图 3-4-1 红外线发射器电路

发射器电路由振荡、整形、调制发射三部分组成。门电路 1 和 2 组成一个典型的 CMOS 自激多谐振荡器，其振荡频率为 40KHz，它可以通过 R_P 进行调节。由于在电路中，$R_1 \geqslant (R_2+R_P)$，故电源电压变化是对振荡频率影响很小，这对提高遥控开关工作可靠性是很有利的。

振荡频率 F 约为 $1/2.2(R_2+R'_P)\times C3$（式中的 R'_P 为 Rp 的实际调定值。）多谐振荡器的输出经门电路 3、4 整形后驱动并调制发射控制三极管 VT_1 工作，使红外发射二极管 LED_1、LED_2 向外发射已被 40kHz 方波信号调制的红外线。

采用两个红外发射二极管的目的是增强红外线辐射强度，有利于加大控制距离。

2. 红外线接收机电路

红外线接收机电路如图 3-4-2 所示。

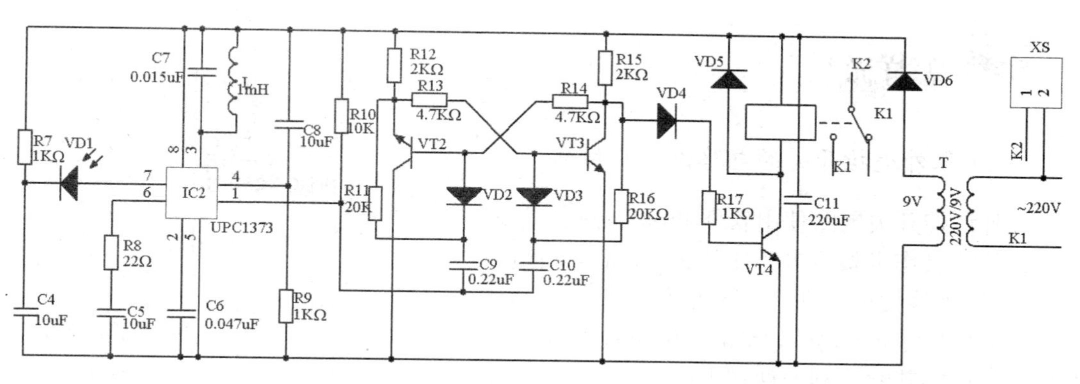

图 3-4-2 红外线接收机电路

它由接收调谐放大器、双稳触发器、电子开关电路及电源电路等几部分组成。

接收调谐放大器由红外线专用放大集成电路 IC_2 担任。它内含高增益前置放大、峰值检波、输出缓冲以及提供偏压给外部的红外接收二极管。L、C_7 组成选频回路，谐振频率为 40kHz。由于电感、电容存在误差，谐振回路并不一定准确地调谐在 40kHz，但这无关紧要，可以通过发射器电位器 R_P 进行调整补偿。VD_1 为红外线接收二极管，当它接收到 40kHz 调制的红外光时，IC_2 的 1 脚就由高电平突变为低电平。

双稳触发器由 VT_2、VT_3 组成，它总是处于一个管子导通一个管子截止状态。VD_2、VD_3、R_{11}、R_{16}、C_9、C_{10} 构成引导门电路，它的任务是把 IC_2 的 1 脚输出的负脉冲始终加到导通管的基极，因而使双稳触发器发生翻转，原来导通的管子变为截止，原来截止的管子变为导通。VT_4 构成电子开关，当 VT_3 截止时，VT_3 集电极输出高电平经 VD_4、R_{17} 注入 V_{T4} 基极，V_{T4} 导通，继电器 K 动作吸合，常开接点 K 闭合，插座 XS 开始对外送电，再按一次发射器 SB，双稳触发器又翻转一次，VT_3 导通，其集电极输出低电平，VT_4 截止，K 释放，接点 K 跳开，插座 XS 停止向外供电。

（二）μPC1373 放大集成电路的认识与测试

μPC1373 是红外线遥控接收前置放大双极型模拟集成电路（见图 3-4-3），适用于电视机和录像机。uPC1373 为单列 8 脚封装；电源电压=15V；静态电流=2.5mA；电压增益=60dB；输入阻抗=60kΩ；允许功耗=270mW；输入电压=2.6V；检波输入电压=50μV；输出电压=0.5V，见表 3-4-1。

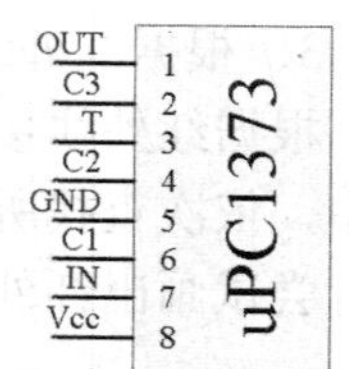

图 3-4-3 uPC1373 电路

表 3-4-1 uPC1373H 引脚符号及功能

引脚号	符号	功能	引脚号	符号	功能
1	OUT	输出遥控信号	5	GND	接地
2	C_3	接积分电容	6	C_1	接旁路电容
3	T	接调协回路	7	IN	输入遥控信号
4	C_2	接峰值保持电容	8	V_{CC}	接电源

怎样做?

（三）红外遥控开关的电路设计与仿真

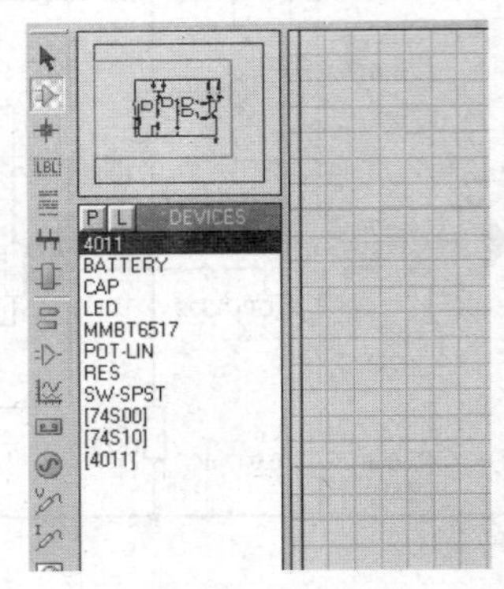

图 3-4-4　红外线发射器所需的元器件列表

红外遥控开关电路使用软件 Protues 进行仿真，放置元件等操作步骤请参考任务 3.1 电子密码锁。

1．红外线发射器所需的元器件列表如图 3-4-4 所示，依次查找所需器件，在结果栏中双击所需的元器件，即可将其添加到器件列表中。

2．最终连接完成的红外线发射器电路如图 3-4-5 所示。

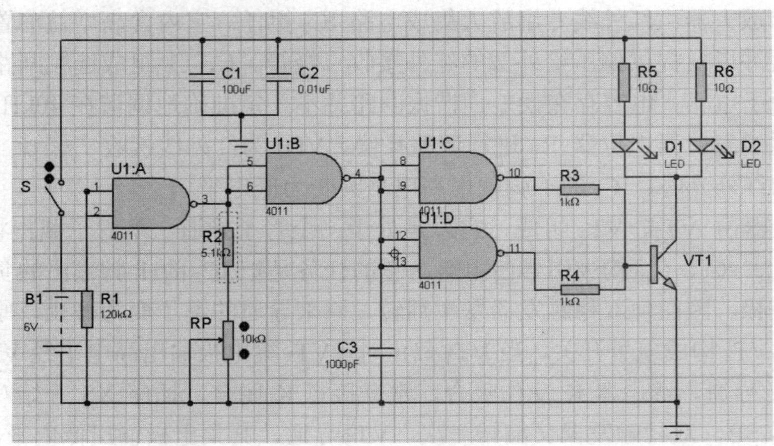

图 3-4-5　最终连接完成的红外线发射器电路

3．根据红外线接收机电路原理图列出所需的元器件列表

根据红外线接收机电路原理图，列出所需的元器件列表，在图 3-4-5 的器件选择对话框中，依次查找所需器件，在结果栏中双击所需的元器件，即可将其添加到器件列表中，自行尝试画出红外接收机的电路仿真原理图，在此省略。

（四）红外遥控开关的电路的原理图、布线图绘制

1．红外线发射器电路原理图绘制

所需库元件见表 3-4-2。

表 3–4–2　库元件名称

元　件	所 在 库
与非门	TI Logic Gate 1.IntLib
SW-SPST	Miscellaneous Devices.IntLib
其他元件	Miscellaneous Devices.IntLib

最终完成的红外线发射器原理如图 3-4-6 所示。

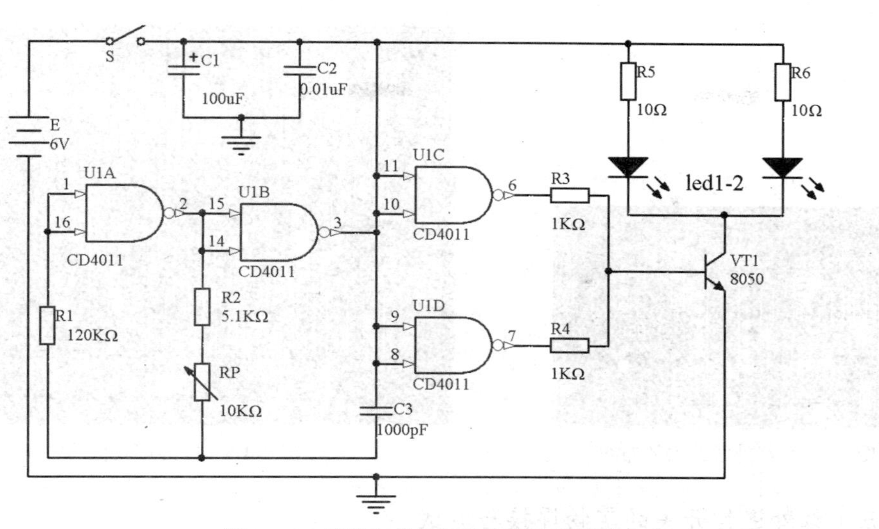

图 3-4-6 最终完成的红外线发射器原理

2. 红外线接收机电路原理图绘制

所需库元件见表 3-4-3。

表 3-4-3 库元件名称

元　件	所 在 库
UPC1373	要读者自己制作原理图库
继电器 K1	Miscellaneous Devices.IntLib
插座 XS	Miscellaneous Devices.IntLib
其他元件	Miscellaneous Devices.IntLib

最终完成的红外线接收机电路如图 3-4-7 所示。

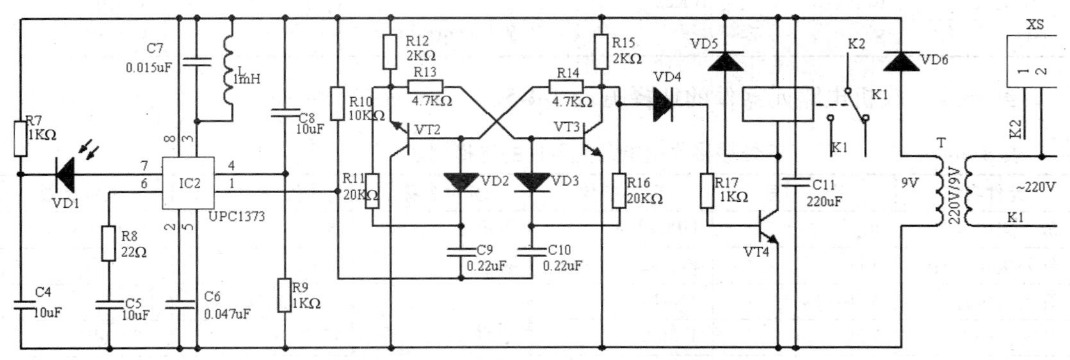

图 3-4-7 最终完成的红外线接收机电路

3. 红外遥控开关电路布线图绘制

红外遥控开关的电路布线图和手画布线图参考如下，此处不再详细论述。

（1）红外发射器的布线如图 3-4-8 所示。

（2）红外接收机的布线如图 3-4-9 所示。

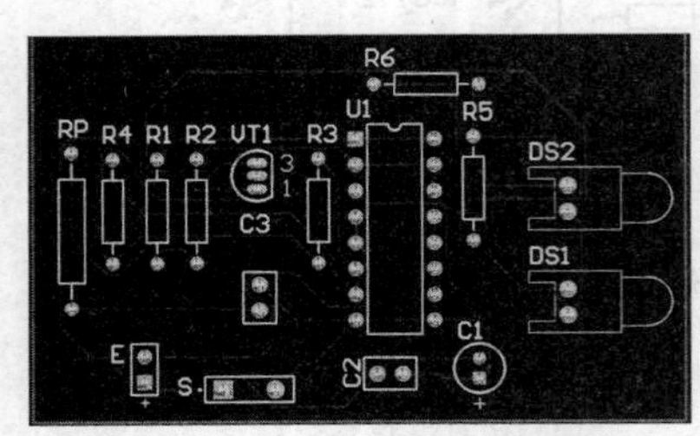

图 3-4-8　红外发射器的布线

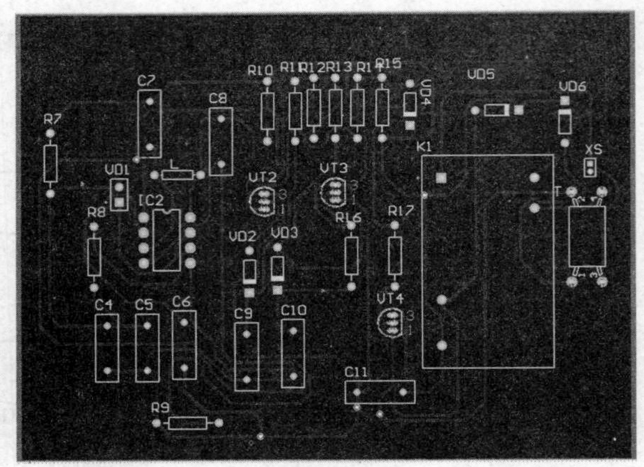

图 3-4-9　红外接收机的布线

（五）红外遥控开关的实物焊接与调试

根据布线图和实物图，进行红外遥控开关的实物焊接与调试。

1．电路元器件的选择

红外线发射器电路元器件的选择见表 3-4-4。

表 3–4–4　　红外线发射器电路元器件的选择列表

元件名称	代　号	元件参数	元件名称	代　号	元件参数
与非门	1	CD4011	电阻	R_1	120kΩ
	2	CD4011		R_2	5.1kΩ
	3	CD4011		R_3、R_4	1kΩ
	4	CD4011		R_5、R_6	10Ω
发光二极管	LED_1、LED_2	SE303			
三极管	VT_1	8050	电容	C_1	100μF
可调电阻	R_P	10KΩ		C_2	0.01μF
开关	S		云母电容	C_3	1000pF

红外线接收机电路元器件的选择见表 3-4-5。

表 3–4–5　　红外线接收机电路元器件的选择列表

元件名称	代　号	元件参数	元件名称	代　号	元件参数
放大集成电路	IC_2	UPC1373	继电器	K_1	DC9V/5A
红外接收二极管	VD_1	PH302	插座	XS	
开关二极管	VD_2-VD_5	1N4148	电容	C_4、C_5、C_8	10uF
整流二极管	VD_6	1N4001		C_6	0.047uF
三极管	VT_2-VT_3	9014		C_9、C_{10}	0.22uF
	VT_4	9013		C_{11}	220uF
电感	L	1mH	电阻	R_7、R_9、R_{17}	1kΩ
云母电容器	C_7	0.015uF		R_{11}、R_{12}、R_{15}、R_{16}	20kΩ
小型变压器	T	220V/9V		R_8	22Ω
				R_{10}	10kΩ

2. 焊接与调试

(1) 焊接注意事项

焊接 uPC1373 放大集成芯片时，一定要焊接 IC 插座，不要直接把集成芯片直接焊接到电路上；在安装发光二极管和三极管时，要注意极性引脚，不要装错。

(2) 调试方法

(a) 核实电路的布线图无误后，对电路进行焊接。焊接完成后，检查电路的焊接是否误，确定无误后，才能通电。

(b) 此红外遥控开关只要微调发射器 R_P 对准频率后就能可靠工作，有效工作距离大于 10m。

(六) 红外遥控开关的电路改进及优化

请各位学生对红外遥控开关电路进行改进与优化，建议主要从遥控的灵敏度、遥控距离及节能省电等方面加以考虑，并尝试改进电路。

四、任务检测与评估

序号	检测项目	考核内容	配分	评分标准	评估结果		
					个人	小组	教师
1	元器件的识别与检测	电阻、电容的读数，三极管、压电陶瓷片、二极管管脚的检测，集成电路的使用	15	一个元器件识别检测错误扣 2 分，两个错误扣 5 分，三个错误扣 10 分			
2	元器件的插装工艺	将 4011、μPC1373、电阻、二极管、三极管、发光二极管正确插装到电路板中	5	一个元器件工艺不合格扣 1 分			
3	焊接工艺	焊盘之间无虚焊、漏焊；光芯线连接横平竖直；每三个焊盘进行固定焊接	20	一个焊点不合格扣 1 分，超过三个焊盘无固定一次扣 2 分			
4	电路原理	叙述红外遥控开关的发射电路和接收电路工作原理	20	逻辑功能或电路原理叙述不完整每项扣 10 分			
5	电路调试	根据电路原理图，对遥控发射电路、接收电路进行调试，并排除故障	20	不能正确使用设备扣 10 分，不能排除故障实现功能扣 10 分			
6	安全操作	遵守安全操作规程，正确使用仪器设备	10	因违规操作，损坏元器件或工具仪器设备等，扣 10 分			
7	现场管理	实施任务前后，严格按照要求整理工作现场	10	未按要求进行清洁整理工作现场，扣 10 分			
分数合计			100				
综合评估结果							

任务3.5　制作声光控电子秒表

学习目标

1. 声光传感器、555时基电路、基本门电路、D触发器、计数器、译码器、数码显示等集成电路器件的识别与检测；

2. 声光控电子秒表的原理分析及电路布线图设计；

3. 单元电路的制作与调试（声控电路、光控电路、D 触发器电路、脉冲产生电路、计数电路、译码电路、显示电路、进制控制电路）；

4. 完成声光控电子秒表的实物作品；

5. 测试并记录电路的相关参数。

做什么?

一、任务描述

制作声光控电子秒表电路，并能实现声光控制功能和 60 秒循环显示功能。制作过程出现电路故障，能够把故障排除。

二、任务分析

1. 学会双 D 触发器 CD4013、四-二与非门 7400 的使用；
2. 加深对时基电路 NE555、计数器 74160、译码器 74247 集成电路的使用；
3. 知道电路的工作原理；
4. 制作电路，并实现电路功能。

学什么?

三、任务实施

（一）电路框图

声光控电子秒表电路原理框图如图 3-5-1 所示。

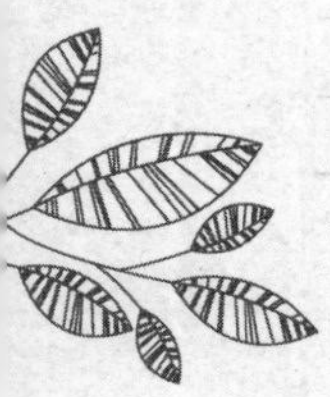

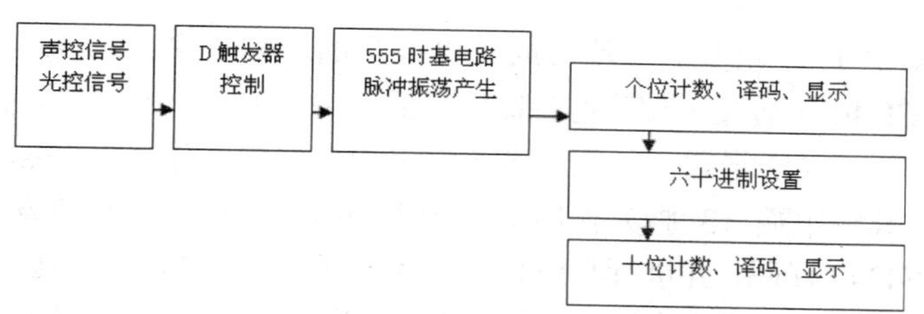

图 3-5-1　声光控电子秒表电路原理框图

声光控电子秒表电路原理图如图 3-5-2 所示。

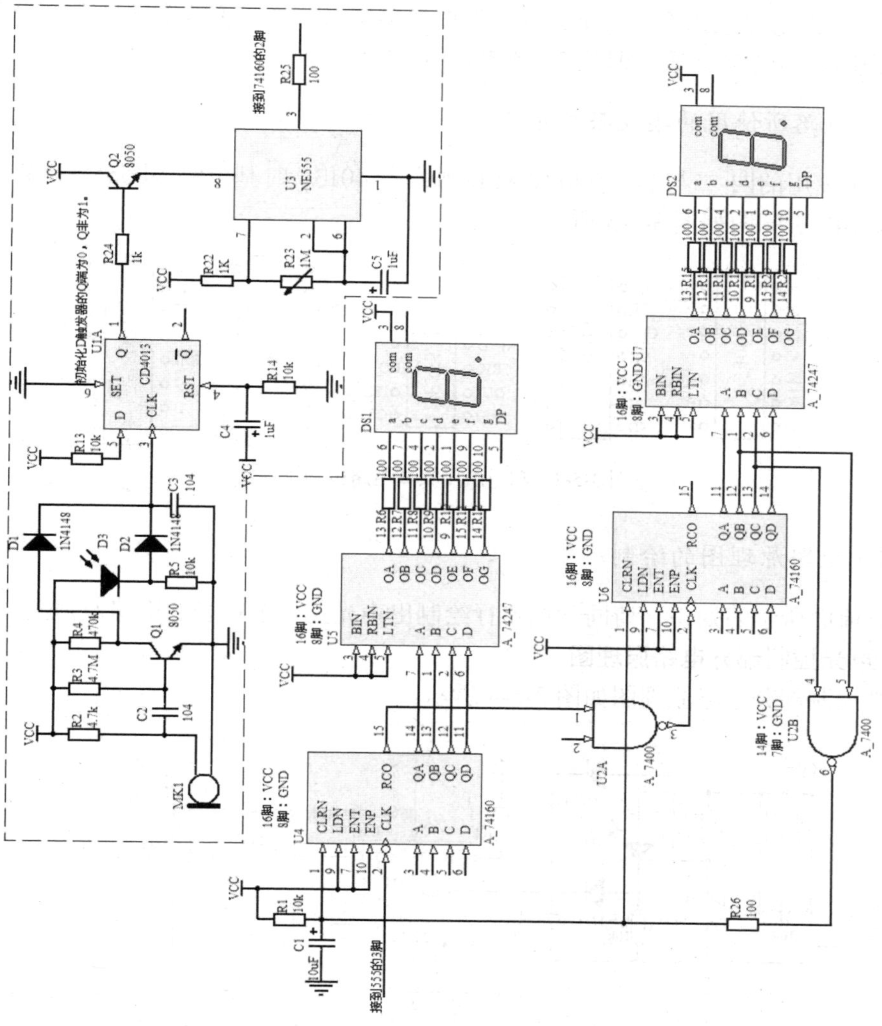

图 3-5-2　声光控电子秒表电路原理图

（二）电路工作原理

声音信号通过驻极体话筒输入，经过电容 C_2 耦合到 Q_1，经过 Q_1 放大送到 CD4013 的时钟触发端（3 脚）；光控信号通过光敏电阻 D3 输入，经过 D2 送入 CD4013 的时钟触发端（3 脚）。这样，声控、光控信号就形成了“或”的逻辑关系。

双 D 触发器 CD4013 通过 3 脚获得时钟信号后，由于 D 端（5 脚）置为高电平，故 Q 端（1 脚）输出高电平，使 Q2 导通，从而使 555 时基电路得电工作，由于时基 555 集成电路工作在自激状态，故其输出端（3 脚）输出一定频率的脉冲方波。该脉冲方波送入个位计数器 74160 进行计数、74247 译码，并进行数码显示。将个位计数器 74160（U1）的溢出端信号（15 脚）接入十位计数器 74160 进行计数、74247 译码，并进行数码显示。从而实现二位数显示。

从十位计数器的 12 脚、13 脚取出信号接入一个与非门中，当十位计数器计到十进制数 6 时（此时二进制数为 0110），其 12 脚、13 脚输出均为 1，通过一个与非门 U2A 后，输出为 0，将此信号接入个位、十位计数器的清零端（1 脚），使个位、十位二个计数器清零，从而实现 60 进制计数，即从 00 到 59 不断循环显示。

（三）电路所使用的集成芯片介绍

电路所使用的四-二与非门 7400、双 D 触发器 4013、时基电路 NE555、计数器 74160、译码器 74247 引脚图如图 3-5-3 所示。

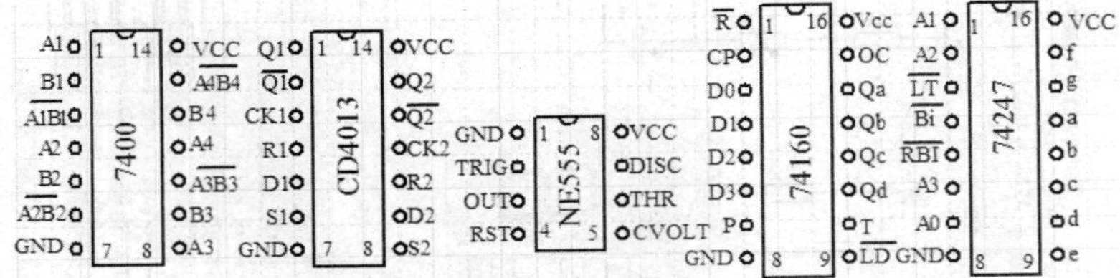

图 3-5-3　项目所用集成电路引脚排列图

（四）电路原理图的绘制

根据前面所学的知识，请同学们自行绘制出声光控电子秒表的电路原理图。

1. 声光控制部分电路原理图

声光控制部分电路原理图如图 3-5-4 所示。

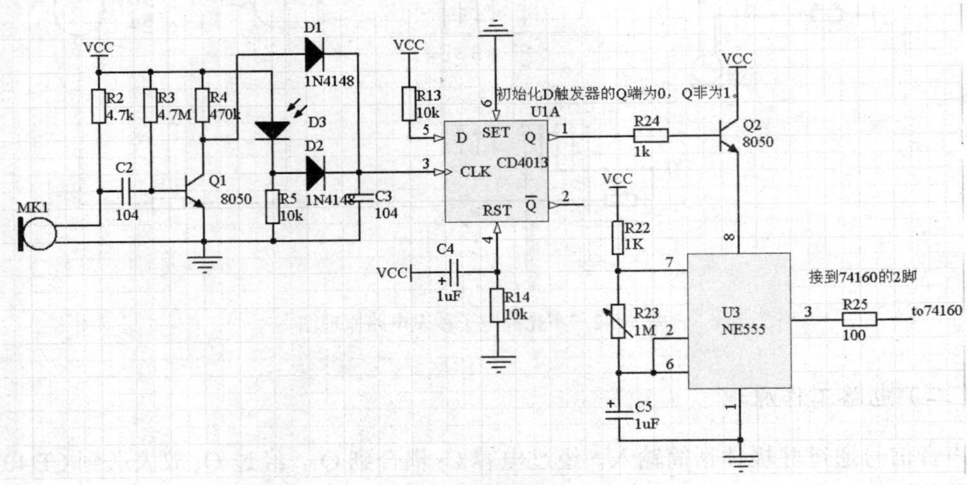

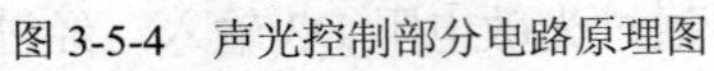
图 3-5-4　声光控制部分电路原理图

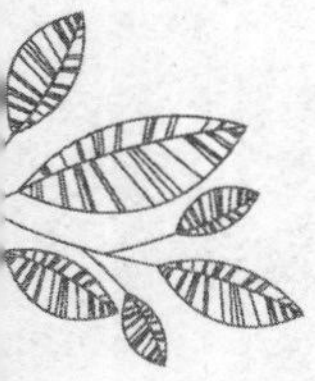

2. 数码显示电子秒表部分电路原理图

数码显示电子秒表部分电路原理图如图 3-5-5 所示。

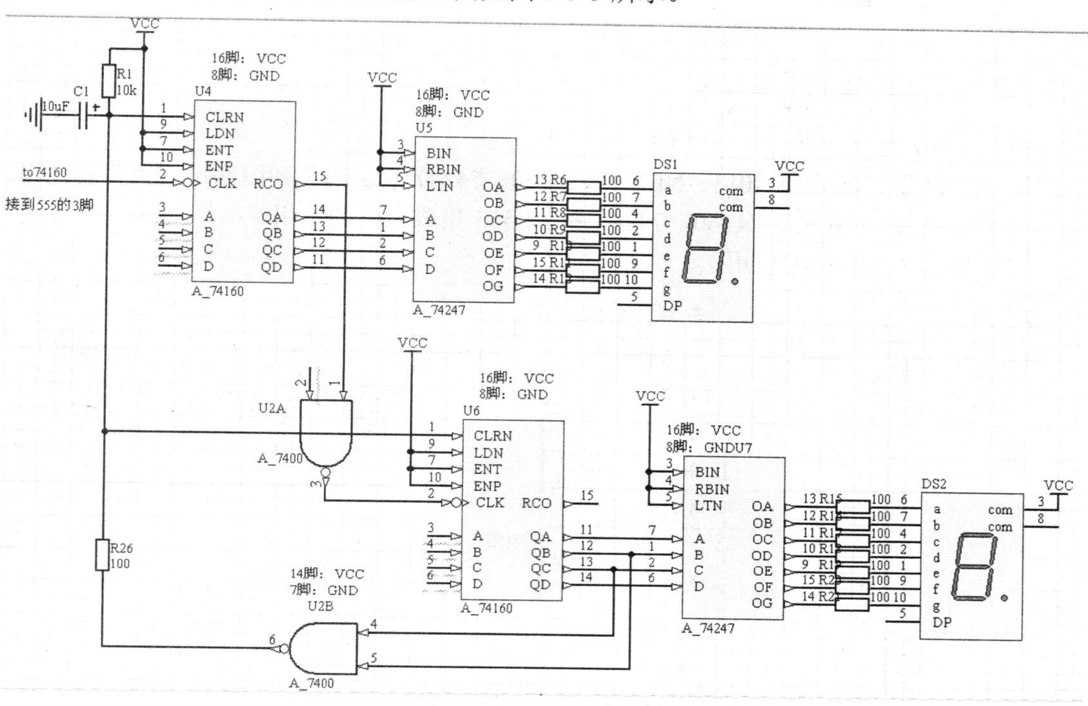

图 3-5-5 数码显示电子秒表部分电路原理图

3. 声光控电子秒表电路的布线图请同学们自行绘制，手工布线的参考如图 3-5-6 所示

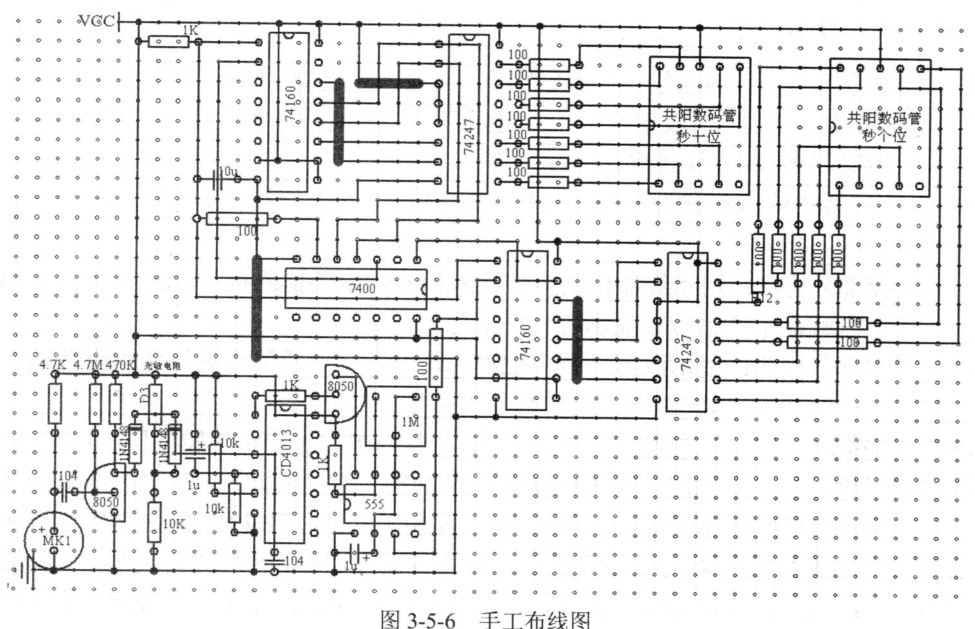

图 3-5-6 手工布线图

怎样做?

(五)声光控电子秒表的装配

按表 3-5-1 选择元件，并对元件进行检测。

(1)学会看 7400、CD4013、NE555、74160、74247 的引脚排列图和这些元件的使用。

(2)加强对 CD4013、74160、74247 和 NE555 集成电路的使用。

(3)加强对数码管的使用。

表 3–5–1 元器件名称明细表

元件名称	代号	元件参数	元件名称	代号	元件参数
集成电路	U_1	CD4013	电阻	R_1、R_5、R_{13}、R_{14}	10kΩ
	U_2	7400		R_2	4.7KΩ
	U_3	NE555		R_3	4.7MΩ
	U_4、U_6	74160		R_4	470kΩ
	U_5、U_7	74247		R_6～R_{12} R_{15}～R_{21} R_{25}～R_{26}	100Ω
电解电容	C_1	10μF/16V		R_{22} R_{24}	1KΩ
涤纶电容	C_2、C_3	0.1μF		可变 R_{23}	1MΩ
电解电容	C_4、C_5	1μF/25V	光敏电阻	D_3	
三极管	Q_1、Q_2	8050	驻极体话筒	MK_1	
二极管	D_1、D_2	1N4148	数码管	DS_1 DS_2	一位共阳极

(六)安装与测试

1．焊接完成后，检查电路，确定无误后，接上+5V 电源，数码管显示为“00”。

2．对驻极体话筒吹气（或拍掌）或者用光照射光敏电阻，数码管开始进行从 00 到 59 的计数，然后又回到 00 重复计数。

3．测试时将整体电路分为声控、光控、脉冲振荡产生、个位数码显示、十位数码显示等五个部分。

(1)声控部分检测：用示波器检测声控输入信号，主要检测点有 MK_1 两端、Q_1 基极、集电极。有声音时，示波器应该显示有相关信号。

(2)光控部分检测：用示波器检测声控输入信号，主要检测点有光敏电阻两端、二极管 D_2 两端。有光照时，示波器应该显示有相关信号。

(3)脉冲振荡产生部分检测：主要由 D 触发器 CD4013 和时基发生器 NE555 组成。用示波器进行检测。主要检测点有 CD4013 的脉冲输入端（3 脚）、信号输出端（1 脚），NE555 的电源端（8 脚）、输出端（3 脚）。有声音或光照时，CD4013 的 3 脚应该有相应的触发信号，同时 1 脚输出高电平，NE555 在有声音或光照时，8 脚为高电平，3 脚输出一恒定频率的脉冲方波。没声音或光照时，CD4013 的 1 脚输出低电平，NE555 的 8 脚为低

电平，3 脚低电平。

（4）个位数码显示部分检测：主要由计数器 U_4（74160）、译码器 U_5（74247）、数码显示器 DS_1 构成。计数脉冲由 NE555 时基发生器的 3 脚提供。主要用万用表检测计数器的输出端（11-14 脚）是否正常，此外，要检测数码管是否为共阳极数码管（一般其最后一个字母为 S，共阴极数码管最后一位字母为 R）。

（七）常见故障与排除方法

（1）没有声控信号：检查驻极体话筒正负极有没有接反，三极管 Q_1 是否损坏。

（2）没有光控信号：检查光敏电阻好坏，适当增大电阻 R_5 的阻值。

（3）声光控信号无法控制：检查 CD4013 的输入端（3 脚）和输出端（1 脚）信号情况。可用+3V 电源轻触一下 1 脚，若数码管开始计数，则电路故障在 CD4013 以及其前面的声光控电路，检查有无虚焊，集成电路有无损坏等。

（4）个位数码一直显示“0”：检查时基发生电路 NE555 的输出端（3 脚）信号情况，有声光控制信号时，3 脚应输出一定频率的方波，若没有方波，则检查前级的声光控制电路；若有方波，则检查后面的计数器 74160 的输出端信号（11-14 脚）、译码器 74247 的输出信号（9-15 脚）、显示电路 DS1，主要检测各集成电路的电源是否接好，电路是否焊接错误，数码管是否使用错误，数码管是否接好了共阳极电源信号。

（5）十位数码一直显示“0”：主要是个位信号的溢出信号（15 脚）没有送入或者是十位的读数、译码、显示电路故障。检查方法同个位数码一直显示“0”。

四、任务检测与评估

序号	作业项目	考核内容	配分	评分标准	评分记录	扣分	得分
1	元器件的检测	电阻、电容的读数，集成电路、数码管的使用	15	每个元件读错扣 1 分，不能正确使用集成电路、数码管扣 5 分			
2	制作电路	制作完成声光控电子秒表电路和 9 分 59 秒定时基本电路	40	电路焊点不好，工艺不好扣 10 分			
				电路无制作完成扣 30 分			
3	电路原理	叙述电路的基本工作原理	15	电路原理叙述不完整每点扣 5 分			
4	检测电路	使用示波器对信号进行测量及故障检测	20	示波器使用不当扣 10 分			
				不会测量信号及进行故障排除的扣 10 分			
5	安全文明生产	遵守安全操作规程，正确使用仪器设备，操作现场整洁	10	每项扣 5 分，扣完为止			
		安全用电，防火、无人身、设备事故		因违规操作发生重大人身和设备事故，此题按 0 分计			
6	分数合计		100				

知识链接与延伸

五、技能拓展

（一）电路工作原理

如图 3-5-7 所示为 9 分 59 秒定时基本电路原理图。9 分 59 秒定时基本电路由计数脉冲产生、秒计数译码显示、十秒计数译码显示、分计数译码显示、定时声光警报等部分组成。计数脉冲产生部分主要由 IC_4（NE555）及其外围阻容元件组成，作用是产生恒定频率的脉冲方波，供计数用。秒、十秒、分计数译码显示部分主要由 CD4033、共阴极数码管及相关限流电阻构成，作用是显示定时时间 9 分 59 秒。定时声光警报部分主要由 IC_6（CD4017）、Q_{62}（9015）、BELL、LED 及相关电阻构成，作用是在定时时间结束后产生声光报警信号。

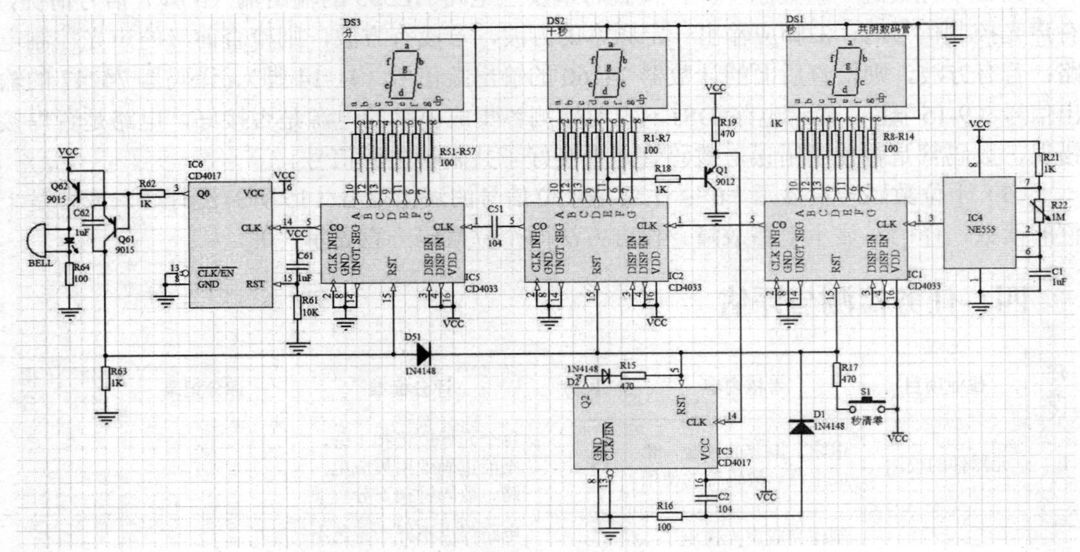

图 3-5-7　9 分 59 秒定时基本电路原理图

CD4017 为一个十进制计数器，它共有 Q_0 到 Q_9 十个输出端。它的 CLK 端接收计数脉冲，一开始时 Q_0 为 1，其余为 0；第 1 个脉冲输入时 Q_1 为 1，其余为 0；第 2 个脉冲输入时 Q_2 为 1，其余为 0，依此类推，第 9 个脉冲输入时 Q_9 为 1 其余为 0；第 10 个脉冲输入时回复到 Q_0 为 1，其余为 0。由此可知，CD4017 Q_0 至 Q_9 的输出每 10 个脉冲形成一个循环，从而构成十进制计数器。

在本电路中，第 1 个 CD4017（IC_3）的作用是秒和十秒构成六十进制。由于 CD4033 是十进制的计数译码器，在十秒位的 CD4033（IC_2）的第 11 脚引出信号，经过 R_{18} 接入 Q_1，再送入 CD4017 的脉冲输入端（14 脚）。在十秒位显示从 0～6 的过程中，当十秒位数码管显示“0”时，CD4033 的 11 脚（e）为高电平，十秒位数码管显示“2”时，CD4033 的 11 脚（e）为高电平，十秒位数码管显示“6”时，CD4033 的 11 脚（e）为高电平。即 CD4033 的 11 脚在显示 0 到 6 的过程中有 3 次高电平，这样 Q_1 就有三次导通，相当于 CD4017（IC_3）的 14

脚有 3 个脉冲输入，这样就使得其输出端 Q_2（输出端有 Q_0-Q_9 共 10 个）为高电平，从而使二极管 D_2 导通，该高电平通过 R_{15} 接入到自身的复位端（15 脚），使自身复位清零，同时该高电平还接到 IC_1、IC_2 的复位端（15 脚），使秒、十秒位复位清零，从而实现了秒的 60 进制计数。由于该高电平被二极管 D_{51} 阻隔，无法对 IC_5 进行复位，所以分位不受影响，继续计数。

当分位计数到 9 时，再来一个脉冲，IC_5 的进位端（5 脚）输出一个进位高电平，使 IC_6（CD4017）的 Q_0 为高电平，这个高电平通过 R_{62} 一方面使三极管 Q_{62} 导通，从而产生声光报警，另一方面使 Q_{61} 导通，R_{63} 上端为高电平，此高电平使分位计数器的复位端（IC_5 的 15 脚）复位，同时通过二极管 D_{51}，使十秒、秒位的计数器同时复位，使三个数码管全部显示“0”。

（二）电路元器件的选择

电路元器件的选择见表 3-5-2。

表 3-5-2　　9 分 59 秒定时基本电路元器件的选择列表

元件名称	代　号	元件参数	元件名称	代　号	元件参数
时基发生器	IC_4	NE555	电阻	R_1～R_{14}、R_{16} R_{51}～R_{57}、R_{64}	100Ω
十进制计数译码器	IC_1、IC_2、IC_5	CD4033		R_{18}、R_{21}、R_{62}、R_{63}	1kΩ
十进制计数器	IC_3、IC_6	CD4017		R_{15}、R_{17}、R_{19}	470Ω
电解电容	C_1、C_{61}、C_{62}	1μF/10V		R_{61}	10kΩ
陶瓷电容	C_2、C_{51}	104	电位器	R_{22}	1MΩ
按钮开关	S_1		三极管	Q_1、Q_{61}、Q_{62}	9015
二极管	D_1、D_2、D_{51}	1N4148	数码管	DS_1、DS_2、DS_3	2TS547R
发光二极管	LED	@5	蜂鸣器	BELL	

（三）安装调试电路

如图 3-5-8 所示为共 9 分 59 秒定时基本电路原理图的参考装配图。请同学们根据原理图在参考装配图上标出相应的元器件及其参数值，安装、调试好电路。

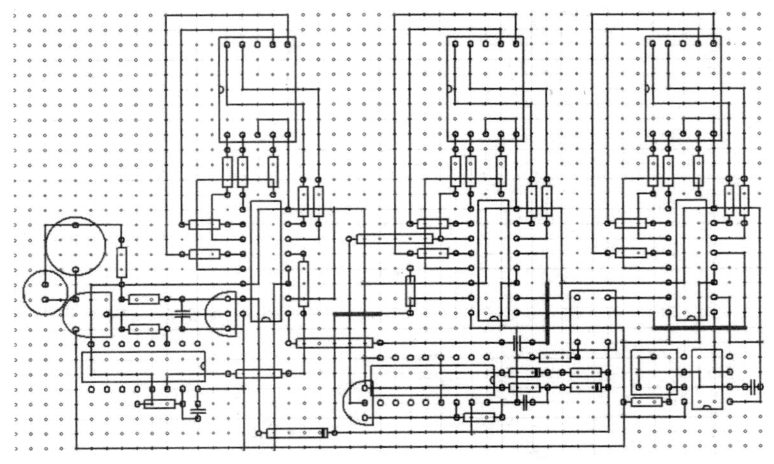

图 3-5-8　9 分 59 秒定时基本电路原理图的参考装配图

第 4 部分

拓展篇

Chapter 4

任务4.1　制作汽车倒车测速测距电路

学习目标

1. 汽车倒车测速测距电路的功能和电路原理；
2. 汽车倒车测速测距电路原理和布线图绘制；
3. 汽车倒车测速测距电路实物装配与调试；
4. 汽车倒车测速测距电路的参数测试。

做什么?

一、任务描述

汽车倒车测速测距电路主要使用倒车雷达和单片机，实现汽车在倒车的过程进行障碍物与汽车距离的测量并提示汽车车速记录等。

二、任务分析

1. 汽车倒车测速测距电路的功能分析与实现；

2. 相关集成电路的认识与测试；

3. 汽车倒车测速测距电路的装配与调试。

学什么?

三、任务实施

（一）汽车倒车测速测距电路的功能分析与实现

汽车倒车测速测距电路如图 4-1-1 所示。

1．微动按钮功能

（1）K_5，复位键：按一下，电路复位，电路处于待机状态。

（2）K_4，正转键：按一下，电机 MG_1 正转。

（3）K_3，加速键：正转时，按一下，电机 MG_1 加速。

（4）K_2，减速键：正转时，按一下，电机 MG_1 减速。

（5）K_1，倒车键：按一下，电机 MG_1 反转。

2．产品功能介绍

（1）电路正确连接后，接通电源，按一下微动按钮 K_5，数码显示管 DS_1 显示 0000。

（2）按一下微动按钮 K_4，电机 MG_1 转动并带动转盘（遮断器）转动，数码显示管 DS_1 显示数字，再按一下 K_4，电机 MG_1 停转，电路复位。

（3）在按一下微动按钮 K_4 后，按一下微动按钮 K_3，电机 MG_1 转动加快并带动转盘（遮断器）转动，数码显示管 DS_1 显示数字，此时显示的数字增大。可按微动按钮 K_3 三次（三挡），第四次按动 K_3 时，电机 MG_1 停转，电路复位。

（4）在按一下微动按钮 K_4 后，按一下微动按钮 K_2，电机 MG_1 转速减慢并带动转盘（遮断器）转动减慢，数码显示管 DS_1 显示数字减少。再按一下微动按钮 K_2，电机 MG_1 停转，电路复位。

（5）按一下微动按钮 K_1，电机 MG_1 倒转并带动转盘（遮断器）转动，此时为汽车倒车。用障碍物放在离开超声接收器 LS_1 和超声发生器 LS_2 一定距离的位置上，数码显示管 DS_1 显示数字，此时显示的数字为障碍物与 LS_1 和 LS_2 的距离（相当于汽车与障碍物的距离，单位为厘米），如果障碍物距离变动，数码显示管 DS_1 显示数字也随之变化。当距离等于 20 厘米时，电机 MG1 自动停转。或在大于 20 厘米时再按一下微动按钮 K_1，电机 MG_1 停转，电路复位。

3．倒车电路原理分析（请同学们根据引导分析，在空白处填上相应内容）

该产品是由下面几部分电路组成：超声波发射电路、超声波接收电路、提示音发生器、直流电机控制电路、转速检测电路、单片机电路、显示电路和电源电路。

倒车电路包括超声波发射电路、超声波接收电路、提示音发生器、单片机电路、显示电路和电源电路。按下微动按钮 K_1，由单片机 IC_2 的“_____”脚输出一串______信号，该信号送到______的输入端，改变______的输出电阻，使原来由 VT_1、VT_2、VT_8、VT_9、VT_{10}、VT_{11} 组成的直流电机 MG_1 桥式驱动电路在直流电机 MG_1 两端产生电位差，电机 MG_1 被驱动为反转。即汽车在倒车。

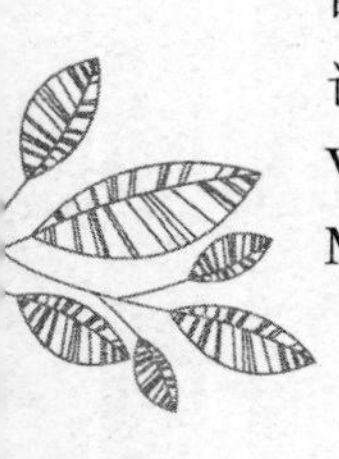

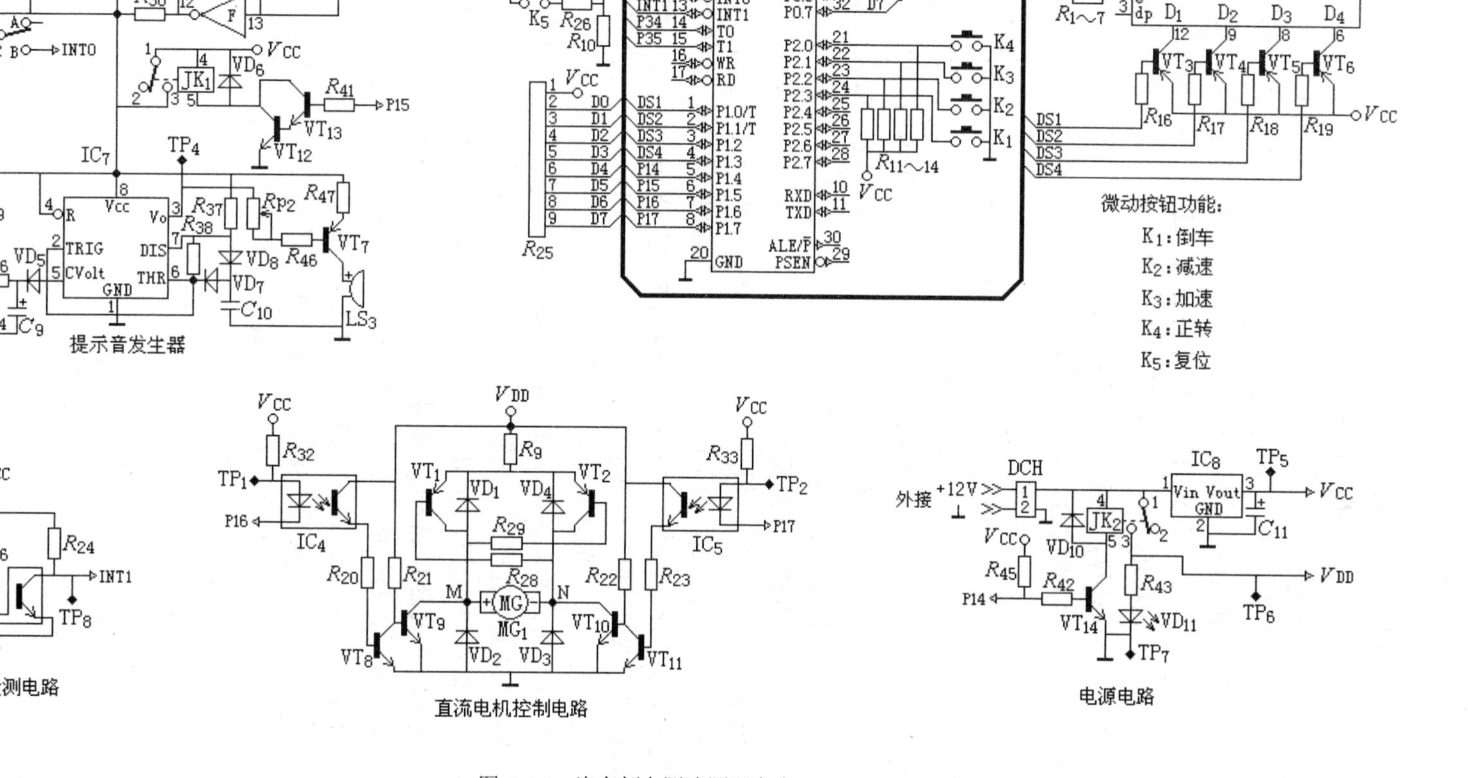

图 4-1-1　汽车倒车测速测距电路

在按下微动按钮 K_1 时，由单片机 IC_2 产生 40kHz 的方波信号从 IC_2 的“14”脚送出，经开关 S_1、电阻 R_{15} 到 IC_3 的“9”脚后在 IC_3 内进行推挽放大，由 LS_2 超声波发生器产生 40kHz 的超声波发射出去。经障碍物反射后的超声波，由 LS_1 超声波接收器接收，送入集成块 IC_1 的“1”脚，该信号为正弦波信号。由于倒车的距离不断变化，所以 IC_1 内部设置了自动增益控制 AGC，以保持信号不会因倒车距离变化而出现强弱变化，正弦波信号在 IC_1 内部进行整形后，由 IC_1 的“7”脚输出，经延时（信号由发射→障碍物→接收的时间）后的信号，经电阻 R_{35} 和开关 S_2 送回单片机 IC_2 的“12”脚，由单片机 IC_2 内部与原送出的信号进行比较计算，并把计算的结果送到显示电路显示出汽车在倒车时与障碍物之间的距离。当倒车与障碍物的距离等于 20 厘米时，单片机 IC_2 发出指令，让汽车停止倒车，电路复位。

由于电路采用节电措施，只有在倒车时，由单片机 IC_2 的“6”脚输出一信号，经 R_{41} 给复合管 VT_{12} 和 VT_{13} 提供导通信号，使继电器 JK_1 吸合，才给超声波接收电路、提示音发生器提供 VCC 电源。所以在倒车开始，提示音发生器的集成块 IC_7 与外围元器件组成的振荡电路起振，产生信号供三极管 VT_7 放大，由蜂鸣器 LS_3 发出提示音，提醒驾车人士。调节可调电阻 RP_2，可改变提示音的音量大小。

4．测速（前进）电路原理

测速电路包括直流电机控制电路、转速检测电路、单片机、显示电路和电源电路。

按下微动开关 K_4，由单机 IC_2 的“5”脚输出一信号，经 R_{42} 使三极管 VT_{14} 导通，使继电器 JK_2 吸合，电源+12V 经继电器 JK_2 触点作 V_{DD} 输出，同时给直流电机控制电路提供 V_{DD} 和 V_{CC} 电源；单片机 IC_2 的“_______”脚输出一串_____信号，该信号送到_____的输入端，改变_______的输出电阻，使原来由 VT_1、VT_2、VT_8、VT_9、VT_{10}、VT_{11} 组成的直流电机 MG_1 桥式驱动电路在直流电机 MG_1 两端产生电位差，电机 MG_1 被驱动为正转。电机 MG_1 带动安装在电机上的转盘转动，由于转盘装在光电开关器 IC_6 槽中，且转盘中带有小孔，转盘在转动过程中，IC_6 一端发出的光线穿过小孔，光线间歇通过并送到 IC_6 的另一端，使光电开关器 IC_6 输出一串脉冲并送回单片机 IC_2 的“13”脚，由单片机 IC_2 进行计数，并由数码显示管 DS_1 直接显示数字，并为电机 MG_1 的转速。

如果此时按一下微动开关 K_3，则改变了由 IC_2“_______”脚输出_____信号的________，也改变了_________的输出电阻，使电机 MG_1 两端的电位差更大，电机 MG_1 转速加快，数码显示管 DS_1 显示的数字增大。如果再按一下 K_3，根据以上所说原理，电机 MG_1 转速更快，数码显示管 DS_1 显示的数字更大。

如果按一下微动开关 K_2，改变了由 IC_2 的“_______”脚输出的一串_____信号的________，也改变了_________的输出电阻，但使电机 MG_1 两端的电位差变小，电机 MG_1 转速减慢，数码显示管 DS_1 显示的数字减小。

按 K_4、K_3、K_2 任何一个微动开关，由单片机 IC_2 发出指令，使电机 MG_1 停转，电路复位。

5．单片机电路、显示电路与电源电路原理

单片机电路是由芯片 IC_2 为核心及相关元器件组成，构成了《汽车测速及倒车提示》电路的中央控制电路，根据电路功能需要，赋予芯片 IC_2 相应程序。

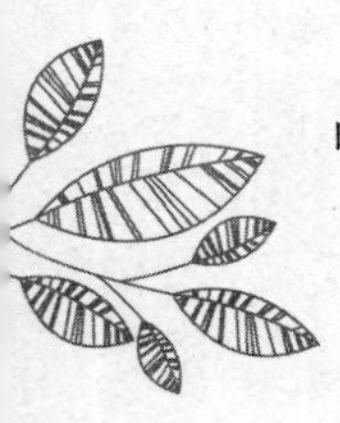

显示电路由单片机 IC_2、数码显示管 DS_1 及外围相关元器件组成，对微动按钮 K_1～K_5

的按动发出相应的指令，通过相关程序，让各电路按程序进行工作。另外也把相关指令送达数码显示管 DS_1，让数码显示管 DS_1 显示数字。

外接+12V 电源，经过 IC_8 后，输出+5V 的 V_{CC} 电源，提供给单片机 IC_2 获得+5V 后待命所需电源。只有在进行倒车或测速（前进）时，通过单片机 IC_2 的“5”脚输出一信号，经 R_{42} 使三极管 VT_{14} 导通，使继电器 JK_2 吸合，红色发光二极管 VD_{11} 点亮，电源+12V 经继电器 JK_2 触点作 V_{DD} 输出，给直流电机控制电路提供 V_{DD} 电源。而且只有在倒车时，由单片机 IC_2 的“6”脚输出一信号，经 R_{41} 给复合管 VT_{12} 和 VT_{13} 提供导通信号，使继电器 JK_1 吸合，才给超声波接收电路、提示音发生器提供 V_{CC} 电源，绿色发光二极管 VD_9 点亮。

6. 集成电路介绍

（1）IC_1 CX20106A 引脚如图 4-1-2 所示。

引脚功能如表 4-1-1 所示。

表 4-1-1 CX20106A 引脚功能

脚号	1	2	3	4	5	6	7	8
符号	IN	AGC	CO	GND	RCO	C	OUT	V_{CC}
功能	信号输入	自动增益与频宽控制	检波电容连接	地	带通滤波器中心频率	积分电容连接	输出	电源

（2）IC_2 AT89S52 引脚如图 4-1-3 所示。

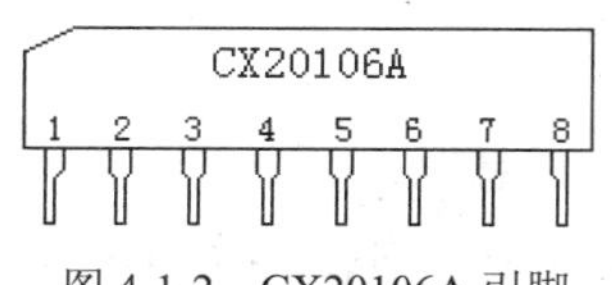

图 4-1-2 CX20106A 引脚

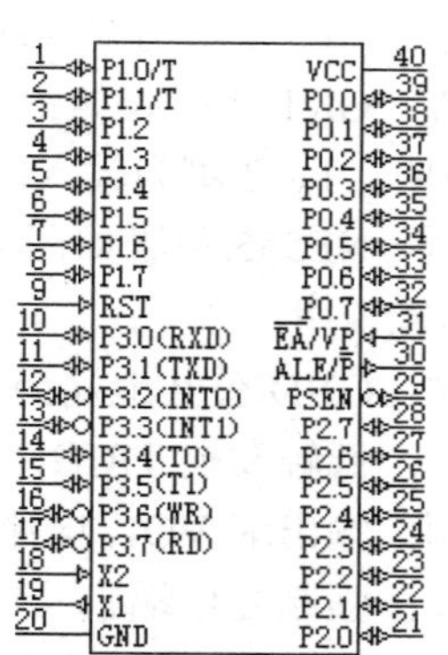

图 4-1-3 AT89S52 引脚

引脚功能说明：

A：输入/输出引脚（I/O 口线）：

- P0.0～P0.7：P0 口 8 位双向 I/O 口，占 39～32 脚；
- P1.0～P1.7：P1 口 8 位准双向 I/O 口，占 1～8 脚；
- P2.0～P2.7：P2 口 8 位准双向 I/O 口，占 21～28 脚；
- P3.0～P3.7：P3 口 8 位准双向 I/O 口，占 10～17 脚；

B：控制口线：

- $\overline{PSEN}$（29 脚）：外部程序存储器读选通信号。
- ALE/$\overline{P}$（30 脚）：地址锁存允许/编程信号。
- $\overline{EA}$/VP（31 脚）：外部程序存储器地址允许/固化编程电压输入端。

- RST/VPD（9 脚）：RST 是复位信号输入端，VPD 是备用电源输入端。
- C：电源及其他。
- Vcc（40 脚）：电源端+5V。
- GND（20 脚）：接地端。
- Xl、X2（19～18 脚）：时钟电路引脚。当使用内部时钟时，这两个引脚端外接石英晶体和微调电容。当使用外部时钟时，用于外接外部时钟源。

（3）IC_3 74LS04 引脚如图 4-1-4 所示。

功能说明：

六反相器，$Y=\bar{A}$。V_{CC}（14 脚）：电源端+5V。

GND（7 脚）：接地端。

（4）IC_4 和 IC_5　P521 引脚如图 4-1-5 所示。

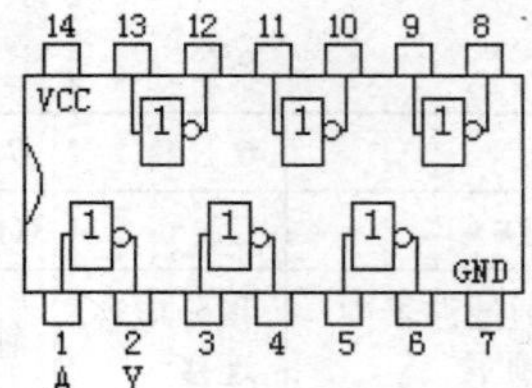

图 4-1-4　74LS04 引脚

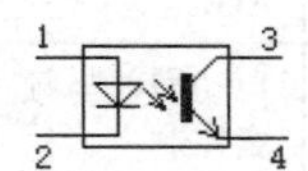

图 4-1-5　P521 引脚

功能说明：1、2 脚为输入端。3、4 脚为输出端。

（5）IC_6　GK152 引脚如图 4-1-6 所示。

功能说明：1、2 脚为输入端。3、4 脚为输出端。

（6）IC_7　NE555 引脚如图 4-1-7 所示。

引脚功能说明：

- 1 脚：GND 公共地端为负极。
- 2 脚：低触发端 TRIG，低于 1 / 3 电源电压时即导通。
- 3 脚：输出端 VO，电流可达 2000mA；
- 4 脚：强制复位端$\bar{R}$，不用时可与电源正极相连或悬空；
- 5 脚：用来调节比较器的基准电压，简称控制端 CV，不用时可悬空，或通过 0.01μF 电容器接地；
- 6 脚：高触发端 THR，也称阈值端，高于 2/3 电源电压时即截止；
- 7 脚：放电端 DIS；
- 8 脚：电源正极 V_{CC}。

（7）IC_8　7805 引脚如图 4-1-8 所示。

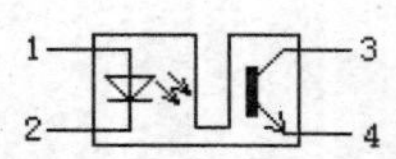

图 4-1-6　GK152 引脚

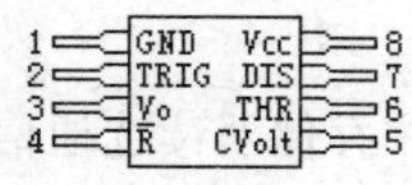

图 4-1-7　NE555 引脚

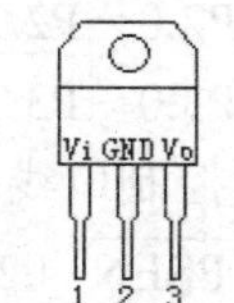

图 4-1-8　7805 引脚

引脚功能说明：1 脚：V_i 输入端。2 脚：地端。3 脚：Vo 输出端。

怎样做?

（二）汽车倒车测速测距电路的装配

1．元器件选择

根据图 4-1-1，在印制电路板焊接和产品安装过程中，正确无误地从提供的元、器件中选取所需的元、器件及功能部件。

2．印制电路板焊接

根据图 4-1-1，选择所需要的元器件，把它们准确地焊接在提供的印制电路板上。其中包括：贴片焊接，非贴片焊接。

在印制电路板上所焊接的元器件的焊点大小适中，无漏、假、虚、连焊，焊点光滑、圆润、干净，无毛刺；引脚加工尺寸及成形符合工艺要求；导线长度、剥线头长度符合工艺要求，芯线完好，捻线头镀锡。

3．电子产品安装

根据图 4-1-1，把选取的电子元器件及功能部件正确地装配在赛场提供的印制电路板上。

元器件焊接安装无错漏，元器件、导线安装及元器件上字符标示方向均应符合工艺要求；电路板上插件位置正确，接插件、紧固件安装可靠牢固；线路板和元器件无烫伤和划伤处，整机清洁无污物。

（IC_6与转盘的安装可参考《安装说明》）

4．汽车倒车测速测距电路元件清单列表

汽车倒车测速测距电路元件清单列表见表 4-1-2。

表 4-1-2　　　　汽车倒车测速测距电路元件清单

名　称	代　号	封　装	数　量
0.1U	C_1、C_{13}、C_{15}、C_{12}、C_{14}	cc0.100	5
47U	C_2、C_7	CD0.1-0.180	2
563	C_3	CC0.100	1
330P	C_4	CC0.100	1
3.3UF	C_5	CD0.1-0.180	1
1UF	C_6	CD0.1-0.180	1
10U	C_8、C_{11}	CD0.1-0.180	2
100U	C_9	CD0.1-0.220	1
1U	C_{10}	CC0.140	1
30P	CY_1、CY_2	CC0.100	2
1N4007	D_1，D_2	DIODE0.315	2
4148	D_3、D_4、D_5、D_6、D_7、D_8、D_9	3216	7
6.2V 稳压管	D_{10}、D_{11}	DIODE4148	2
电机	DJ_1	DJ	1
数码管	DS_1	LED0.364	1
下载头	ISP_1	IDC10L	1

续表

名　称	代　号	封　装	数　量
插针	J_1、J_3	IDC2	2
电源	J_2	3	1
继电器	JK_1	JDQ-3F	1
继电器	JK_2	JDQ-4F	1
开关	K_1、K_2、K_3、K_4、K_5	SW-0606	5
LED	LED_1、LED_2	LED#3	2
超声波探头	LS_1、LS_2	CSHENG	1
蜂鸣器	LS_3	BELL	1
10K 排阻	PR_1	SIP09	1
8050 三极管	Q_1、Q_2、Q_{11}、Q_{15}、$Q1_6$、Q_{17}、Q_{18}	TO92	7
9012 三极管	Q_3、Q_4、Q_5、Q_6	TO92	4
8550 三极管	Q_7、Q_8、Q_9、Q_{10}、Q_{13}	TO92	5
9013 三极管	Q_{12}、Q_{14}	TO92	2
1KΩ电阻	R_1、R_{11}、R_{17}、R_{26}、R_{45}、R_{59}、R_{60}、R_{62}	0805	8
10KΩ电阻	R_2、R_{20}、R_{21}、R_{22}、R_{23}、R_{24}、R_{29}、R_{32}、R_{33}、R_{34}、R_{35}、R_{36}、R_{37}、R_{39}、R_{41}、R_{42}、R_{44}、R_{46}、R_{51}、R_{54}、R_{55}、R_{56}、R_{58}、R_{65}	0805	24
4.7Ω电阻	R_3、R_{19}	AXIAL0.35	2
200KΩ电阻	R_4	AXIAL0.35	1
510Ω电阻	R_5、R_7、R_8、R_9、R_{10}、R_{12}、R_{13}、R_{15}、R_{16}、R_{27}、R_{28}、R_{30}、R_{31}、R_{38}、R_{43}	0805	15
220KΩ	R_6	AXIAL0.35	1
200Ω	R_{14}	AXIAL0.35	1
2KΩ	R_{18}、R_{25}	AXIAL0.35	2
300Ω	R_{40}	AXIAL0.35	1
360Ω	R_{47}、R_{48}、R_{52}、R_{53}	AXIAL0.35	4
4.7KΩ	R_{49}、R_{50}	AXIAL0.35	2
5.1KΩ	R_{57}	AXIAL0.35	1
10KΩ	R_{61}	AXIAL0.35	1
100Ω	R_{63}	AXIAL0.35	1
100KΩ	R_{64}	AXIAL0.35	1
50KΩ电位器	RP_1、RP_2	VR3296	2
10KΩ电位器	RP_3	VR3296	1
开关	S_1、S_2	K_3_0.120	2
4069/74LS04	U_1	SO-14	1
AT89S52	U_2	ZIF40 -1	1
CX20106A	U_3	IDCD8	1
NE555	U_4	DIP8	1
P521	U_5、U_6	dip4	2
光电传感器	U_7	GD1	1

续表

名　称	代　号	封　装	数　量
LM7805	U_8	TO-220S	1
LM358	U_9	DIP-8	1
12M 晶振	Y_1	XTAL1	1

（三）汽车倒车测速测距电路的功能调试

1．《汽车倒车测速测距》电路板电路工作正常

将已经焊接好的《汽车倒车测速测距》电路板，进行调试并实现电路工作正常。

（1）电源电路工作正常。正确连接+12V 电源，测得测试点 TP_5 电压为+5V；按一下 K_1、K_4 任意一个微动开关后，测得测试点 TP_6 电压为+12V，红色发光二极管 VD_{11} 亮，则表示电源电路工作正常。

（2）数码显示电路（含单片机电路和显示电路）工作正常。连接+12V 电源，按下微动按钮 K_5，数码管 DS_1 显示数字为 0000，则表示数码显示电路工作正常。

（3）超声波发射电路、超声波接收电路、提示音发生器电路工作正常。连接+12V 电源，把开关 S_1 和 S_2 均置于“B”位置，按下微动按钮 K_5，再按下微动按钮 K_1，用障碍物放在超声波发射器 LS_2 及超声波接收器 LS_1 前方大于 20cm 位置，数码管 DS_1 显示两者间距离，改变障碍物和 LS_2、LS_1 之间距离，数码管 DS_1 显示距离变化，并且蜂鸣器 LS_3 发出提示音，绿色发光二极管 VD_9 亮，则表示超声波发射电路、超声波接收电路、提示音发生器工作正常。

（4）直流电机控制电路、转速检测电路工作正常。连接+12V 电源，在确认电源电路、显示电路正常时，按下微动按钮 K_5，再按下微动按钮 K_4，可见直流电机 MG_1 带动转盘转动，同时数码管 DS_1 显示转速，则直流电机控制电路、转速检测电路工作正常。

2．电路知识

根据图 4-1-1 及已经焊接好的电路板，回答下面的问题。

（1）在电源电路中，P_{14} 提供给 VT_{14} 的基极一个什么信号，电源电路的 V_{DD} 输出电压多少伏？在《汽车倒车测速测距》电路中，还有哪一部分电路具有相同的工作状态？

答：

（2）在《汽车倒车测速测距》电路板中，在显示电路部分采用什么方法把数码显示管 DS_1 每个数字后面的小数点隐匿？

答：

（3）在图 4-1-1 中，R_{25} 有什么作用？

答：

（四）汽车倒车测速测距电路的参数测试

使用给出的仪器仪表，对相关电路进行测量，把测量的结果填在相应的表格及空格中。

根据图 4-1-1 及已经焊接好的《汽车倒车测速测距》电路板，在正确完成电路的调试后，对相关电路进行测量，把测量的结果填在相关的表格及空格中。

（1）接上电源，把开关 S_1 和 S_2 均置于“B”位置，按下微动按钮 K_5，再按下微动按钮 K_1，测量测试点 TP_4。

波　形	周　期	幅　度
（坐标格）		
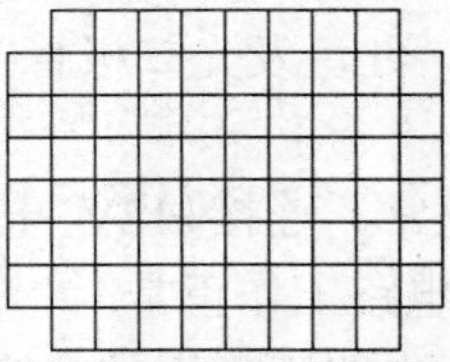	量程范围	量程范围

（2）按下微动按钮 K_5，再按下微动按钮 K_4，数码管 DS_1 显示的数字为________，测量 INT_1（TP_8）位置的脉冲频率为________，脉冲频率数是数码管 DS_1 显示数字的________整数倍。

如果按下微动按钮 K_4 后，再按下微动按钮 K_3，数码管 DS_1 显示的数字为________，测量 INT_1 位置的脉冲频率为________，脉冲频率数是数码管 DS_1 显示数字的________整数倍。

按第 2 下微动按钮 K_3，数码管 DS_1 显示的数字为________，测量 INT_1 位置的脉冲频率为________，脉冲频率数是数码管 DS_1 显示数字的________整数倍。

根据以上关于“脉冲频率数是数码管 DS_1 显示数字的倍数关系”，从电路硬件上找出这种关系的原因________。

（3）按下微动按钮 K_5，再按下微动按钮 K_1，单片机 IC_2 的________脚送去控制信号到直流电机控制电路的________位置。电机 MG_1 两端的电位差 UMN 是________V。

（4）按下微动按钮 K_5，再按下微动按钮 K_4（正转），在图 4-1-9（a）中画出 TP_2 的波形（量程范围：5ms/DIV，1V/DIV）（1 分），测量直流电机 MG1 两端的电位差 UMN 是________V。

按一下微动按钮 K_3（加速 1），在图 4-1-9（b）中画出 TP_2 的波形（量程范围：5ms/DIV，1V/DIV），测量直流电机 MG_1 两端的电位差 UMN 是________V。

如果再按一下微动按钮 K_3（加速 2），在图 4-1-9（c）中画出 TP_2 的波形（量程范围：5ms/DIV，1V/DIV），测量直流电机 MG_1 两端的电位差 UMN 是________V。

从图 4-1-9 的（a）、（b）和（c）三个波形看出，直流电机 MG_1 运动方式发生改变，是由于单片机 IC2 送到直流电机控制电路的________波________改变的结果，但它的________并没有改变。

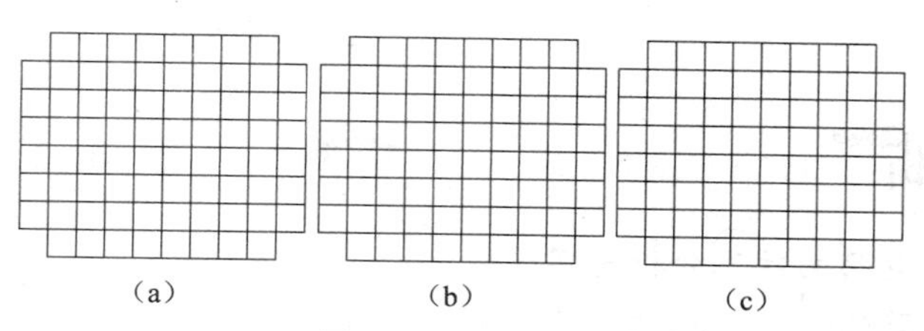

图 4-1-9　三种波形

(5) 按下微动按钮 K_5，再按下微动按钮 K_1，用障碍物放在超声波发射器 LS_2 及超声波接收器 LS_1 前方大于 20cm 的位置，由远而近移动障碍物和 LS_2、LS_1 之间距离，用示波器测量 IC_1 的“7”脚输出端出现____________________的变化。

(五) 汽车倒车测速测距电路的安装说明

1. IC_2、IC_7 要先焊接集成座，然后才把 IC_2、IC_7 放进去。IC_2 已经写入程序，不能、也不需要去改变 IC_2 内部的程序。

2. IC_6 与转盘的安装如图 4-1-10 所示，安装步骤如下。

(1) 安装直流电机 MG_1，用螺丝固定直流电机 MG_1 在电路板上，连接电路。

(2) 安装转盘，把转盘固定在电动机的转轴上。

(3) 安装 IC_6，把 IC_6 插入转盘上，用螺丝固定 IC_6，安装时必须要把 IC_6 的中轴线经过转盘的轴心，转盘边要安装在 IC_6 的槽中间。最后连接电路。

电路评价请参考全国、省、市中职电子专业学生“电子产品装配与调试”技能竞赛项目评价标准进行评价。

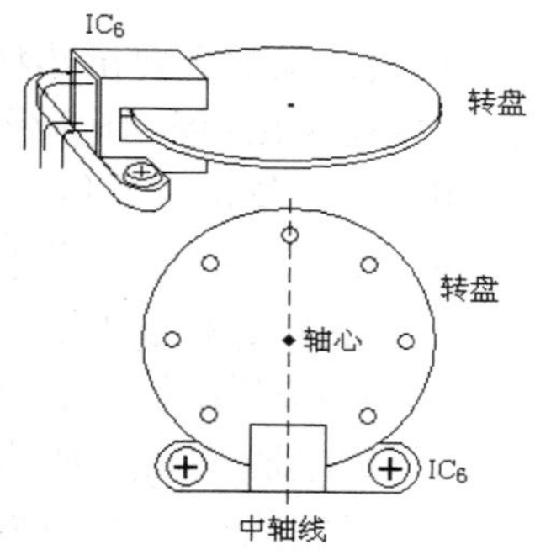

图 4-1-10　IC_6 与转盘的安装图

任务 4.2　制作迎宾记录器

学习目标

1. 迎宾记录器电路的功能和电路原理；
2. 迎宾记录器电路原理和布线图绘制；
3. 迎宾记录器电路实物装配与调试；
4. 迎宾记录器电路的参数测试。

做什么？

一、任务描述

迎宾记录器能对出入房间的人进行自动识别发出礼仪性的问候，并能对人员出入房间的情况进行统计。

二、任务分析

1. 迎宾记录器电路的功能分析与实现；
2. 相关集成电路的认识与测试；
3. 迎宾记录器电路的装配与调试。

学什么？

三、任务实施

（一）迎宾记录器电路的功能分析与实现

迎宾记录器主要由热释电传感检测电路、进出门处理与识别电路、中央处理显示电路、音乐电路、LED 照明电路组成。

- K_5：复位键。按一下，电路复位，电路处于待机状态。
- K_4、K_3："进出"模拟检测键。每先按 K_3 再按 K_4 代表"进"一人次，每先按 K_4 再按 K_3 代表"出"一人次。每"进"一人次在原"进入"显示基础上加 1（"进入"显示初始状态为"b000"），同时每"进"一人次蜂鸣器（LS_1）奏响音乐 1（U_7），继电器（JK_1）吸合 4 秒；每"出"一人次在原"出"显示基础上加 1（"出"显示初始状态为"C000"），同时每"出"一人次蜂鸣器（LS_2）奏响音乐 2（U_9），继电器（JK_1）吸合 4 秒。
- K2：显示切换键。按该键可循环显示：

进入人数（bxxx）→ 出来人数（Cxxx）→ 现有人数(Axxx)
↑____↓

（二）迎宾记录器电路芯片介绍

1. AT89S52

引脚如图 4-2-1 所示，引脚功能说明如下。

（1）输入/输出引脚（I/O 口线）

- P0.0～P0.7:P0 口 8 位双向 I/O 口，占 39～32 脚。
- P1.0～P1.7:P1 口 8 位准双向 I/O 口，占 1～8 脚。
- P2.0～P2.7:P2 口 8 位准双向 I/O 口，占 21～28 脚。
- P3.0～P3.7:P3 口 8 位准双向 I/O 口，占 10～17 脚。

（2）控制口线

- PSEN（29 脚）：外部程序存储器读选通信号。
- ALE/PROG（30 脚）：地址锁存允许/编程信号。
- EA/VPP（31 脚）：外部程序存储器地址允许/固化编程电压输入端。

- RST/VPD（9 脚）：RST 是复位信号输入端，VPD 是备用电源输入端。

（3）电源及其他

- Vcc（40 脚）：电源端+5V。
- GND（20 脚）：接地端。
- XTALl、XTAL2（19～18 脚）：时钟电路引脚。当使用内部时钟时，这两个引脚端外接石英晶体和微调电容。当使用外部时钟时，用于外接外部时钟源。

2. 集成电路 NE555

NE555 为 8 脚时基集成电路，引脚如图 4-2-2 所示，可以组成多种电路。

（1）单稳态：用于定（延）时、消抖动、分（倍）频、脉冲输出、速率检测等。

（2）双稳态：用于比较器、锁存器、反相器、方波输出及整形等。

（3）无稳态：用于方波输出、电源变换、音响报警、电控测量、定时等。

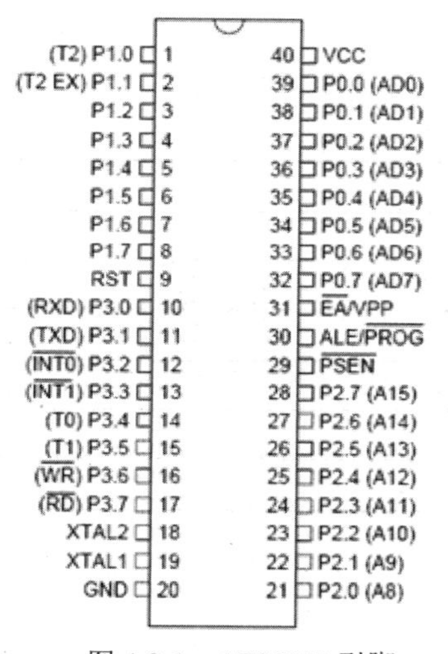

图 4-2-1 AT89S52 引脚

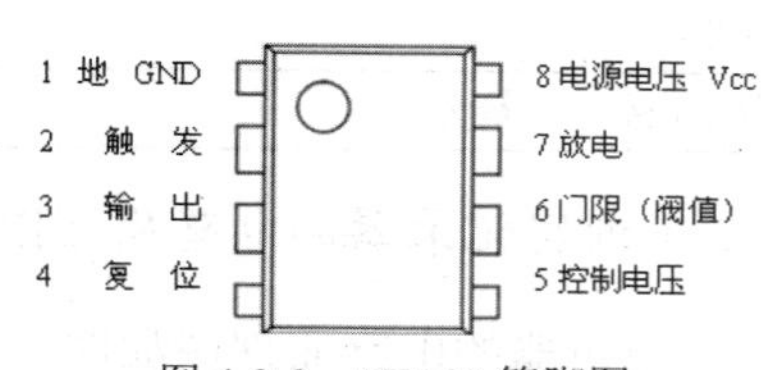

图 4-2-2 NE555 管脚图

3. 集成电路 LM324

LM324 是四运放集成电路，管脚图如图 4-2-3 所示。11 脚接负电源，4 脚接正电源。

4. 热释放传感器

该传感器管脚俯视图如图 4-2-4 所示，它是一种检测人体发射红外线而输出电信号的传感器。工作电压 2.2～15V；工作电流 8.5～24μA。

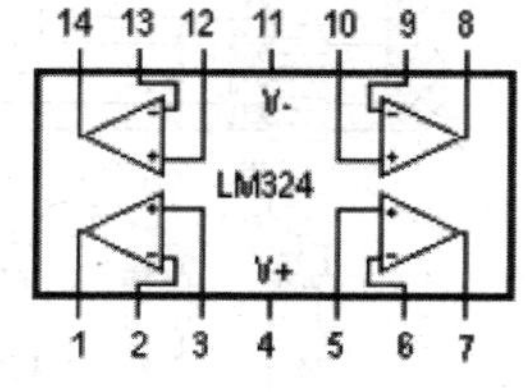

图 4-2-3 LM324 管脚图

图 4-2-4 热释放传感器管脚俯视图

5. 音乐芯片

音乐芯片管脚如图 4-2-5 所示。

6. 集成电路 LM358

该芯片管脚如图 4-2-6 所示，直流电压增益约 100dB；单电源供电范围为 3～30V，双电源为±1.5～±15V。

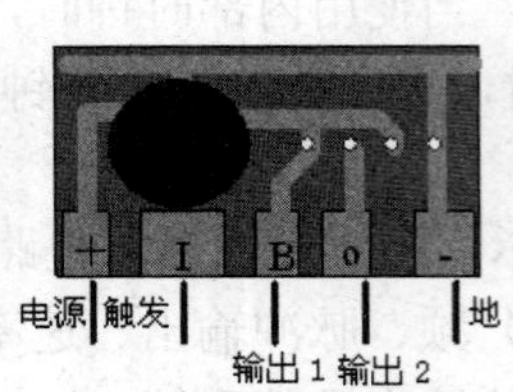

图 4-2-5 音乐芯片管脚

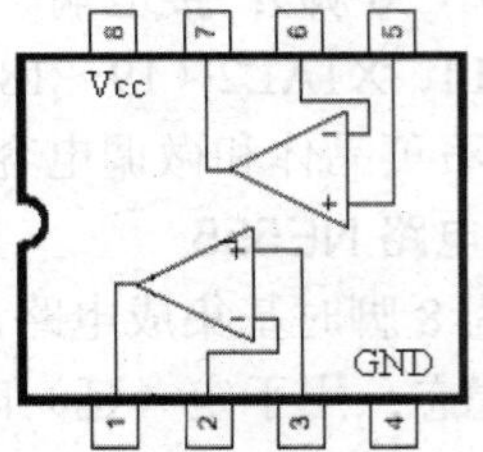

图 4-2-6 LM358 管脚图

7. 三极管 TIP41C

TIP41C 的主要参数如表 4-2-1 所示。

表 4-2-1 TIP41C 的主要参数

电压-集电极发射极击穿（最大）	100V
电流-集电极（Ic）（最大）	6A
功率-最大	65W
在某 Ic、Vce 时的最小直流电流增益（HFE）	30@300mA，4V
Ib、Ic 条件下的 Vce 饱和度（最大）	1.5V@600mA，6A
频率-转换	3MHz
电流-集电极截止（最大）	400μA

（三）迎宾记录器的电路原理图

迎宾记录器的电路原理图如图 4-2-7 所示。

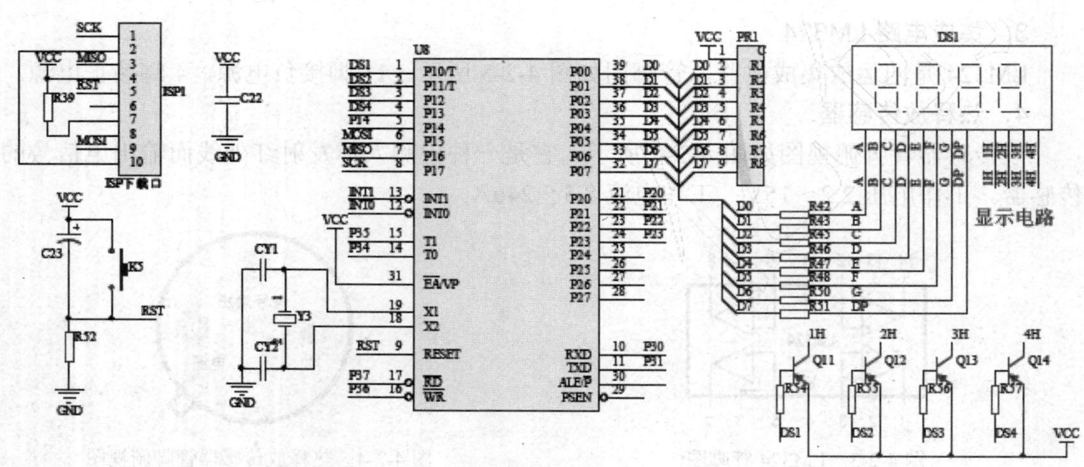

（a）单片机电路

图 4-2-7 迎宾记录器的电路原理图

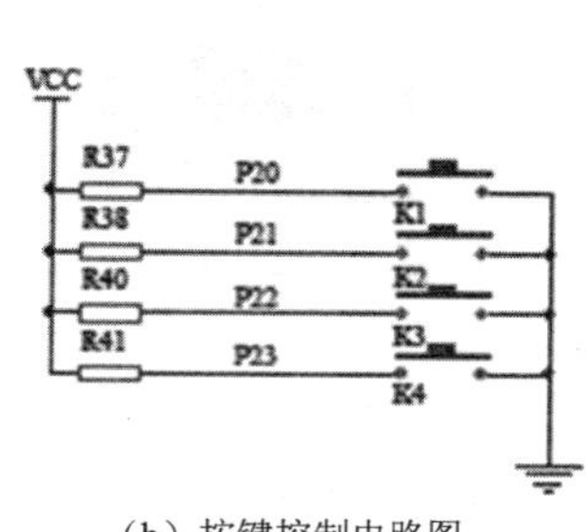

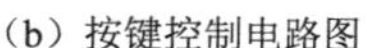

（b）按键控制电路图

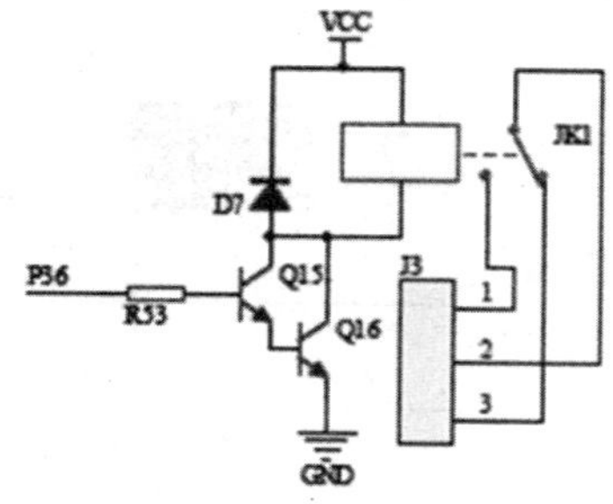

（c）继电器控制电路图

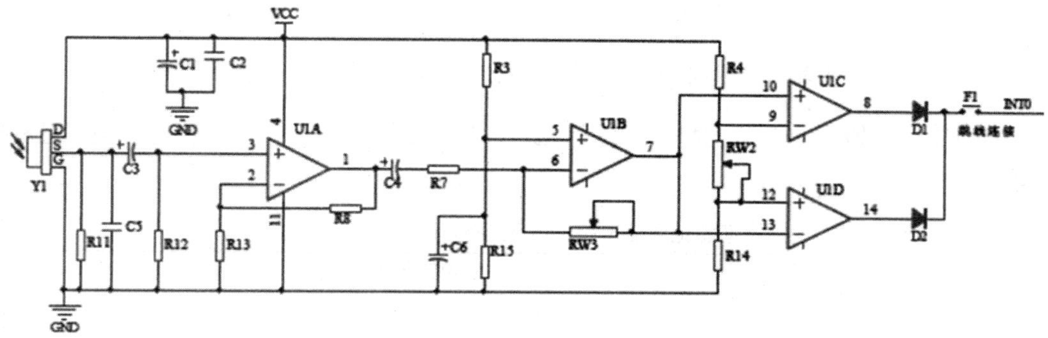

（d）热释检测电路

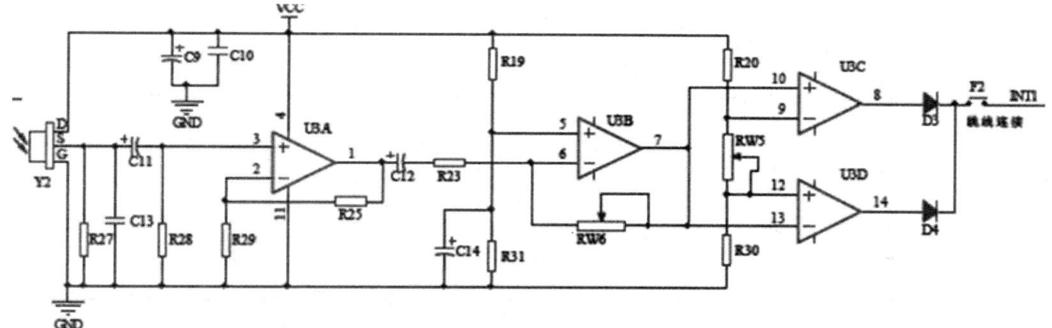

（e）热释检测电路

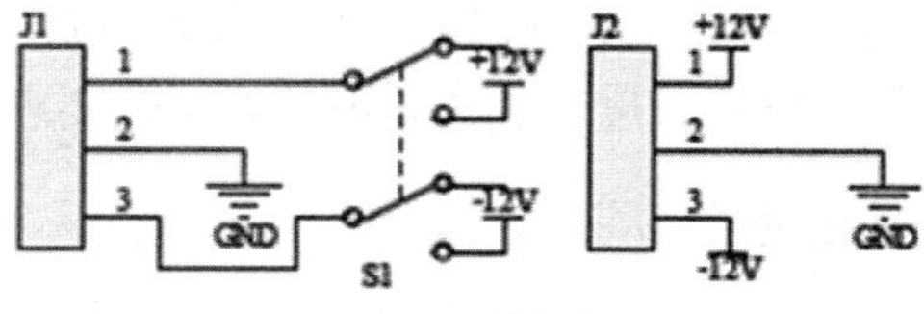

（f）电源开关电路图

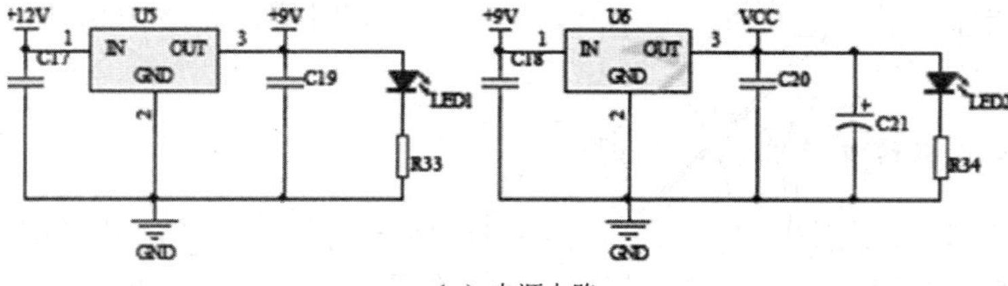

（g）电源电路

图 4-2-7　迎宾记录器的电路原理图（续）

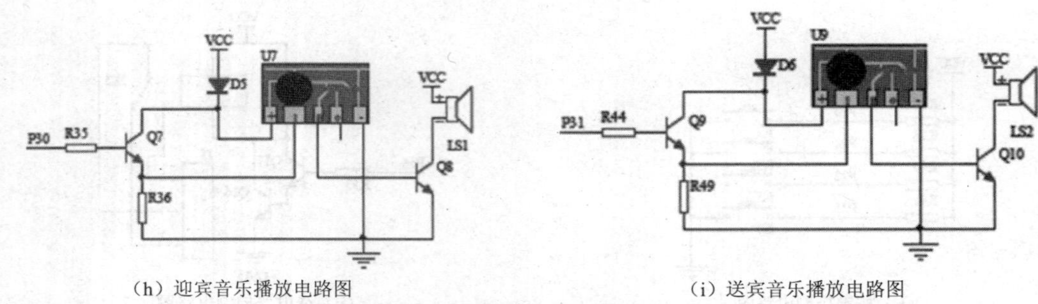

（h）迎宾音乐播放电路图　　（i）送宾音乐播放电路图

图 4-2-7　迎宾记录器的电路原理图（续）

（四）迎宾记录器电路图的元件选择（识别、筛选与测试）

准确清点和检查全套装配材料，进行元器件的识别与检测，识别、筛选与测试过程中填写表 4-2-2。

表 4-2-2　迎宾记录器电路图的元件选择

项　目	识别及检测内容		
色环电阻识别（最后一位色环表示误差）	红黄绿红橙	标称值为：　　；误差为：	
	黄紫蓝红金	标称值为：　　；误差为：	
数码标志电容器识别	474	电容值（μF）为：	
二极管检测（红表笔接 A，黑表笔接 K）	1N4007	A、K 之间的电阻为： 数字表□　指针表□（在所用测量表型中打 √）	
晶振检测	Y3	两脚间电阻值为： 数字表□　指针表□（在所用测量表型中打 √）	
数码标志电感识别	221J	标称值为：　　；误差为：	
继电器检测与识别	JK1	画出继电器外形俯视示意图，标出公共端、线圈和常开、常闭管脚	

（五）迎宾记录器电路图的电路板焊接

要求焊点大小适中，无漏、假、虚、连焊，焊点光滑、圆润、干净，无毛刺；引脚加工尺寸及成形符合工艺要求；导线长度、剥头长度符合工艺要求，芯线完好，捻头镀锡。

（六）迎宾记录器电路图的产品装配

要求印制板插件位置正确，元器件极性正确，元器件、导线安装及字标方向均应符合工艺要求；接插件、紧固件安装可靠牢固，印制板安装对位；无烫伤和划伤处，整机清洁无污物。

（七）迎宾记录器电路图的电路调试

（1）电路中 U_5 应选用________芯片，U_6 应选用________芯片；Q_{11}～Q_{14} 应选用________型号的三极管，其在电路中起________作用，Q_7～Q_{10} 应选用________型号的三极管，R_{42}～R_{43}、R_{45}～R_{48}、R_{50}～R_{51} 应选用________电阻，其在电路中起________

作用。

（2）调试实现“迎宾记录器”的基本功能：电源电路工作正常，热释电传感检测电路工作正常，中央处理显示电路工作正常，音乐电路工作正常。

（3）刚上电时，AT89S52 的 9 脚的电平变化情况是：先________电平，然后保持________电平不变。

（4）R_8、R_{25} 应选用________的电阻，U_1A 在电路中起________（差分放大器/同相放大器/反相放大器/比较器）作用，U_3A 的放大倍数约为________倍。U_1C 和 U_1D 在电路中起________（差分放大器/同相放大器/反相放大器/比较器）作用。

（5）检测电路工作正常时 U_1 的 9 脚电压约为________V，U_1 的 12 脚电压约为________V。检测电路工作正常时，当手接近热释红外传感器时，原理图中 F1 位置得到信号是________（脉冲/高电平/低电平/正弦波）信号。

（6）如图 4-2-8 所示电路（U_2、U_4 为 NE555）是________电路（单稳态/双稳态/无稳态），其作用是________（延时/倍频/方波输出/比较器）。若 IN_1、IN_2 输入为脉冲信号，输出端 OUT_1、OUT_2 能否同时输出高电平________（能、否）。

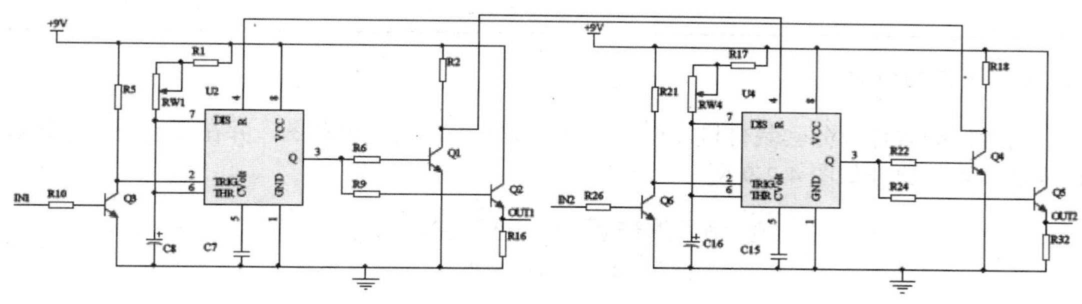

图 4-2-8　题（6）电路图

（7）利用仪器设备检测各测试点的信号，记录波形参数并填写表 4-2-3。

1）当手接近热释红外传感器时，记录热释红外传感器 Y1 的 2 脚波形，并估计其的频率。

表 4-2-3

记录示波器波形	示 波 器
	估计频率为：________Hz

2）测试集成块 U8 的 1 脚的波形并记录参数于表 4-2-4。

表 4–2–4

记录示波器波形	示 波 器
	峰峰值为：________V 频率为：________Hz 占空比为：________

（八）电路设计

用给定的设计部分套装材料，按要求设计出电路，画出电路图，并在万能板上焊接调试成功。参考原理如图 4-2-9 所示。

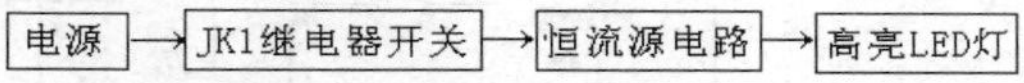

电源 → JK1继电器开关 → 恒流源电路 → 高亮LED灯

图 4-2-9　参考原理图

设计要求：

- 设计部分电路的供电电源受控于组装板（主板）的继电器 JK_1，继电器吸合供电电源接通，继电器释放供电电源断开。
- 设计恒流源电路，且恒流电流大小可调。
- 恒流源的负载为四只高亮 LED 灯，要求调整恒流源使通过每只 LED 的电流大小为 30mA。

设计电路原理图（在此处画出）。

任务 4.3　制作模拟印刷机

学习目标

1. 模拟印刷机电路的功能和电路原理；
2. 模拟印刷机电路原理和布线图绘制；
3. 模拟印刷机电路实物装配与调试；
4. 模拟印刷机电路的参数测试。

做什么?

一、任务描述

模拟印刷机能根据用户设定的印刷数量进行自动印刷，并将印刷过程的实时动态信息通过数码管显示出来。

二、任务分析

1. 模拟印刷机电路的功能分析与实现；
2. 相关集成电路的认识与测试；
3. 模拟印刷机电路的装配与调试。

学什么?

三、任务实施

（一）模拟印刷机电路的功能分析与实现

模拟印刷机电路图如图 4-3-1 所示。

1. 功能键说明

- “Start/Stop”键为启动/停止键；
- “Plus”键为递增键；
- “Min”键为递减键；
- “Save”键为储存键。

2. 功能说明

接上+12V 电源，电源指示灯 LED_2 灯亮，数码管 DS_2 不亮。当按下“Start/Stop”键后，数码显示管 DS_2 点亮，并显示为“00”，此时，电路处于待机状态。

（1）印刷时，纸张通过光电传感器 U_8 之间缝隙遮挡红外光线，产生的信号经整形后送到微处理器 STC11F01，STC11F01 内部作递增记录处理，数码管 DS_2 的 D_1 和 D_2 也作递增累加计数显示。

（2）当设定要印刷一定数量的纸张时，可根据要求印刷纸张数按“Plus”键或“Min”键进行设定操作，每按一下“Plus”键作递增一张纸的设定记录，数码管显示数字递增；每按一下“Min”键作递减一张纸的设定记录，数码管数字作递减显示。在设定好以后，按一下“Save”键保存，且蜂鸣器发出提示音。开始印刷纸张时，每一纸张通过光电传感器 U8 之间缝隙时遮挡红外光线，产生的信号作输入信号，微处理器 STC11F01 作递减处理，使数码管显示的数字也递减，直到显示“00”为止，此时便停止印刷，电路发出 5 秒的提示音，之后数码管显示的数字回到按“Save”键时保存的数据，以后可重复上述的印刷功能。

（3）当按下“Save”键后，再按“Plus”键或“Min”键，两键已经不能起作用。如要重新设定印刷的数量，必须按两下“Start/Stop”键后再重复（2）操作。当再次按“Start/Stop”键后，电源停止供电，数码显示管熄灭，电路停止工作。

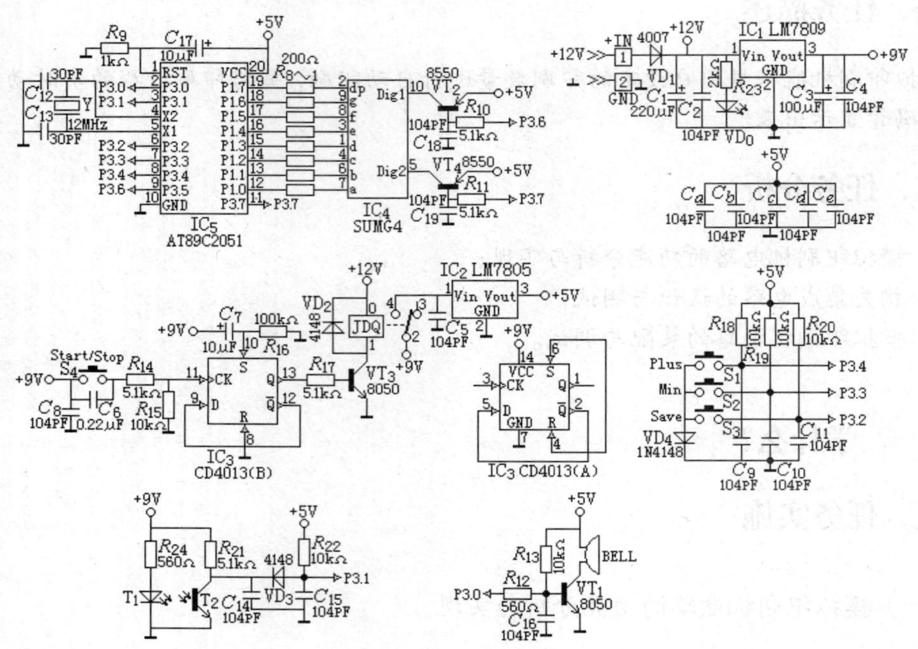

图 4-3-1　模拟印刷机电路原理图

（二）模拟印刷机的装配

1. 元器件选择

根据模拟印刷机电路原理图（见图 4-3-1）和元器件表（见表 4-3-1），正确无误地选取所需的元、器件及功能部件。在印制电路板上（模拟印刷机）焊接和产品安装。

表 4–3–1　　　　模拟印刷机元器件列表清单

名　称	标　号	封　装	数　量
10U	C_1、C_2、C_7、C_9	CD0.1-0.180	4
0.1U	C_3、C_4、C_5、C_6、C_8、C_{10}、C_{11}、C_{12}、C_{13}、C_{14}、C_{15}、C_{16}	0805C	12
30P	CY_1、CY_2、CY_3、CY_4	0805C	4
4007	D_1、D_2	DIODE0.315	2
4148	D_3	DIODE0.315	1
4148	D_4、D_5	DIODE4148	2
0.3641	DS_1、DS_2	LED0.364	2
DC 电源座	J_1	POWER-3A	1
5V 继电器	JK_1	JDQ-3F	1
SW-PB	K_1、K_2、K_3、K_4、K_5、K_6、K_7、K_8、K_9、K_{10}、K_{11}、K_{12}、K_{13}、K_{14}	SW-0606	14

续表

名　称	标　号	封　装	数　量
LED	LED_1、LED_2	LED#3	2
蜂鸣器	LS_1、LS_2	bell	2
步进电机	MS_1、MS_2	SIP06	2
插针	P_2、P_3	HDR1X5	2
10K 排阻	PR_1	SIP09	1
10K 排阻	PR_2	IDCD9	1
9012	Q_1、Q_2、Q_3、Q_4、Q_5	TO92	5
8550	Q_6、Q_7、Q_8、Q_9	TO92	4
8050	Q_{10}、Q_{11}	TO92	2
4.7K	R_1、R_{15}、R_{16}、R_{21}、R_{22}、R_{32}、R_{33}、R_{34}、R_{35}、R_{37}、R_{45}、R_{46}	0805	12
10K	R_2、R_{11}、R_{12}、R_{13}、R_{14}、R_{17}、R_{18}、R_{19}、R_{20}、R_{31}、R_{36}、R_{38}、R_{39}、R_{40}、R_{41}、R_{43}、R_{44}	0805	17
510	R_3、R_4、R_5、R_6、R_7、R_8、R_9、R_{10}、R_{23}、R_{24}、R_{25}、R_{26}、R_{27}、R_{28}、R_{29}、R_{30}、R_{42}	0805	17
拨动开关	S_1	K_3_0.120	1
电源开关	S_2	K_DIP6	1
89S52	U_1	dip40	1
ULN2003	U_2、U_3	dip16	2
STC11F01	U_4	DIP20	1
4013	U_5	DIP14	1
LM7805	U_6	TO-220-0	1
L7809	U_7	TO-220-0	1
光电传感器	U_8	GD1	1
12M	Y_1、Y_2	XTAL1	2

2．印制电路板焊接与装配

根据图 4-3-1，将选择的元器件准确地焊接在提供的印制电路板上。

要求：在印制电路板上所焊接的元器件的焊点大小适中、光滑、圆润、干净，无毛刺；无漏、假、虚、连焊，引脚加工尺寸及成形符合工艺要求；导线长度、剥线头长度符合工艺要求，芯线完好，捻线头镀锡。其中包括：贴片焊接和非贴片焊接。

3．模拟印刷机装配

根据图 4-3-1，把选取的电子元器件及功能部件正确地装配在提供的印制电路板上。

要求：元器件焊接安装无错漏，元器件、导线安装及元器件上字符标示方向均应符合工艺要求；电路板上插件位置正确，接插件、紧固件安装可靠牢固；线路板和元器件无烫伤和划伤处，整机清洁无污物。

（三）模拟印刷机的检测

要求：将已经焊接好的模拟印刷机电路板，进行电路检测并实现电路工作正常。在你已经焊接好的线路板上，已经设置了两个故障，请你根据以下的说明加以排除，排除后电路才能工作正常。

1．故障一：

接上+12V 电源后，按"Start"键，发光二极管 VD_0 亮，但数码管 IC_4 没有显示，也不能进行其他的操作。请测量 IC_1 7809"3"脚，电压是______V，再测量 IC_2 7805 的"3"脚电压是______V。集成 IC_2 7805"1"脚输入电压是_______V。检查继电器 DJQ 的"2"脚，电压是________V。故障部位应该在________________________________的位置。用万用表检查 IC_1 输出端"3"脚到继电器 JDQ 的"2"脚的电路，发现电路________。用导线__________后，再重新开机，数码管 IC_4 已经有显示，电源故障排除。

2．故障二：

接上+12V 电源，电源指示灯亮，当按下"Start/Stop"键后，数码显示管点亮，并显示为"00"。在设定检测纸张数量后按"Save"键，机器检测纸张时数码显示管虽作递减计数，但到了"00"时未能恢复到原设定数量，说明设定纸张数量后，按"Save"键未能__________。故障应在_____________电路上。

根据图 4-3-1，按下"Plus"键和"Min"键时，微处理器 IC_5 的 P3.4 和 P3.3 由________电平变为________电平，而在按下"Save"键后，微处理器 IC_5 的 P3.2 电平始终为_________电平，说明 IC_5__________脚至__________电路开路。用万用表检查，发现 IC_5"6"脚至"Save"键的一个___________。用焊锡或导线连通后，"Save"键保存功能恢复。

（四）模拟印刷机的功能检查

1．电源工作正常：接上+12V 电源，电源指示灯蓝灯亮；当按下"Start/Stop"键后，数码显示管点亮，并显示为"00"。

2．纸张检测电路工作正常：正常通电后，纸张通过光电二极管 T_1 和光电三极管 T_2 间隙时，数码管 IC_4 显示的数字递增。

3．纸张数量设定电路工作正常：正常通电后，按"Plus"时数码管 IC_4 显示的数字递增，按"Min"时，数码管 IC_4 显示的数字递减；按"Save"键后，纸张通过光电二极管 T_1 和光电三极管 T_2 间隙，数码管 IC_4 显示的数字递减。

4．蜂鸣器电路工作正常：在按下"Save"键时，蜂鸣器 BELL 发出提示音；设定纸张数后完成了印刷数量，蜂鸣器 BELL 发出 5 秒的提示音。

5．微处理器及显示电路工作正常：以上 4 部分正常工作。

（五）模拟印刷机集成电路介绍

1．三端稳压块

7805、7809 管脚都如图 4-3-2 所示。1 脚：Vi 输入端；2 脚：地端；3 脚：Vo 输出端。

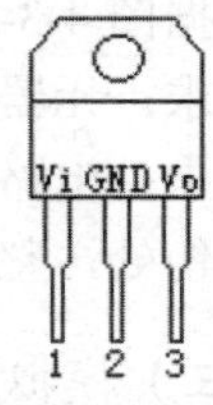

图 4-3-2　7805、7809 管脚

2．集成电路 CD4013

CD4013 是双 D 触发器，其管脚图及功能表如图 4-3-3 所示。

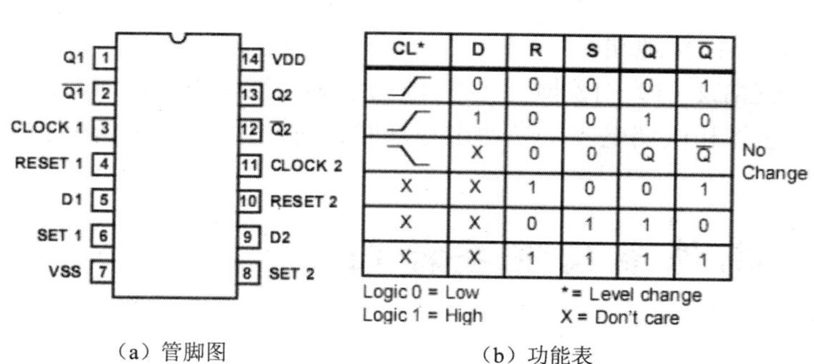

CL*	D	R	S	Q	$\overline{Q}$
↑	0	0	0	0	1
↑	1	0	0	1	0
↓	X	0	0	Q	$\overline{Q}$
X	X	1	0	0	1
X	X	0	1	1	0
X	X	1	1	1	1

（a）管脚图　　（b）功能表

图 4-3-3　CD4013 管脚图及功能表

3．数码管

数码管引脚如图 4-3-4 所示。

4．单片机

单片机引脚如图 4-3-5 所示。

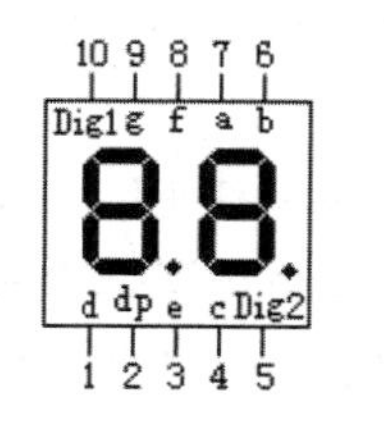

图 4-3-4　数码管引脚

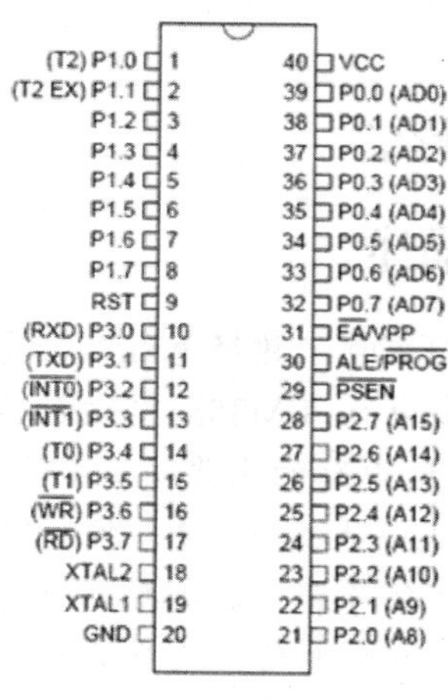

图 4-3-5　单片机引脚

其引脚功能说明如下：

（1）输入/输出引脚（I/O 口线）

- P0.0～P0.7:P0 口 8 位双向 I/O 口，占 39～32 脚；
- P1.0～P1.7:P1 口 8 位准双向 I/O 口，占 1～8 脚；
- P2.0～P2.7:P2 口 8 位准双向 I/O 口，占 21～28 脚；
- P3.0～P3.7:P3 口 8 位准双向 I/O 口，占 10～17 脚。

（2）控制口线

- PSEN（29 脚）：外部程序存储器读选通信号。
- ALE/ PROG（30 脚）：地址锁存允许/编程信号。
- EA /VPP（31 脚）：外部程序存储器地址允许/固化编程电压输入端。
- RST/VPD（9 脚）：RST 是复位信号输入端，VPD 是备用电源输入端。

（3）电源及其他

- Vcc（40 脚）：电源端+5V。

- GND（20 脚）：接地端。
- XTALl、XTAL2（19～18 脚）：时钟电路引脚。当使用内部时钟时，这两个引脚端外接石英晶体和微调电容。当使用外部时钟时，用于外接外部时钟源。

任务 4.4 制作多功能安检门

学习目标

1. 多功能安检门电路的功能和电路原理；
2. 多功能安检门电路原理和布线图绘制；
3. 多功能安检门电路实物装配与调试；
4. 多功能安检门电路的参数测试。

做什么？

一、任务描述

多功能安检门采用了热释电红外传感器，电编码和解码芯片分别采用 PT2262-IR 和 PT2272-M4，集成电路 LM358 是运放波形发生报警电路的主要核心元件，而集成电路 CD4011 是声光控灯电路的主要核心元件。

用红外发射板发射红外信号，按下红外编码发射电路的不同按键（K_1、K_2、K_3、K_4）主板接收到相应的信号后，实现相应功能：开关门指示电路、金属检测报警电路、振动检测报警电路、声光控灯电路，从而实现多功能安检门控制电路，且具有电路结构简单、成本低、安装方便、抗干扰能力强、灵敏度高、安全可靠、防盗性能稳定等优点。

二、任务分析

1. 多功能安检门电路的功能分析与实现；
2. 相关集成电路的认识与测试；
3. 多功能安检门电路的装配与调试。

学什么？

三、任务实施者

多功能安检门电路的功能分析与实现。

1. 电路的组成结构

电路的组成结构如图 4-4-1 所示，由五大部分组成：电源电路、发射电路、接收电路、

控制电路及各功能电路。在此系统中，用户可以通过遥控或面板上的按键来实现不同的功能。

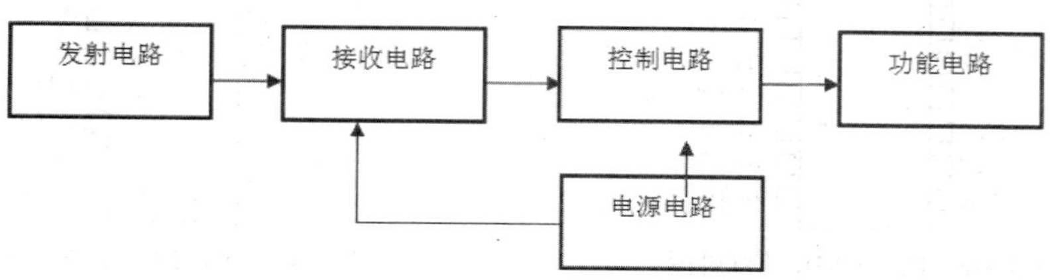

图 4-4-1 安检门电路的组成方框图

（1）多功能安检门电路主要由红外编码发射电路（红外发射板）和红外（解码）接收电路、控制部分及各功能电路组成。编码和解码芯片分别采用 PT2262-IR 和 PT2272-M4，发射和接收地址编码设置必须完全一致才能配对使用。

（2）红外发射电路将编码后的地址码、数据码、同步码随同 38kHz 红外载波一起发射出去；接收电路接收到有效信号，经过解码、处理后变成所需的电信号（当接收到发送过来的信号时，解码芯片 PT2272-M4 的 VT 脚输出一个正脉冲，与此同时，相应的数据管脚输出高电平），控制运放波形发生报警电路、声光控灯电路、金属检测报警电路、开关门指示电路几个功能电路。

2．多功能安检门电路功能简介

用红外发射板发射红外信号，按下红外编码发射电路的不同按键（K_1、K_2、K_3、K_4）主板接收到相应的信号后，实现相应功能。

（1）按下 K_1 键：开关门指示电路用发光二极管 LED_5 和 LED_6 指示门的状态：绿灯亮代表门开，红灯亮代表门关闭。

（2）按下 K_2 键：金属检测报警电路工作，实时检测有没有金属，如有金属则发出音乐报警声。再次按下 K_2 键可以消除报警。

（3）按下 K_3 键：振动检测报警电路工作，实时检测有没有振动，如有振动则控制电路给运放波形发生报警电路供电发出报警声。再次按下 K_3 键可以消除报警。

（4）按下 K_4 键：控制 LED_2 灯亮并延时一段时间模拟门灯的亮灭。声光控灯电路也可控制 LED_2 的亮灭，但只有在光暗的情况下才能通过声音控制 LED_2 灯亮。

此外，通过按下控制部分电路中的 K_4、K_3、K_2、K_1，也可以同样实现上述对应功能。

3．多功能安检门电路元器件介绍

（1）集成电路 PT2262-IR/PT2272-M4

PT2262-IR 和 PT2272-M4 是台湾普城公司生产的一种 CMOS 工艺制造的低功耗低价位通用配对编、解码芯片，PT2262-IR / PT2272-M4 最多可有 12 位（A0-A11）三态地址端管脚（悬空、接高电平、接低电平），任意组合可提供 531441 种地址码。

编码芯片 PT2262-IR 发出的编码信号由：地址码、数据码、同步码组成一个完整的码字，解码芯片 PT2272-M4 接收到信号后，其地址码经过两次比较核对后，VT 脚才输出高电平。PT2262-IR 的管脚图如图 4-4-2 所示，管脚说明见表 4-4-1 所示。PT2272-M4 的管脚图如图 4-4-3 所示，管脚说明见表 4-4-2。

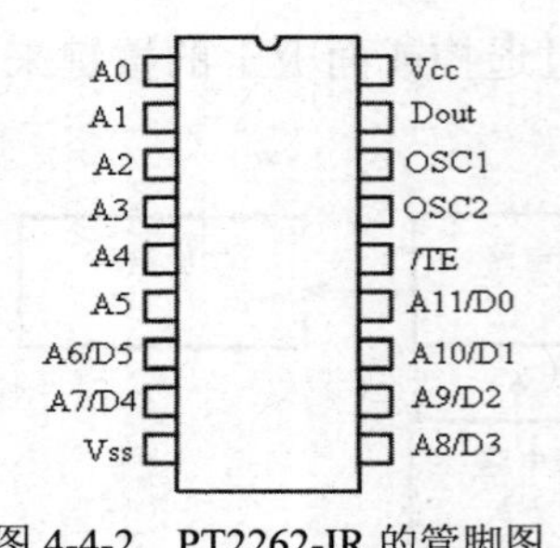

图 4-4-2　PT2262-IR 的管脚图

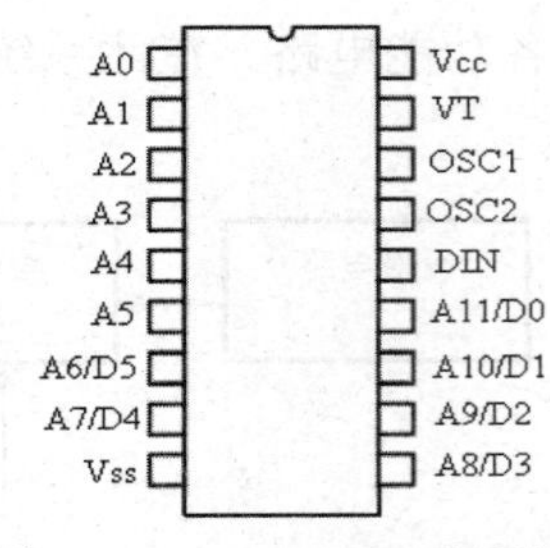

图 4-4-3　PT2272-M4 的管脚图

表 4-4-1　PT2262-IR 管脚说明

名　称	管　脚	说　明
A0-A11	1～8、10～13	地址管脚，用于进行地址编码，可置为“0”、“1”、“f”（悬空）
D0-D5	7～8、10～13	数据输入端，有一个为“1”即有编码发出，内部下拉
Vcc	18	电源正端（+）
Vss	9	电源负端（-）
TE	14	编码启动端，用于多数据的编码发射，低电平有效
OSC1	16	振荡电阻输入端，与 OSC2 所接电阻决定振荡频率
OSC2	15	振荡电阻振荡器输出端
Dout	17	编码输出端（正常时为低电平）

表 4-4-2　PT2272-M4 管脚说明

名　称	管　脚	说　明
A0-A11	1～8、10～13	地址管脚，用于进行地址编码，可置为“0”、“1”、“f”（悬空），必须与 2262 一致，否则不能解码
D0-D5	7～8、10～13	地址或数据管脚，当作为数据管脚时，只有在地址码与 2262 一致，数据管脚才能输出与 2262 数据端对应的高电平，否则输出为低电平，锁存型只有在接收到下一数据才能转换
Vcc	18	电源正端（+）
Vss	9	电源负端（-）
DIN	14	数据信号输入端
OSC1	16	振荡电阻输入端，与 OSC2 所接电阻决定振荡频率
OSC2	15	振荡电阻振荡器输出端
VT	17	解码有效确认，输出端（常低）解码有效变成高电平（瞬态）

（2）集成电路 CD4013、CD4011。CD4013 是 CMOS 双 D 触发器，它在电路中通常用于分频器、计数器、移位寄存器。其管脚图如图 4-4-4 所示。CD4011 是 CMOS 四二与非门，其管脚图如图 4-4-5 所示。

（3）音乐芯片。PX088A 是高集成的音乐芯片，只要在芯片的两端加载上电源，触发端输入突变的信号，音乐芯片的输出 1 脚、输出 2 脚就可带动扬声器发声。

（4）集成电路 LM358。LM358 是德州仪器公司生产的，内部包括有两个独立的、高增益、内部频率补偿的双运算放大器。管脚图如图 4-4-5 所示，其直流电压增益约为 100dB；单电源供电范围为 3～30V，双电源为±1.5～±15V。

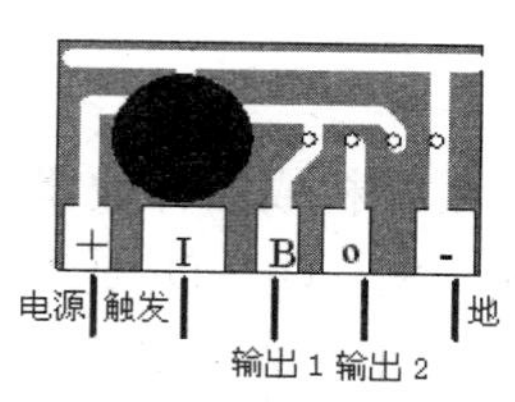

图 4-4-4　音乐芯片管脚图

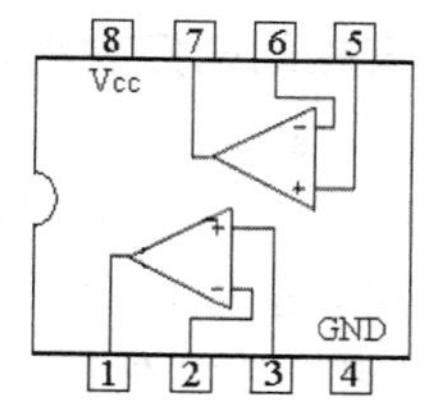

图 4-4-5　LM358 管脚图

（5）压电陶瓷蜂鸣片。压电陶瓷蜂鸣片 Y1 是利用压电效应原理工作的，当对其施加交变电压时它会产生机械振动；反之，对其施加机械作用力时它也会产生电压信号。因此，可以将压电陶瓷蜂鸣片变通作为振动传感器使用。压电陶瓷蜂鸣片受到机械作用力时产生的电压信号很微弱，作振动传感器使用时一般应连接电压放大器。

4．多功能安检门的红外线遥控电路

（1）电路组成。红外线遥控电路由红外线编码发射电路、解码电路组成，如图 4-4-6 所示。

- 编码电路：由按钮开关 K_1～K_4、二极管 D_1～D_4、电阻 R_2～R_6、编码芯片 PT2262-IR 组成。
- 幅度键控电路：由三极管 Q_1、Q_2 及外围元件构成。
- 红外管发射电路：由红外发射管 VD、电阻 R_1 组成。
- 红外管接收电路：主要由红外接收管 LR_1 构成。
- 幅度放大电路：由三极管 Q_3、电阻 R_{19} 构成。
- 解码电路：由解码芯片 PT2272-M4、电阻 R_{31} 组成。

（2）电路原理

如图 4-4-7 所示，红外线遥控系统发射部分工作原理：当 K_1～K_4 任意键按下时，产生一个 4 位二进制数，同时二极管 D_1～D_4 导通给编码器接通电源，经 PT2262-IR 的 1～8 脚进行地址编码；13～10 脚进行数据编码。在 17 脚输出一个由地址码和数据码混合的串行二进制代码，然后通过红外线二极管将 ASK 信号发送出去。

红外遥控系统接收部分工作原理：红外接收二极管 LR 接收到 ASK 信号经 Q_3 放大、解调后还原为一个由地址码和数据码混合的串行二进制代码，送到 PT2272-M4 的 14 脚进行解码，解码后的信号有 10～13 脚输出为 4 位二进制数，用它控制继电器、蜂鸣器或其他器件。

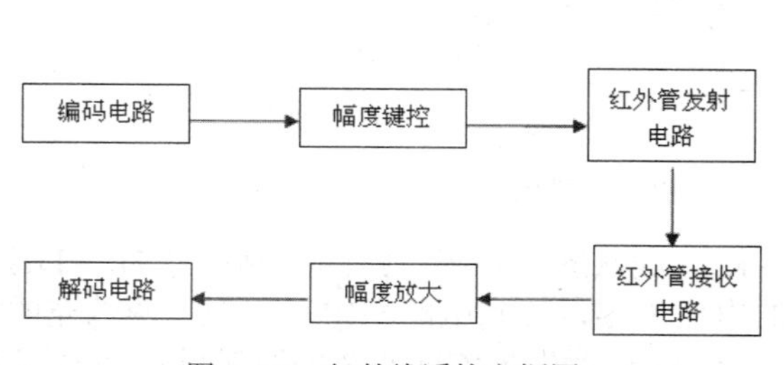

图 4-4-6　红外线遥控方框图

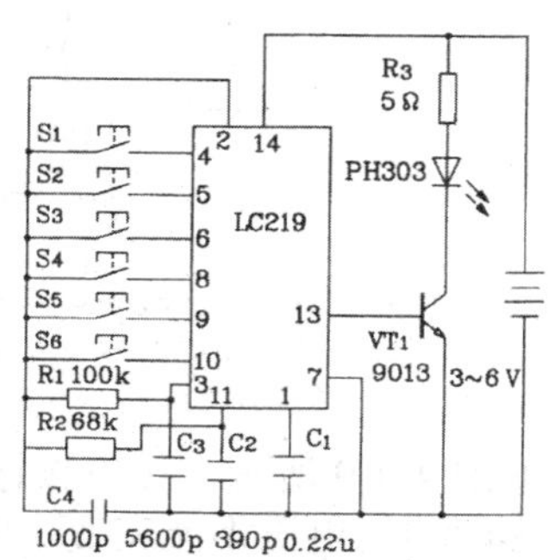

图 4-4-7　红外线遥控电路图

5．多功能安检门的控制电路

（1）电路组成

如图 4-4-8 所示，电路由面板按钮开关电路、D 触发器构成的计数器、直流继电器 JQC-3F 驱动电路。面板按钮开关电路：按钮开关 S_2、S_3、S_4，D_1～D_3 是遥控电路的输出信号。计数器电路：是由双 D 触发器及外围元件组成的。继电器驱动电路：它主要是由二极管 D_{11}、D_{12}、R_{47} 及三极管 Q_5、Q_6、继电器线圈组成（YFDY、JSBJ 是后级电路电源）。

图 4-4-8　控制电路方框图

（2）控制电路原理

控制电路原理如图 4-4-9 所示。

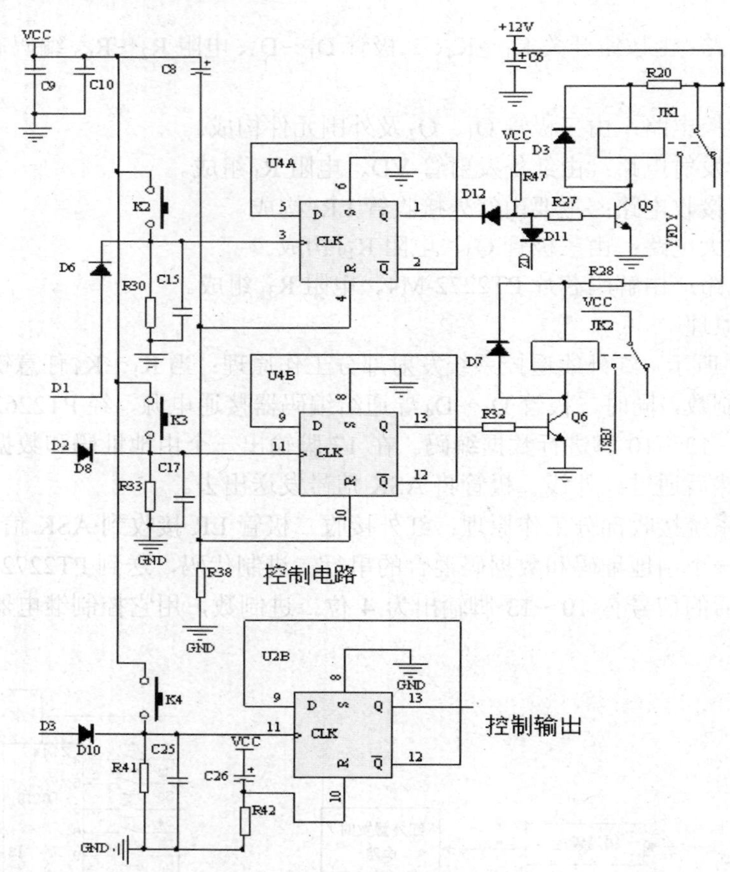

图 4-4-9　控制电路原理图

如图 4-4-9 所示，按下按钮开关 K_1～K_3（或从遥控解码电路的控制信号 D_1～D_3），由于电容两端的电压不能突变，电阻两端的电压为零，等到电路稳定后，电容两端充的电压约为 V_{CC}，期间形成上升沿脉冲信号。输入到双 D 触发器 CD4013 的时钟脉冲信号因 D 触

发器的 D 端接在$\overline{Q}$端上，所以只要在时钟脉冲 CLK 输入，D 触发器计数一次。Q 端脉冲信号变化一次，当 Q 端为高电平时，驱动电路的二极管 D_{12}、D_{13} 及三极管 Q_5、Q_6 饱和导通。继电器线圈得电，产生电磁力吸合开关，电源+12V 通过继电器开关供给后级电路。

6．多功能安检门的功能电路

（1）电路组成

电路组成如图 4-4-10 所示。功能电路由振动检测报警电路、声光控灯电路、金属检测报警电路、开关门指示电路组成。

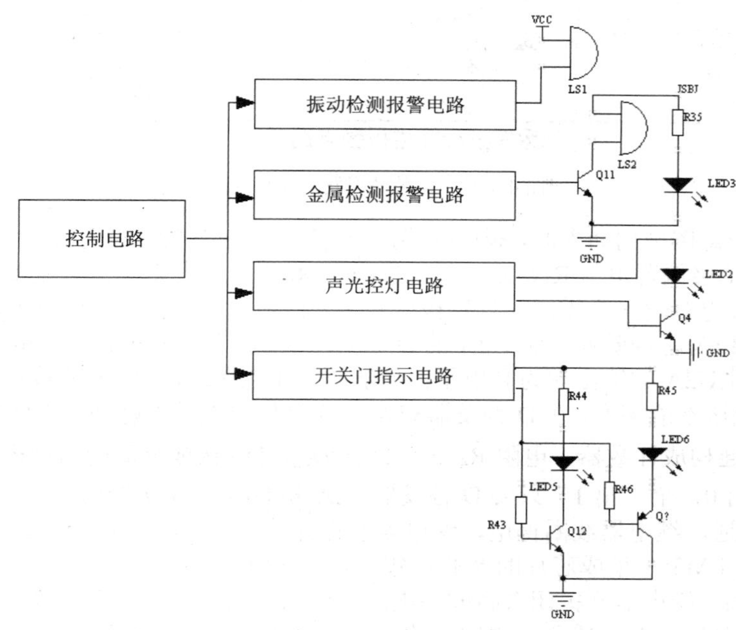

图 4-4-10　功能电路方框图

（2）振动检测报警电路

振动检测报警电路由振动检测电路（见图 4-4-11）、运放波形发生报警电路（见图 4-4-12）、继电器控制电路组成。

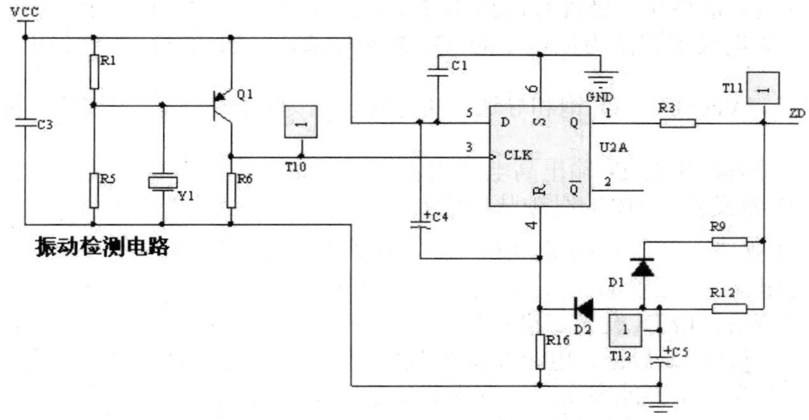

图 4-4-11　振动检测报警电路

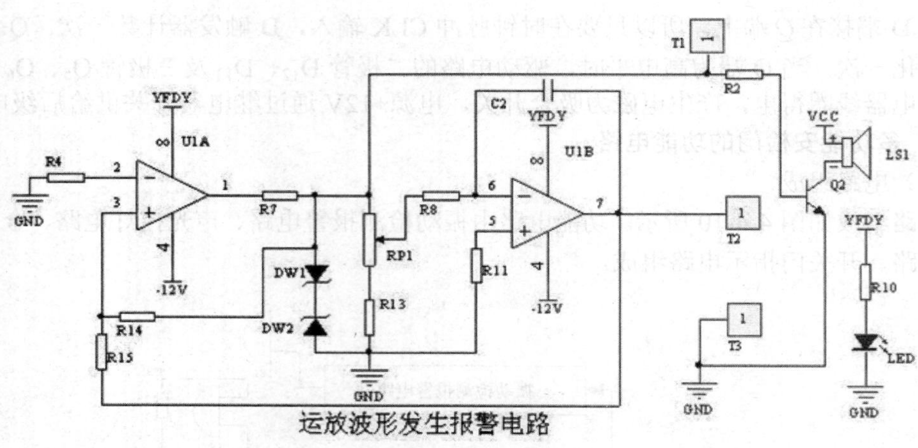

图 4-4-12 运放波形发生报警电路

当不法分子意图破门而入时，振动蜂鸣片 Y_1 产生一连串微弱的电信号。信号经过 PNP 型三极管 Q_1、基极偏置电阻 R_1、R_5，集电极电阻 R_6 组成共发射级放大电路；因电路无振动信号时，放大电路输出为零；一旦基极信号输入时；输出信号从低电平到高电平，供给 D 触发器 U2A 作为时钟脉冲。而 U2A 的 D 端 C_4、R_{16} 输入延时电路，在输入 D 端加入高电平信号。这时 U2A 的输出端为高电平，如解码电路的 12 脚（D_1）或按钮开关 K_2 按下，电容 C_{15} 两端电压不能突变，在 D 触发器（U4A）3 脚形成上升沿脉冲，又 D 触发器（U4A）的 D 端与 $\overline{Q}$ 相连构成计数器。电阻 R_{47}、二极管 D_{12}、D_{11} 构成分离的与门电路，根据与门的功能“有 0 出 0，全 1 出 1”只要 D 触发器 U_4A 和 U_2A 的 1 脚同时输出为 1，继电器驱动管 Q_5 饱和导通，继电器线圈得电，继电器触点开关闭合。C_6 为电源+12V 的退偶电容。电源+12V 加到 LM358 集成芯片的 8 脚，集成芯片 LM358 采用双电源供电，使电路具有更好的动态范围。继电器开关闭合瞬间，电路产生微弱的信号经过正反馈后，电路往复循环，在 U1B 及外围元件组成积分电路，将信号变换为三角波，由稳压二极管 DW_1、DW_2 限幅，输入到三极管 Q_2 基极，当输出为高电平时，Q_2 饱和导通蜂鸣器 LS_1 报警。

（3）金属检测报警电路

金属检测报警电路由继电器控制电路（见图 4-4-13）、金属检测电路、报警电路组成（见图 4-4-14）。带金属凶器进入安检门时；线圈 L_2 中引起电磁变化，通过互感到 L_1 上返回输入形成振荡。最终在三极管 Q_9 的集电极端输出正弦波信号。C_{21} 为电源 Vcc 的退耦电容。当 Q_9 的集电极正弦波为低电平时 Q_8 饱和导通，三极管 Q_7 发射极电压 $V_E=5V$，$V_B=\dfrac{5-V_{8CEQ}}{R_{40}}$，Vcc=0V。$Q_7$ 饱和导通，集电极输出为 $V_{CC}-V_{7CEQ}$，致使三极管 Q_{10} 饱和导通，这时只要解码电路 D_2 输出高电平或者按钮开关 K_3 闭合，由于电容 C_{17} 两端电压不能突变，在 D 触发器 U4B 的时钟脉冲输入端输入上升沿脉冲的矩形波信号。因 U4B 的 D=$\overline{Q}$，实现计数功能。当 U4B 的 13 脚为高电平时，三极管 Q_6 饱和导通，继电器 JK_2 线圈得电，开关闭合。二极管 D_7 防止驱动三极管 Q_6 在继电器线圈得电瞬间产生高压击穿 C、E 结。开关闭合后，LED_3 发光二极管亮，电源 Vcc 加到二极管 D_9 的阳极。当三极管 Q_{10} 饱和导通后，二极管 D_9 导通，电源 Vcc 加载到音乐芯片 PX088A 电源输入端，Q_{10} 饱和导通，由于 C_{22} 两端电压不能突变，在音乐芯片触发脚形成变化的信号，芯片输出高电平。三极管 Q_{11} 饱和导通，蜂鸣器 LS_2 报警。

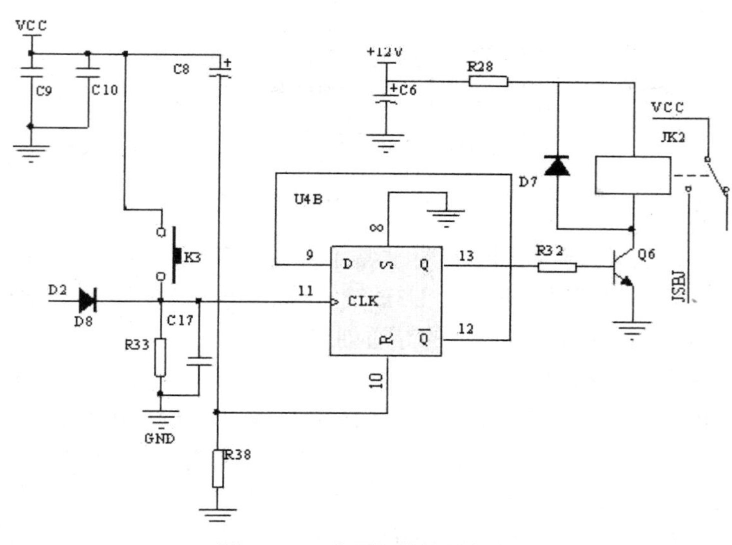

图 4-4-13　金属报警控制电路

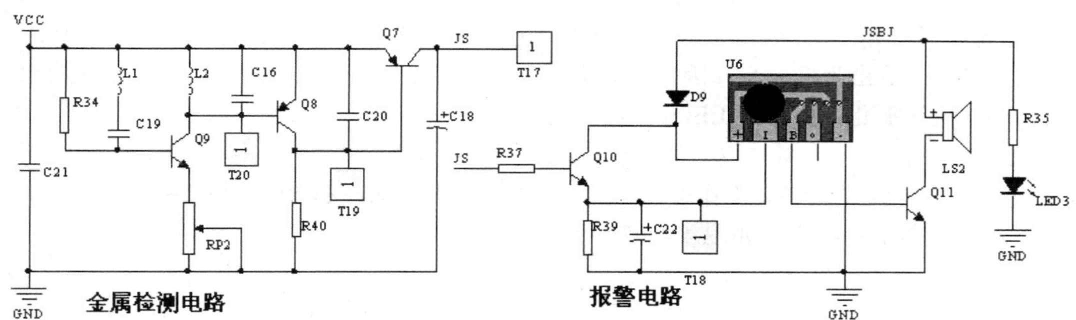

图 4-4-14　金属检测报警电路

（4）声光控灯电路

声光控灯电路由 U3A、U3B 与非门组成的非门，反馈电阻 R_{23}、R_{24}，与非门 U3C、U3D 外围元件构成单稳态电路及按钮开关 K_1 组成，如图 4-4-15 所示。声光控电路原理如图 4-4-16 所示。

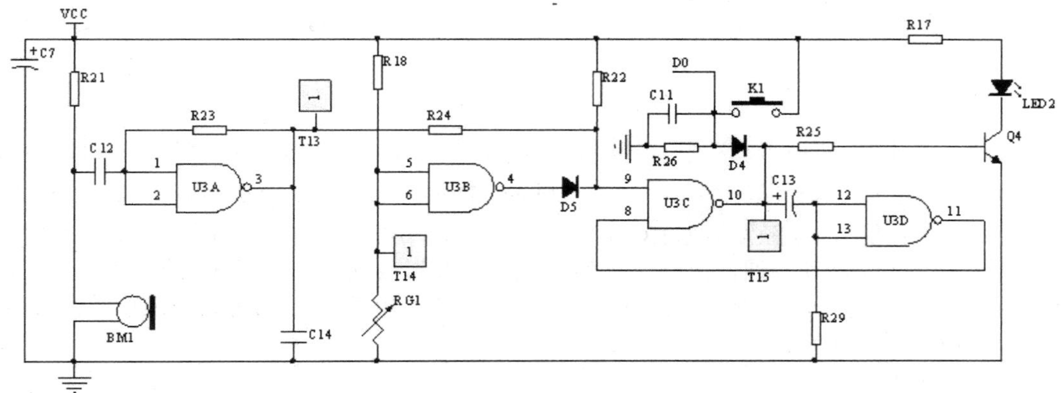

图 4-4-15　声光控灯电路

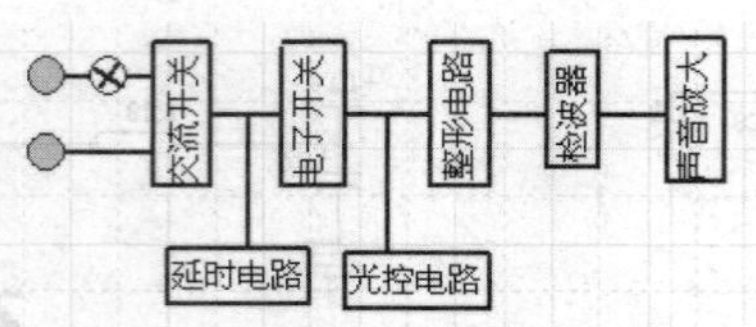

图 4-4-16 声光控电路原理图

当夜幕降临时，门外一片漆黑。这样非常不方便，声光控灯电路就是在夜晚时，光敏电阻 RG_1 呈现高电阻。两端的压降大，U3B 输入端 5、6 脚为高电平，输出端 4 脚位低电平，二极管 D_5 截止。这就为声音通道的导通创造了条件。

如果此时楼梯有人走动或者有人谈话时，话筒 BM_1 拾取声音信号经 U3A 放大输出后加大 R_{23} 两端，即与非门的 1、2 脚。当音频信号的正半周期峰值电平超过与非门的输入阀值电平时，与非门 U3A 因两个输入端均为逻辑“0”，则输出端为逻辑“1”，此高电平经过 R24 加到与非门 U3C 的 9 脚。若此时按钮开关 K_1 按下，因电解电容 C_{13} 两端电压不能突变，在与非门 U3D 的 12 脚产生一个矩形脉冲，矩形脉冲高电平时，经过 R_{25} 加到 Q4 基极，三极管饱和导通指示灯 LED_2 亮。电源 Vcc 经电阻 R_{29} 向电容 C_{13} 充电，当电容两端的电压充满后，充当 Q_4 的基极电源。与非门 U3D 的 12、13 脚为低电平，输出端为高电平，此时 U3C 输出为低电平，因其输出电阻大，电容 C_{13} 通过其内部输出电阻快速放电。三极管 Q_4 快速截止，指示灯 LED_2 停止发光。

（5）开关门指示电路

开关门指示电路简单，工作性能稳定。它由按钮开关 K_4、D 触发器 U2B、三极管 Q_{12}、Q_{13} 指示灯驱动电路组成，如图 4-4-17 所示。

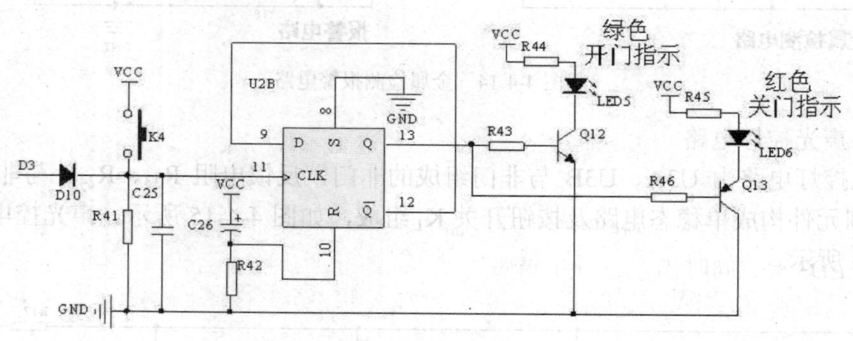

图 4-4-17 开关门指示电路

当解码电路 D_3 端输出上升沿脉冲或者按钮 K_4 按下时，因电容 C_{25} 两端电压不能突变，在 D 触发器 U2B 的时钟脉冲端产生上升沿脉冲，D 触发器工作，$\overline{Q}$=D 实现计数功能。只要 11 脚有时钟脉冲，D 触发器 U2B 的 13 脚输出一连串高低电平。当 13 脚位高电平时，NPN 型三极管 Q_{12} 饱和导通，电源 Vcc 经 R_{44}、LED_5 形成回路，绿色开门指示灯 LED_5 灯亮；当 13 脚为低电平时，PNP 型三极管 Q_{13} 饱和导通，电源 Vcc 经 R_{45}、LED_6 形成回路，红色关门指示灯 LED_6 亮。

（6）电源电路

本产品采用 ±12V 的电源，电路简单，如图 4-4-18 所示。

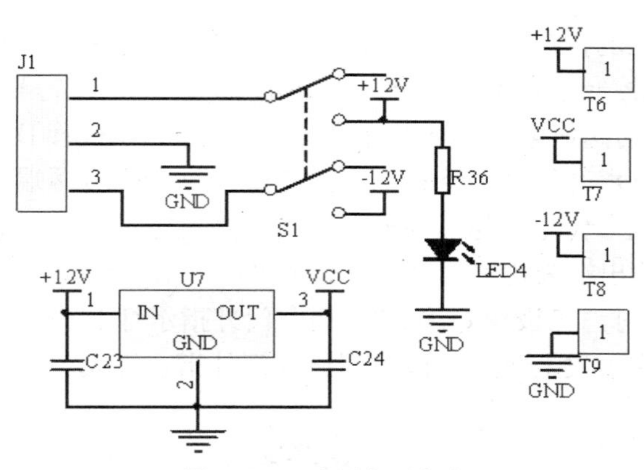

图 4-4-18 电源指示电路

只要在 J1 脚输入±12V 电源按下开关 S1，+12V 电源一端经电阻 R_{36} 与 LED_4 形成回路，电源指示灯 LED_4 亮。另一端加到三端集成稳压芯片 7805 上，7805 的 3 脚输出 Vcc 正 5V 电压。电容 C_{23} 防止自激，电容 C_{24} 用以改善负载的瞬态响应，消除电路的高频噪声。

（7）电路原理总分析

整机实物图如图 4-4-19 所示。多功能安检门电路原理图整图如图 4-4-20 所示。

当电源端口 J_1 三脚接上±12V 时，三段集成稳压器 LM7805 通电工作，输出+5V 电压 Vcc。为后面电路提供+5V、±12V 电压。

红外线编码电路采用独立的干电池供电，这样携带方便。当按下遥控键上的按钮开关 K_1（或 PCB 上的按钮开关 K_4），通过红外线接收管 LR_1，PT2272 解码电路输出控制信号 D_3。因电容 C_{25} 两端电压不能突变，为 D 触发器 U2B 提供时钟脉冲。D 触发器计数，在输出端 13 脚输出一连串矩形脉冲。若为高电平时，绿色开门指示灯 LED_5 亮，红色关门指示灯 LED_6 灭。若为低电平时，红色关门指示灯 LED_6 亮，绿色开门指示灯 LED_5 灭。

当按下遥控键上的按钮开关 K_2（或 PCB 上的按钮开关 K_3），通过红外线接收管 LR_1，PT2272 解码电路输出控制信号 D_2。因电容 C_{17} 两端电压不能突变，为 D 触发器 U4B 提供上升沿时钟脉冲。D 触发器工作，在输出端 13 脚输出控制信号。若控制信号为高电平，则继电器驱动三极管 Q_6 饱和导通，继电器开关闭合，为音乐芯片 PX088A 提供+5V 电源，指示灯 LED3 亮。同时当不法分子携带凶器穿过安检门时；由于电磁感应在线圈 L_1 上引起电流变化，通过互感传递到 L_2，三极管 Q_7、Q_8、Q_{10} 饱和导通，为音乐芯片 PX088A 提供触发信号。音乐芯片输出控制信号，使 Q_{11} 饱和导通，蜂鸣器 LS_2 报警。

当按下遥控键上的按钮开关 K_3（或 PCB 上的按钮开关 K_2），通过红外线接收管 LR_1，PT2272 解码电路输出控制信号 D_1。因电容 C_{15} 两端电压不能突变，为 D 触发器 U4A 提供上升沿时钟脉冲。D 触发器工作，在输出端 1 脚输出控制信号。若控制信号为高电平，二极管 D_{11}、D_{12} 组成与门电路。为与门电路输出为高电平提供条件。同时当不法分子强行进门时，振动蜂鸣片获取信号，经过驱动电路放大，D 触发器 U2A 暂存，输出控制信号 ZD，若 ZD=1 时，继电器驱动三极管 Q_5 饱和导通，继电器开关闭合。运放波形发生报警电路得到+12V 电源，指示灯 LED_1 亮。集成运放 U1A、U1B 通过反馈产生脉冲信号，经过稳压二极管 DW_1、DW_2 限幅。在 Q_2 基极产生幅度为 6.2V 的矩形波，高电平期间，三极管 Q_2 饱和导通，蜂鸣器报警。

当按下遥控按键上的按钮开关 K_4（或 PCB 上的按钮开关 K1），通过红外线接收管 LR_1，PT2272 解码电路输出控制信号 D_0。同时夜晚时，光敏电阻 RG_1 呈现高阻抗，RG_1 两端的电压大于与非门 U3B 的阀值电压，与非门输出为低电平，二极管 D_5 截止。门外有人经过、谈话时，柱极话筒拾取声音信号。经 U3A 放大输出后加到 R_{23} 两端，即与非门的 1、2 脚。当音频信号的正半周期峰值电平超过与非门的输入阈值电平时，与非门 U3A 因两个输入端均为逻辑“0”，则输出端为逻辑“1”，此高电平经过 R_{24} 加到与非门 U3C 的 9 脚。控制信号 D_0 为高电平脉冲时，三极管 Q_4 饱和导通，门外指示灯 LED_2 亮。通过 U3C、U3D 及外围元件组成的单稳态触发器延时一段时间后，门外指示灯灭。

图 4-4-19　整机实物图

多功能安检门元件见表 4-4-3。

表 4-4-3　　多功能安检门元件清单

序　号	名　称	标　号	封　装	数　量
1	柱极话筒	BM_1	BM	1
2	104	C_1、C_2、C_3、C_9、C_{10}、C_{20}、C_{21}、C_{23}、C_{24}	805	9
3	10uF	C_4、C_8、C_{13}、C_{26}	CD0.1-0.180	4
4	47uF	C_5、C_{22}	CD0.1-0.180	2
5	100uF	C_6，C_7，C_{18}	CD0.1-0.220	3
6	103	C_{11}、C_{12}、C_{14}、C_{15}、C_{17}、C_{25}	CC0.100	6
7	222	C_{16}、C_{19}	CC0.100	2
8	1N4148	D_1、D_2、D_4、D_5、D_6、D_8、D_{10}、D_{11}、D_{12}	DIODE4148	9
9	1N4007	D_3、D_7、D_9	DIODE0.315	3
10	6.2V 稳压管	DW_1、DW_2	DIODE4148	2
11	T73 继电器	JK_1、JK_2	JDQ-3F	2
12	轻触按键	K_1、K_2、K_3、K_4	SW-0606	4
13	LED 发光二极管	LED_1、LED_3、LED_4	LED#3	3
14	LED 发光二极管	LED_2、LED_5、LED_6	LED#5	3

续表

序号	名称	标号	封装	数量
15	红外接收一体头	LR_1	HWJS	1
16	无源蜂鸣器	LS_1、LS_2	BELL	2
17	9015	Q_1、Q_8	TO92	2
18	8050	Q_2、Q_{10}、Q_{11}	TO92	3
19	9014	Q_3	TO92	1
20	9013	Q_4、Q_5、Q_6、Q_{12}	TO92	4
21	9012	Q_7、Q_{13}	TO92	2
22	9018	Q_9	TO92	1
23	3.3M	R_1	AXIAL0.35	1
24	10K	R_4、R_8、R_9、R_{10}、R_{11}、R_{15}、R_{19}、R_{21}、R_{36}、R_{38}、R_{39}、R_{42}	805	12
25	15M	R_5	AXIAL0.35	1
26	1M	R_6、R_{31}	AXIAL0.35	2
27	4.7K	R_7、R_{27}、R_{32}、R_{35}、R_{37}、R_{43}、R_{46}	AXIAL0.35	7
28	330K	R_{12}、R_{25}、R_{29}	AXIAL0.35	3
29	150Ω	R_{13}	AXIAL0.35	1
30	100K	R_{14}	AXIAL0.35	1
31	1.5M	R_{16}	AXIAL0.35	1
32	470Ω	R_{17}、R_{44}、R_{45}	AXIAL0.35	3
33	82K	R_{18}、R_{24}	AXIAL0.35	2
34	120K	R_{22}	AXIAL0.35	1
35	2M	R_{23}	AXIAL0.35	1
36	22K	R_{26}、R_{30}、R_{33}、R_{41}	AXIAL0.35	4
37	200K	R_{34}	AXIAL0.35	1
38	2K	R_{40}	AXIAL0.35	1
39	光敏电阻	RG_1	CC0.200	1
40	10K 电位器	RP_1	VR3296	1
41	1K 电位器	RP_2	VR3296	1
42	六脚自锁开关	S_1	K_DIP6	1
43	LM358（带座）	U_1	dip18	1
44	CD4013BP（带座）	U_2、U_4	DIP-14	2
45	CD4011BE（带座）	U_3	DIP-14	1
46	PT2272-M4（带座）	U_5	DIP18	1
47	PX088A 音乐芯片	U_6	C002_TS088	1
48	L7805	U_7	TO-220-0	1
49	15mm 蜂鸣片	Y_1	C002C	1
50	自选电阻	R_2、R_3、R_{20}、R_{28}、R_{47}		5
51	导线	电源导线，连接导线		2
52	漆包线	1T、16T 自制线圈——L_1、L_2	L4x16	1

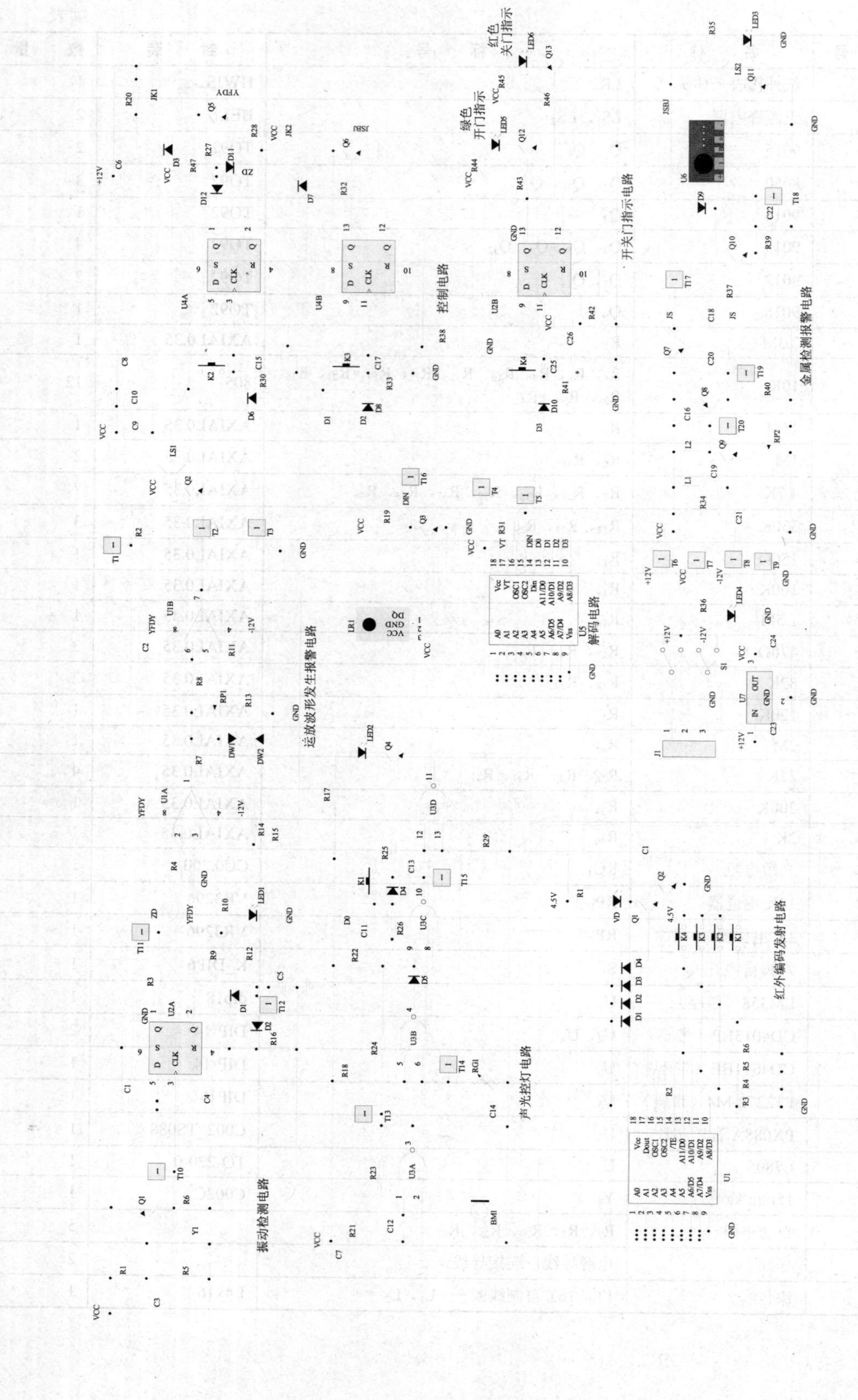

振动检测电路

声光控灯电路

运放波形发生报警电路

解码电路

红外编码发射电路

控制电路

绿色
开门指示

红色
关门指示

开关门指示电路

金属检测报警电路

图 4-4-20　多功能安检门电路原理图整图

附录 1

组装部分套装材料清单

Appendix 1

序　　号	元件序号\名称	规格\参数	数　　量
1	R4, R7, R14, R20, R23, R30, R36, R37, R38, R39, R40, R41, R49, R52, R54, R55, R56, R57	10K 电阻	18
2	R11, R12, R27, R28	1M	4
3	R3, R15, R19, R31	100K 电阻	4
4	R35, R44, R53, R33, R34	4.7K 电阻	5
5	R13, R29	47K 电阻	2
6	R8, R25	自选电阻	0
7	R42, R43, R45, R46, R47, R48, R50, R51	自选电阻	0
8	CY1, CY2	30p 瓷片电容	2
9	C5, C13	103 瓷片电容	2
10	C2, C10, C17, C18, C19, C20, C22	104 瓷片电容	7
11	C3, C11	1μF 电解电容	2
12	C23	10μF 电解电容	1
13	C1, C4, C6, C9, C12, C14	47μF 电解电容	6
14	C21	100μF 电解电容	1
15	Q7, Q8, Q9, Q10, Q15, Q16	自行三极管	0
16	Q11, Q12, Q13, Q14	自行三极管	0
17	D1, D2, D3, D4	1N4148 二极管	4
18	D5, D6, D7	1N4007 二极管	3
19	LED1, LED2	发光二极管	2
20	U5, U6	自选三端稳压块	2

续表

序　号	元件序号\名称	规格\参数	数　量
21	U1, U3	贴片 LM324	2
22	Y3	晶振	1
23	U8	AT89S52 单片机	1
24	U7, U9	音乐芯片	2
25	S1	6 脚开关	1
26	Y1, Y2	热释红外传感器	2
27	K2, K3, K4, K5	按键开关	4
28	JK1	继电器	1
29	RW2, RW3, RW5,RW6	100K 电位器	4
30	PR1	10K 排阻	1
31	LS1, LS2	蜂鸣器	2
32	ISP1	下载座	1
33	DS1	数码管	1
34	DIP40 座		1
35	F1, F2	跳线细导线	1
36	电源导线		1
37	焊锡丝		1
自选元件清单			
1		510Ω电阻	8
2		10K 电阻	8
3		4.7K 电阻	2
4		47K 电阻	2
5		2M 电阻	2
6		9012 三极管	6
7		8050 三极管	6
8		10μF 电解电容	5
9		100K 电位器	2

附录 2

设计部分套装材料清单

Appendix 2

（可利用组装板（主板）剩余件）

类　型	名　称	数　量	类　型	名　称	数　量
电阻	33Ω/2W	1	电容	103	1
	51Ω/2W	1		104	4
	4.7K	2		47uF	1
	10K	2		100uF	1
	33K	4		高亮发光二极管	4
	47K	5	集成块	LM358	1
	91K	1	电位器	10K	1
	100K	1		6 脚开关	1
二极管	4007	2		DIP8 座	1
三极管	8050	2		万能板	1
	TIP41C	1			